유체역학

김영득 · 김성도 · 이재우 · 조일영

대영사

머 리 말

유체역학(Fluid Mechanics)이란, 우리들 주위의 물리적 현상이나 자연현상을 실험이나 수치적 방법을 통해 규명하는 학문 중의 하나라는 포괄적 의미와 정지해 있거나 운동하고 있는 유체에 작용하는 힘의 관계를 다루는 학문이라는 구체적 의미를 가지고 있다.

본 교재의 **1장**에서는 유체의 일반적 성질을 언급하여 유체에 관한 기초적인 지식을, **2장**에서는 정지상태의 유체에 작용하는 힘, 즉 힘의 평형과 압력 및 전압력에 관한 내용을, **3장**과 **4장**에서는 유체의 운동시 힘과 에너지에 관하여, 그리고 **5장**에서는 유체 흐름에 관한 내용으로 유체 운동학을 다루고 있다. **6장**에서 **8장**까지는 관 또는 덕트 내 유체 흐름에서의 에너지 손실 또는 압력손실에 대하여 언급하고 있고, **9장**에서는 차원해석과 상사법칙을 다룸으로서 상사실험의 중요성과 경제성을 설명하고 있다. **10장**에서는 유체 속 물체에 작용하는 양력과 항력에 관한 내용을, 마지막으로 **11장**에서는 유량 계측과 그 때 사용하는 기기의 종류 및 측정원리 등을 언급하여 산업현장에서 큰 도움이 되도록 하고 있다. 그러나, 개수로 유동의 경우 기계 전공자들이 접할 기회가 별로 없다고 봐서 본 교재에서 제외하였음을 알립니다.

유체역학의 응용 분야로서는 팬, 송풍기, 그리고 압축기 등의 공기기계, 펌프, 수차 등의 수력기계, 유·공압의 유공압 기계, 그리고 냉동·공조 분야 등을 들 수 있다. 따라서, 유체역학은 가까이는 응용 분야의 기초과목으로, 멀리는 관련 분야로의 적응력과 응용력을 함양하고자 하는 데 사용되고 있다.

따라서, 본 교재는 대학, 산업대학, 2년제 대학, 기능대학 그리고 전문학교의 학생들이 실무를 위한 기본이론을 습득하는 지침서로서, 또한 산업현장에서 근무하는 산업 기술사, 기사 및 기능사 여러분들의 실무에 대한 이해와 능력을 향상시킬 수 있도록 편찬되었다.

끝으로, 교재의 충실을 위해 조언해 주신 여러분들과 대영사 관계자 및 사장님께 감사의 말씀을 드리는 바입니다.

2004년 2월

저자 일동

차 례

제1장 유체의 성질

제2장 유체 정역학

제3장 유체의 운동

제4장 운동량의 법칙

제5장 유체의 흐름

제6장 관마찰 손실

제7장 부차적 손실

제8장 관로계

제9장 차원해석과 상사법칙

제10장 항력과 양력

제11장 유 량 측 정

부 록

1

유체의 성질

1.1 유체의 정의

물질은 크게 2개의 상태, 즉 고체와 유체로 분류되며, 유체는 또 다시 액체와 기체로 구분된다. 고체는 상온과 상압하에서 일정한 형태를 가지고 있는데 반하여, **액체**와 **기체**는 일정 형태가 없이 담겨진 용기의 모양에 따라 어떠한 형태로든지 임의로 변하게 된다. 그리고 대기나 바다와 같은 넓은 공간에서는 유체의 대부분은 서로 자유롭게 연속적으로 변형을 하고 있다. 이와 같이 변형을 수반하는 운동을 **유체의 흐름**이라고 하며, 이러한 유체흐름 가운데 유체와 유체, 유체와 고체 사이의 힘의 관계를 다루는 학문이 **유체역학**이다.

1.2 유체의 분류

유체는 상태, 물리적 성질, 외력의 변화 등에 따라 액체와 기체로 분류된다. 유체가 정지상태에 있지 않고 운동하고 있을 때 발생하는 전단응력은 **점성**(viscosity) 때문이다. 이 점성의 유무에 따라 유체를 분류하면 **점성유체**(viscous fluid)와 **비점성 유체**(invicid fluid)로 나눈다. 물리적인 성질로 엄격히 논하면 모든 유체는 점성을 가지고 있고, 그 점성의 크기에 따라 유동형태가 달라진다. 그리고 어떤 일정한 유동법칙 즉, 뉴턴의 점성법칙(Newton's viscosity law)에 따라 유동하느냐, 유동하지 않느냐에 따라 뉴턴 유체와 비뉴턴 유체로 나누어진다. 즉, 일정한 온도와 압력하에서 점성은 일정하므로 유체유동이 뉴턴의 점성법칙에 따르는 유체를 **뉴턴 유체**(Newtonian fluid), 잉크나 우유처럼 이를 따르지 않는 점성유체를 **비뉴턴 유체**(non-Newtonian fluid)라고 한다.

1.3 차 원

물리적 현상이라 함은 공간 중에 존재하는 물질이 시간의 경과에 따라 변위하는 현상을 말한다. 그러므로 물리적 현상을 다루려면 물질이라든가 변위라든가 시간의 특징을 규정하는 기본량이 필요하다. 이 기본량을 **차원**(dimension)이라 하고, 차원에는 물질의 특징을 규정하는 차원인 **질량**(mass), 변위의 특징을 규정하는 차원인 **길이**(length), 그리고 시간의 특징을 규정하는 차원인 **시간**(time)을 기본량으로 하는 MLT 계(MLT system)와 질량 대신에 주로 공학에서 사용하는 **힘**(force), 길이 그리고 시간을 기본량으로 하는 FLT 계(FLT system)로 나눌수 있다. 따라서, 모든 물리량은 서로 독립된 3개의 기본량의 조합으로 표시된다.

1.4 단 위

차원들은 일정한 단위로 측정된다. 즉, 역학의 경우에는 서로 독립적인 기본량으로서 길이, 시간, 질량을 취하고, 그 외의 양은 이 기본량으로부터 유도된 조합량이 사용된다. 그 예로서, **속도**는 시간에 대한 길이의 변위량(變位量)이므로 m/s의 단위로 표시하게 된다. 그런데 기본량으로서 어떤 양을 채택하는가에 따라 단위계가 달라질 수 있고, 국내에서 현재 사용되고 있는 단위계로는 다음과 같다.

1.4.1 절대 단위계

주로 물리학, 역학, 약학, 화학 등의 이학분야(理學分野)에서 널리 사용되는 단위계로 **이학 단위계**라고도 하며, 단위의 크기에 따라 CGS 단위계와 MKS 단위계로 나누어진다. **CGS 단위계**는 기본량이 길이의 단위로서 센티미터(centimeter; cm), 질량의 단위로서 그램(gram; g), 시간의 단위로서 초 (second; sec)가 사용되며, 힘의 단위로서는 다인(dyne)을 사용한다. 1dyne은 질량이 1g인 물질이 1cm/s^{2}의 가속도로 움직일 때 물질이 가하는 힘의 크기로서 다음과 같다.

$$1\text{dyne} = 1\text{g} \times 1\text{cm/s}^2 = 10^{-5}\text{N}$$

또, **MKS 단위계**는 기본량이 길이, 질량 및 시간의 단위로서 각각 미터(meter; m), 킬로그램(kilogram; kg) 그리고 초(second; sec)이며, 힘의 단위로는 뉴턴(Newton; N)을 사용한다. 1N은 질량(質量)이 1kg인 물질이 $1m/s^2$의 가속도로 운동할 때 물질이 가하는 힘의 크기로

$$1N = 1kg \times 1m/s^2 = 10^5 g \cdot cm/s^2 10^5 = dyne$$

으로 정의된다.

1.4.2 중력 단위계

공학 단위계로서, 현재까지도 우리 나라의 공업계에서 널리 사용되고 있는 것으로, 기본량으로서는 길이(m), 힘(kg_f), 시간(sec)을 사용하며 힘의 단위는 다음의 정의에 따른다.

$$1kg_f(\text{힘}) = 1kg_m(\text{질량}) \times g(\text{중력가속도}) = 9.8kg_m \cdot m/s^2 = 9.8N$$
$$= 9.8 \times 10^5 dyne$$

1.4.3 국제 단위계(SI 단위계)

SI 단위계(International System of Units)는 1960년대 국제적으로 제정된 실용적인 단위계로서, 기본량으로는 절대 단위계에서와 마찬가지로 길이(m), 질량(kg), 시간(sec)이며, 힘의 단위로는 MKS 단위계와 같이 뉴턴(N)을 사용한다.

종래로부터 사용되어 온 공학 단위계에서 힘의 단위인 kg_f는 질량이 1kg인 물체가 지구의 중력에 의해서 생기는 힘이다. 이는 감각적으로는 알기 쉽지만 그 크기는 중력 가속도의 크기에 따라 달라지기 때문에 지구 또는 우주의 장소에 따라 다소 차이가 있으나 지구 이외에서는 의미가 없다. 이것에 비해 SI 단위계에서의 힘은 조합량으로서 뉴턴(N)으로 표시하고, 뉴턴의 운동 제2법칙에 의해 힘은 질량×가속도이므로 1kg의 질량을 $1m/s^2$의 비율로 가속하는데 필요한 힘을 1N으로 정의한다. 따라서, 이것은 장소에 따라 그 크기가 변화하지 않는다. 공학 단위계의 $1kg_f$

와 SI단위계에서의 1N과는 다음과 같은 관계가 성립한다.

$$1\text{kgf} = 1\text{kg}_{\text{m}} \times 9.80665\text{m/s}^2 = 9.80665\text{N} \fallingdotseq 9.8\text{N}$$

[표 1.1] 대표적인 물리량의 단위와 차원

물리량	단위		차원	
	공학단위	SI 단위	MLT 계	FLT계
길이	m	m	$[L]$	$[L]$
질량	$kg_f/(m/s^2)$	kg	$[M]$	$[FL^{-1}T^2]$
시간	s	s	$[T]$	$[T]$
면적	m^2	m^2	$[L^2]$	$[L^2]$
체적	m^3	m^3	$[L^3]$	$[L^3]$
속도	m/s	m/s	$[LT^{-1}]$	$[LT^{-1}]$
가속도	m/s^2	m/s^2	$[LT^{-2}]$	$[LT^{-2}]$
각속도	rad/s	rad/s	$[T^{-1}]$	$[T^{-1}]$
비중량	kg_f/m^3	$kg/(m^2 \cdot s^2)$	$[ML^{-2}T^{-2}]$	$[FL^{-3}]$
밀도	$kg_f \cdot s^2/m^4$	kg/m^3	$[ML^{-3}]$	$[FL^{-4}T^2]$
운동량	$kg_f \cdot s$	kg · m/s	$[MLT^{-1}]$	$[FT]$
힘, 무게	kg_f	N, kg · m/s^2	$[MLT^{-2}]$	$[F]$
토크	$kg_f \cdot m$	kg · m^2/s^2	$[ML^2T^{-2}]$	$[FL]$
압력(응력)	kg_f/m^2	N/m^2, Pa, bar	$[ML^{-1}T^{-2}]$	$[FL^{-2}]$
에너지, 일	$kg_f \cdot m$	J, N · m, kg · m^2/s^2	$[ML^2T^{-2}]$	$[FL]$
동력	$kg_f \cdot m/s$	W, kg · m^2/s^3	$[ML^2T^{-3}]$	$[FLT^{-1}]$
점성계수	$kg_f \cdot s/m^2$	N · s/m^2	$[ML^{-1}T^{-1}]$	$[FL^{-2}T]$
동점성계수	m^2/s	m^2/s	$[L^2T^{-1}]$	$[L^2T^{-1}]$
온도	℃,° K	℃,° K	$[T]$	$[T]$
공학기체상수	m/° K	kJ/kg · ° K	$[LT^{-1}]$	$[LT^{-1}]$

[표 1.2] 에너지의 환산표

단위의 종류	J=N · m	kg_f · m	$kcal_{15°}$	$kcal_{IT}$	kWh	PSh	Btu
1J=10^7 erg	1	0.1019716	2.38920 $\times10^{-4}$	2.38846 $\times10^{-4}$	2.77778 $\times10^{-7}$	3.77673 $\times10^{-7}$	9.47817 $\times10^{-4}$
1kg_f · m	9.80665	1	2.34301 $\times10^{-3}$	2.34228 $\times10^{-3}$	2.72407 $\times10^{-6}$	3.703070 $\times10^{-6}$	9.29491 $\times10^{-4}$
1$kcal_{15°}$	4185.5	426.80	1	0.99969	1.16264 $\times10^{-3}$	1.58075 $\times10^{-3}$	3.96709
1$kcal_{IT}$	4186.8	426.935	1.00031	1	1.16300 $\times10^{-3}$	1.58111 $\times10^{-3}$	3.96832
1kWh	3,600,000	367097.8	860.11	859.845	1	1.35962	3412.14
1PSh	2,647,796	270,000	632.611	632.416	0.735499	1	2509.63
1Btu	1055.056	107.5857	0.252074	0.251996	2.93071 $\times10^{-4}$	3.98466 $\times10^{-4}$	1

[표 1.3] 동력의 환산표

단위의 종류	kW	kg_f · m/s	PS	$kcal_{IT}$/h	$kcal_{15°}$/h
1kW=1kJ/s	1	101.9716	1.3596	859.845	860.11
1kg_f · m/s	9.80665×10^{-3}	1	0.013333	8.4324	8.4345
1PS	0.73549875	75	1	632.44	632.61
1$kcal_{IT}$/h	1.163×10^{-3}	0.11859	1.58125×10^{-3}	1	1.00031
1$kcal_{15°}$/h	1.16264×10^{-3}	0.11856	1.58075×10^{-3}	0.99968	1

1.5 밀도, 비중량, 비체적 및 비중

유체역학에 관련되는 문제를 다루기에 앞서 유체의 물리적 성질 및 기본이론을 정확히 이해할 필요가 있다.

밀도(density) ρ는 유체의 단위 체적당 질량으로 식 (1 · 1) 및 식 (1 · 2)와 같이 정의되고, 단위는 중력 단위계(重力單位系)로는 $kg_f \cdot s^2/m^4$, SI 단위계로는 kg/m^3

이 된다.

$$\rho = \frac{W/g}{V}, \ \ \mathrm{kg_f \cdot s^2/m^4} \text{ (중력 단위계)} \tag{1·1}$$

$$\rho = \frac{M}{V}, \ \ \mathrm{kg/m^3} \text{ (SI 단위계)} \tag{1·2}$$

비중량(specific weight) γ는 단위체적의 유체가 갖는 중량으로서, 비중량의 단위는 $\mathrm{kg_f/m^3}$(중력 단위계) 또는 $\mathrm{N/m^3}$(SI 단위계)가 된다. 참고로 1 atm, 4℃의 순수한 물의 비중량은 $1000\mathrm{kg_f/m^3}$이다. 어떤 물체의 질량에 중력 가속도 g가 작용하면 그 물체의 무게가 얻어지므로 비중량은

$$\gamma = \frac{W}{V}, \ \ \mathrm{kg_f/m^3} \text{ 또는 } \mathrm{N/m^3} \tag{1·3}$$

로 표시된다. 따라서 비중량, 밀도, 중력 가속도와의 관계는

$$\gamma = \rho g \tag{1·4}$$

가 된다.

비체적(specific volume) v는 단위질량의 유체가 갖는 체적으로, 밀도와 역수의 관계를 갖는다. 즉,

$$v = \frac{1}{\rho}, \ \ \mathrm{m^3/kg} \tag{1·5}$$

이다.

또한, 어떤 물질의 **비중**(specific gavity) s는 일정 체적의 1atm, 4℃순수한 물의 질량 또는 무게에 대한 같은 체적의 어떤 물질의 질량과 무게의 비로써 정의되고 물의 비중은 1, 수은의 비중은 13.57이다. 따라서, 어떤 물질의 비중은 다음 식으로 표시된다.

$$S = \frac{M_m}{M_w} = \frac{W_m}{W_w} \quad (1 \cdot 6a)$$

$$S = \frac{\rho_m}{\rho_w} = \frac{\gamma_m}{\gamma_w} \quad (1 \cdot 6b)$$

[표 1.4] 물의 물리적 성질

(표준대기[1.0332kg$_f$/cm^2]에서의 물의 성질)

온도 [℃]	비중량 γ [kg$_f$/m^3]	밀도 ρ [kg$_f$·s^2/m^4]	비체적 [m^3/kg$_m$]	점성계수 $\mu \times 10^{-5}$ [kg$_f$·s/m^2]	동점성 계수 $\nu \times 10^{-5}$ [m^2/s]	표면장력 $T \times 10^{-5}$ [kg$_f$/m]	증기압 P_v [kg$_f$/m^2]
0	991.1	101.06	1.0002	18.29	17.94	77.12	62
5	1000.0	101.97	1.0000	15.49	15.20	73.34	89
10	999.7	101.94	1.0003	13.36	13.10	75.57	125
15	999.1	101.88	1.0009	11.67	11.46	74.80	174
20	998.2	101.79	1.0018	10.28	10.11	74.01	238
25	997.0	101.67	1.0030	9.13	8.97	73.22	323
30	995.6	101.53	1.0044	8.16	8.04	72.44	432
35	994.0	101.37	1.0060	7.35	7.25	71.61	573
40	992.2	101.18	1.0078	6.66	6.56	70.79	752
45	990.2	100.98	1.0099	6.08	6.02	69.94	977
50	988.9	100.76	1.0121	5.60	5.56	69.08	1257
55	985.7	100.52	1.0145	5.17	5.15	68.21	1605
60	983.2	100.26	1.0171	4.79	4.78	67.34	2031
65	980.6	99.99	1.0198	4.46	4.46	66.45	2550
70	977.8	99.71	1.0227	4.15	4.16	65.45	3177
75	977.8	99.41	1.0258	3.88	3.91	64.64	3931
80	971.8	99.10	1.0290	3.64	3.67	63.73	4829
85	968.6	98.77	1.0324	3.43	3.47	62.80	5894
90	965.3	98.44	1.0359	3.23	3.27	61.88	7149
95	961.9	98.09	1.0396	3.05	3.11	60.94	8619
100	958.4	97.73	1.0434	2.90	2.96	59.96	10.332

비고 · g=9.80665m/s^2

· 표면 장력은 공기와 접촉한 경우

여기서, 아래첨자 w 와 m 은 각각 물(water)과 대상물질(matter)을 나타낸다. 보통, 상온에서의 물의 밀도 ρ_w 는 1000kg/m^3, 비중량 γ_w 는 1000kg$_f$/m^{3}이다.

예제 1.1

어떤 고체물체의 체적이 2m^{3}이고 무게는 15,600kg$_f$ 이다. 이 물질의 질량 M, 밀도 ρ, 비중량 γ 를 구하라.

풀이

질량 M 은 $W = Mg$ 에서

$$M = \frac{W}{g} = \frac{15,600}{9.8} = 1590.21(\text{kg}_f \cdot \text{s}^2/\text{m}) = 15,600(\text{kg}_m)$$

이고, 밀도 ρ 는

$$\rho = \frac{M}{V} = \frac{15,600}{2} = 7800(\text{kg}_m/\text{m}^3) = 796(\text{kg}_f \cdot \text{s}^2/\text{m}^4)$$

이며, 비중량 γ 는

$$\gamma = \frac{W}{V} = \frac{15,600}{2} = 7800(\text{kg}_f/\text{m}^3)$$

또는

$$\gamma = \rho g = 7800\text{kg}_m/\text{m}^3 \times 9.8\text{m/s}^2 = 76,518(\text{kg}_m/\text{m}^2\text{s}^2)$$

이다.

1.6 유체의 점성

유체의 **점성**(粘性; viscosity)이란 유체가 흐를 때 흐름방향에 반해서 저항을 주어 전단응력을 유발시키는 성질을 말한다. 이와 같이 유체가 흐를 때 손실저항의 요인이 되는 유체의 점성은 원래 유체분자 상호간에 작용하는 여러 힘에 기인되는 것이다. 그러나 우리는 여기서 점성 그 자체의 근본원인을 파악하기보다는 유체의 점성에 의한 여러 가지 효과에 대해 더욱 관심을 두기로 한다.

그림 1.1에서 보는 바와 같이 2개의 평행한 평판이 비교적 좁은 간격 Y만큼 떨어져 있으며, 이 두 평판 사이에 어떤 유체로 채워져 있다고 하자. 이 때, 밑부분의 평판을 고정시키고 위쪽 평판에 일정한 힘 F를 가해서 일정속도 U로 움직이도록 하였다. 그 결과 위쪽의 이동평판과 접촉하고 있는 유체는 그 판에 부착되어 판과 같은 속도인 U의 속도가 되지만, 밑면의 고정평판에 접촉된 유체는 0의 속도가 된다. 여기서 만일 두 평판 사이의 간격 Y와 이동판의 속도 U가 그렇게 크지 않는 경우에는 유체의 속도분포, 즉 속도 기울기는 직선이 된다.

실험에 의하면 이동평판에 가해진 힘 F는 평판의 면적 A와 속도 U에 비례하고 평판 사이의 간격 Y에 반비례한다. 따라서

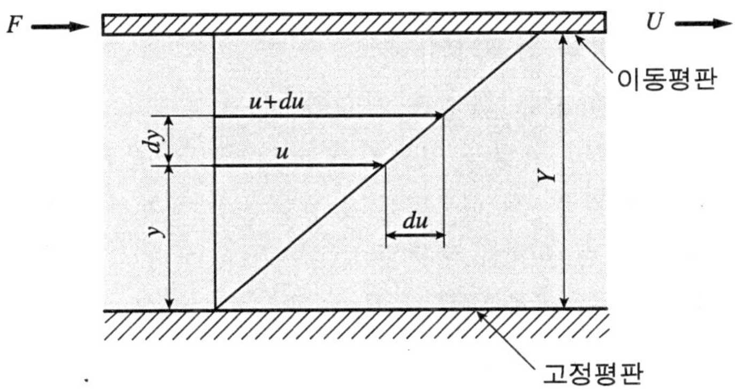

그림 1.1 두 평판 사이의 유동

$$F \propto \frac{AU}{Y} = A\frac{du}{dy} \tag{1·7}$$

또는

$$\tau = \frac{F}{A} \propto \frac{U}{Y} = \frac{du}{dy} \tag{1·8}$$

의 관계가 성립한다.

그리고 위 식의 비례관계를 비례상수 μ 를 이용하여 정리하면 다음과 같다.

$$\tau = \frac{F}{A} = \mu\frac{U}{Y} = \mu\frac{du}{dy} \tag{1·9}$$

여기서, τ 는 전단응력을, $\frac{U}{Y}$ 또는 $\frac{du}{dy}$ 는 속도 기울기를 표시하고, μ 를 **점성계수**(coefficient of viscosity)라고 한다. 이 식 (1·9)를 **뉴턴의 점성법칙**(Newton's viscosity law)이라 하고, 유체에 의한 전단응력 τ 는 속도 기울기 $\frac{du}{dy}$ 에 직접 비례함을 나타내고 있다.

그림 1.2에서는 여러 가지 물질의 전단응력 τ 와 속도 기울기 $\frac{du}{dy}$ 의 관계를 보여주고 있다. 그림에서 보는 바와 같이 뉴턴의 법칙을 만족시키는 유체의 점성계수 μ는 원점을 지나는 직선의 기울기가 된다.

플라스틱이나 콜타르와 같은 물질은 처음에 어느 정도의 힘이 가해져도 변형을 일으키지 않으며, 계속적인 변형을 일으키기 위해서는 일정한 크기 이상의 응력이 필요하게 된다. 이러한 경우, 식 (1·9)의 점성법칙을 만족시키지 않게 된다. 앞서, 유체는 뉴턴 유체와 비뉴턴 유체로 구분된다고 하였다. 여기서 **뉴턴 유체**란 유체유동시 식 (1·9)를 만족시키는 유체로서, 그림 1.2에서 보는 바와 같이 가해진 응력과 속도 기울기 사이에는 선형비례의 관계가 있다. 다시 말해서, 유체 흐름이 뉴턴의 점성법칙을 만족하는 유체는 **뉴턴 유체**라고 하고 반면에, 플라스틱 물질이나 프린트 잉크와 같은 물질은 **비뉴턴 유체**로서, 가해진 전단응력 τ 와 속도 기울기 $\frac{du}{dy}$ 사이에는 비선형의 관계를 갖는다.

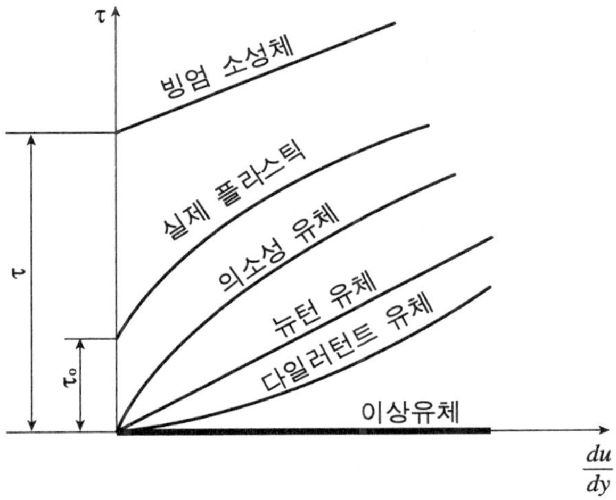

그림 1.2 전단응력과 속도 기울기와의 관계

이론적인 계산에 있어서 때때로 유체를 비점성 유체로 가정할 때가 많다. 이와 같이 유체를 비점성 유체로 가정하게 되면 유체의 점성효과가 없게 되므로 전단응력은 유체의 운동과는 관계없이 항상 0이 된다. 또한, 이 유체가 비압축성이라고 가정할 때 즉, 비점성, 비압축성 유체일 때 이 유체를 **이상유체**(ideal fluid)라고 정의한다. 그림 1.2에서 횡축(x 축)은 이상유체의 범위에 속한다.

뉴턴의 점성법칙으로부터 점성계수 μ 는 다음과 같이 나타낼 수 있고,

$$\mu = \frac{\tau}{du/dy}$$

점성계수 μ 의 차원을 MLT 계로 나타내면

$$ML^{-1}T^{-1}$$

이다.

여기서 M, L, T 는 각각 질량(mass), 길이(length), 시간(second)을 나타낸다. 따라서, 점성계수 μ 의 단위는 다음과 같이 쉽게 표시할 수 있게 된다.

$$\mu = \frac{\tau}{du/dy} = \frac{\mathrm{kg_f/m^2}}{\mathrm{(m/s)/m}} = \mathrm{kg_f \cdot s/m^2} \qquad (1 \cdot 10)$$

그리고, 점성계수의 단위로서 CGS 단위계로 푸아즈(poise)라는 단위를 사용하며

$$1\mathrm{P}(=1\mathrm{poise}) = 1\mathrm{g/cm \cdot s} = 1\,\mathrm{dyne \cdot s/cm^2}$$
$$1\mathrm{cp}(=\mathrm{centipoise}) = 1/100\mathrm{P}$$

로 정의된다.

점성계수 μ 와 밀도 ρ 는 모두 유체 흐름에 영향을 미치는데 이 밀도에 대한 점성계수의 비 μ/ρ를 **동점성 계수**(coefficient of kinetic viscosity)라고 정의하고 기호로는 ν 를 쓴다.

$$\nu = \frac{\mu}{\rho} \qquad (1 \cdot 11)$$

이 때, 동점성 계수 ν 의 차원은 L^2T^{-1}이고 단위는 $\mathrm{m^2/s}$ 이다. 또한, CGS 단위계에서 동점성 계수의 단위로 **스토크스**(Stokes)라는 단위를 사용하며

$$1\mathrm{St}(=1\mathrm{Stoke}) = 1\mathrm{cm^2/s}$$
$$1\mathrm{cSt}(=1\mathrm{centiStoke}) = \frac{1}{100}\,\mathrm{St}$$

와 같이 정의된다.

점성계수는 온도에 따라 그 값이 약간씩 변하는 특성이 있다. 그런데 액체와 기체에 있어서 점성계수에 대한 온도의 영향은 서로 반대의 경향을 갖는다. 이러한 경향은 액체와 기체에 있어서 근본적으로 서로 다른 분자들간의 특성 때문인 것으로 풀이된다. 즉, 그림 1.3에서 볼 수 있는 바와 같이 기체의 점성계수는 온도가 상승함에 따라 증가하고 있다. 이것은 기체의 경우 분자 사이의 응집력은 무시할 수 있는 정도이지만, 기체가 흐를 때 생기는 저항 요소는 분자간의 상호운동 즉, 기체의 상대적인 층사이에서 일어나는 운동량의 교환에 의한 것으로 알려져 있다.

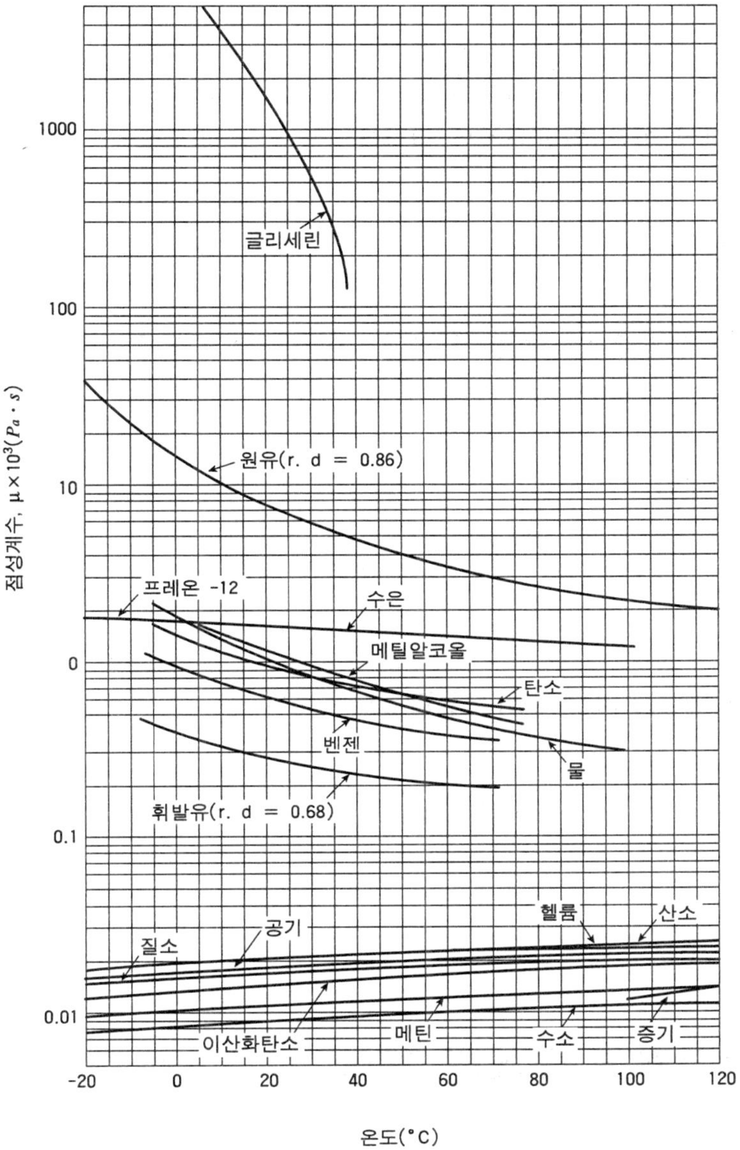

그림 1.3 온도변화에 따른 일반유체의 점성계수

따라서, 기체의 온도가 상승하게 되면 기체의 운동이 증가하게 되고, 그 결과 운동량의 증가를 초래하여 저항은 커진다. 다시 말하면, 기체는 온도상승과 더불어 점성계수도 증가한다. 그러나 액체에 있어서는 분자운동에 의한 운동량의 교환은 기체흐름에 비해 아주 적지만 액체분자 사이의 응집력은 대단히 크게 되므로, 액체 흐름에서 저항을 주는 요소는 주로 이 응집력의 크기에 달려 있다. 그런데 이 액체의 응집력은 온도의 상승과 더불어 급격히 감소하므로 점성계수는 작아진다. 그림 1.3은 온도변화에 따른 일반유체의 점성계수를 나타내고 있다.

예제1.2

1mm 간격으로 평행으로 놓인 두 평행평판 사이에 점성계수가 $\mu=15.14\text{g/cm}\cdot\text{s}$인 피자마 기름으로 충만되어 있다. 한쪽 평판이 다른 평판에 대해서 6m/s의 속도로 미끄러졌을 때 전단응력을 구하라. 이 때 두 평행평판의 속도분포는 직선적으로 변한다고 가정한다.

풀이

전단응력은 식 (1·9)로부터 $\tau=\mu\dfrac{du}{dy}=\mu\dfrac{U}{y}$이다.

점성계수가 $\mu=15.14\text{g/s}\cdot\text{cm}=1.514\text{kg/s}\cdot\text{m}$이므로

$$\tau=\mu\frac{du}{dy}=\mu\frac{U}{Y}=1.514\times\frac{6}{0.001}=9084(\text{kg/m}\cdot\text{s}^2)=927(\text{kg}_f/\text{m}^2)$$

이다.

1.7 표면장력과 모세관 현상

액체의 표면장력(表面張力)은 같은 종류의 분자간의 인력에 의한 응집력과 서로 다른 성질의 분자들 사이에 작용하는 부착력의 크기에 따라 생긴다. 따라서, 액체 내부에 있는 같은 종류의 분자들은 모든 방향으로 인력을 받고 있으며, 그 힘의 벡터합은 0이 되어 균형이 이루어진다. 그러나 그 액체의 표면 근처에서는 공기와 액체분자 사이의 부착력보다 액체분자들 사이의 응집력이 크기 때문에, 벡터의 합은

액체쪽(안쪽)으로 향해서 작용한다. 이 힘을 **표면장력**(surface tension)이라 하고, 표면장력 계수 T 와 자유표면의 길이의 곱으로 나타낼 수 있다. 이 힘은 표면을 축소시키려는 장력으로 작용하는데, 표면장력은 단위 길이당의 장력으로 단위는 N/m이다.

그림 1.4와 같은 반구형의 물방울에서 아랫방향으로 작용하는 힘은 표면장력에 의한 수직방향의 힘이고, 윗방향의 힘은 물방울 내·외 압력차에 의한 힘을 표시하며, 여기에 힘의 평형을 적용하면

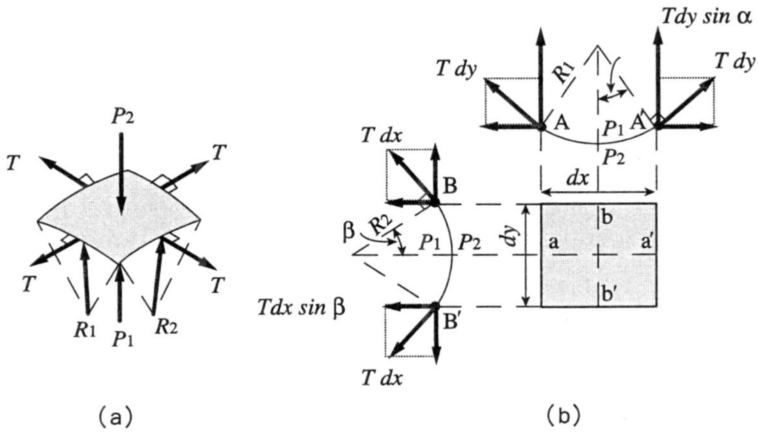

그림 1.4 표면장력의 해석

$$(p_1 - p_2)dx \cdot dy = 2T\,dy \sin\alpha + 2T\,dx \sin\beta$$

가 된다. 여기서

$$\sin\alpha = \frac{dx/2}{R_1}, \quad \sin\beta = \frac{dy/2}{R_2}$$

이므로, 이것을 위 식에 대입하면

$$p_1 - p_2 = T\left(\frac{1}{R_1} + \frac{1}{R_2}\right) \qquad (1 \cdot 12)$$

을 얻는다. 따라서 물방울의 액면이

원주면(圓柱面)일 때는

$$R_1 = R,\ R_2 = \infty,\ p_1 - p_2 = \frac{T}{R} = \frac{2T}{d} \qquad (1 \cdot 13a)$$

구면(球面)일 때는

$$R_1 = R_2 = R,\ p_1 - p_2 = \frac{2T}{R} = \frac{4T}{d} \qquad (1 \cdot 13b)$$

가 된다. 그리고 식 (1 · 12)에 의하면 액체 방울이나 유체 분류의 반지름이 매우 작을수록 표면장력에 의한 내부압력의 상승이 커짐을 알 수 있다. **[표 1.5]**에 여러 가지 액체의 표면장력을 나타내고 있다.

반지름이 작은 모세관을 액체 속에 수직으로 꽂았을 때, 액체의 자유표면에서의 응집력과 액체와 고체면과의 부착력의 차이로 관 내의 액체표면과 자유표면 사이에 높이차를 나타내는데 이것을 **모세관 현상**(capillarity)이라고 한다.

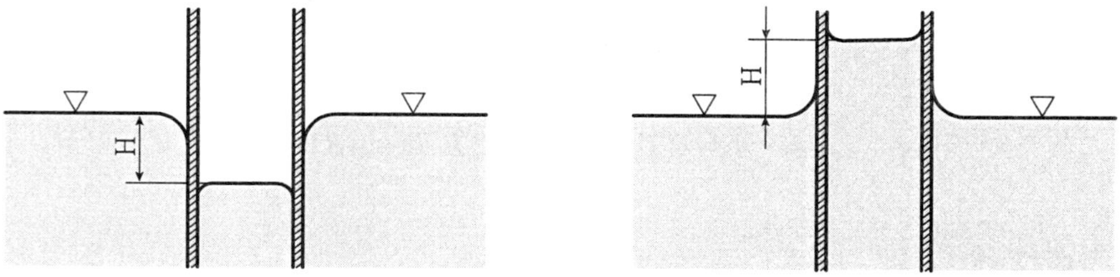

(a) 수 은 (b) 물

그림 1.5 모세관 현상

그림 1.5의 (a)는 응집력이 부착력보다 큰 경우로 **수은**이 여기에 해당하며, 관 속의 액면은 자유표면보다 내려가고 위로 볼록해진다.

[표 1.5] 여러 가지 액체의 표면장력(20℃, 표준 대기압)

액 체	표면장력 $T(kg_f/m)$	액 체	표면장력 $T(kg_f/m)$
수 은	0.04850	글 리 세 린	0.00636
벤 졸	0.00295	물	0.00740
올 리 브 유	0.00330	10% 식 염 수	0.00769
에 테 르	0.00168	원 유	0.0024~0.0039
에 틸 알 코올	0.00227	케 로 신	0.0023~0.0033
메 틸 알 코 올	0.00230	스 핀 들 유	0.00317

그림 1.5의 (b)는 응집력이 부착력보다 작은 경우로 그 반대현상이 나타나고 물이 여기에 해당한다.

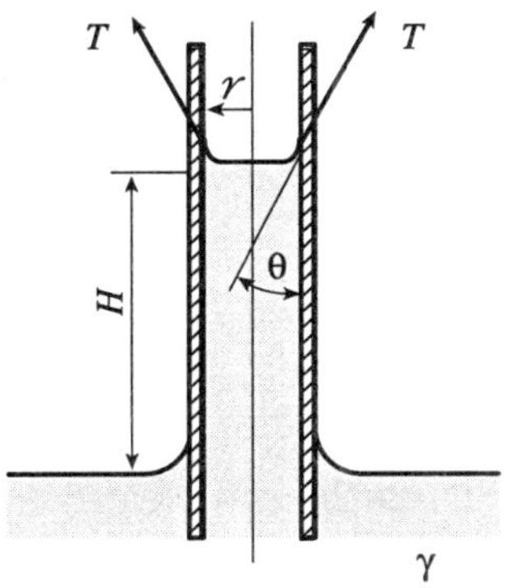

그림 1.6 모세관 현상의 해석

그림 1.6과 같이 액체 속에 세운 모세관 속으로 액면이 올라가는 경우를 생각해 보자. 액체의 비중량을 γ, 관의 반지름을 r, 액체의 상승 높이를 H, 접촉각을 θ, 표면장력을 T, 액면과 접촉하는 유체를 공기하고 하면, 그 비중량은 무시되므로 힘의 평형으로부터 다음 식이 성립한다.

$$2\pi r \cdot T \cos\theta = \pi r^2 \cdot \gamma \cdot H$$

$$H = \frac{2T\cos\theta}{\gamma r} = \frac{4T\cos\theta}{\gamma d} \quad (1 \cdot 14)$$

가 된다. [표 1.6]은 각 유체의 접촉각 θ 의 크기를 표시한다.

[표 1.6] 유체의 접촉각

고 체	유 체	표면유체	온 도	접 촉 각 (θ)
유 리	수 은	공기	상 온	139°
	〃	물	〃	41°
	물	올레인산	〃	80°
운 모	수은	공기	상 온	126°
	물	아밀알코올	〃	0°
철(Fe)	올리브유	공기	〃	27° 33'
	물	〃		5° 10'
구리(Cu)	〃	〃	〃	6° 41'
납(Pb)	〃	〃	〃	2° 36'

예제 1.3

폭이 l 인 2개의 평판을 간격 b=2mm의 평행평판으로 수면에 수직으로 세웠을 때, 표면장력이 T=0.0074kg$_f$/m이고 접촉각이 5°인 물의 상승 높이 H 의 값을 구하라.

풀이

액면에 작용하는 표면장력에 의한 수직방향의 힘에 의해 물이 상승하므로, 위로 작용하는 힘의 크기와 상승된 물의 무게는 서로 같아야 한다.

그러므로 $2l \cdot T\cos\theta = blH\gamma$ 에서

$$\therefore H = \frac{2T\cos\theta}{\gamma b} = \frac{2\times0.0074\times\cos5°}{0.002\times1000} = 0.00737(\text{m})$$
$$= 7.4(\text{mm})$$

1.8 증 기 압

모든 액체는 항상 기화하려는 성질을 가지고 있다. 즉, 액체의 상태로부터 기체의 상태로 상변화를 일으킨다. 어떤 밀폐된 용기 속에서 이와 같이 액체의 증발현상이 일어났을 때, 증기의 상태로 기화된 분자들의 운동에 의해 생기는 압력 즉, 분압을 그 액체의 **증기압**(vapor pressure)이라고 한다. 그런데 이러한 분자운동은 온도에 따라 변하므로 증기압은 온도의 함수가 되며, 온도의 증가에 따라 증기압도 상승하게 된다.

또한, 어떤 액체가 끓는다는 것은 그 액체의 온도가 충분히 상승하여 이 온도에서의 증기압이 그 액체의 표면에 작용하고 있는 압력과 같게 되어, 액체의 표면에서뿐만 아니라 액체 내부로부터도 직접 증발되고 있는 현상이다. 따라서, 어떤 액체의 끓는 온도는 액체표면에 작용하고 있는 압력과 직접적인 관계가 있다. 이와 같은 액체의 증기압은 유체기계의 설계에 있어서 중요한 요소가 된다.

가령, 유체가 흐르고 있는 어느 유체기계 내부에서의 압력이 그 온도에서의 증기압보다 낮아지는 지점이 생긴다면, 그 점에서 유체는 증발하고 발생된 증기가 유체의 통로를 차단하여 유체의 흐름을 억제할 뿐만 아니라, 결국에는 기계의 내면을 기계적으로 또는 화학적으로 손상시키는 결과를 초래하게 된다.

연 습 문 제

1.1 밀도 ρ, 점성계수 μ 인 유체가 지름 D 인 원형관 속을 유속(流速) v 로 흐를 때 레이놀즈수 $Re = \frac{\rho v D}{\mu}$ 의 식이 성립한다. 이 때, 레이놀즈수 Re 의 차원을 구하라.

답 무차원

1.2 4℃순수한 물 1000 l 의 무게는 1000kg_f이다. SI 단위로는 몇 N인가?

답 9800N

1.3 비중이 0.85인 기름의 비중량과 밀도를 구하라.

답 $\gamma = 850 kg_f/m^3$, $\rho = 86.7 kg_f \cdot s^2/m^4$

1.4 45,000N의 어떤 기름의 체적이 5.63m^3이다. 이 기름의 비중량, 밀도, 비중을 각각 구하라.

답 $\gamma = 7993 N/m^3$, $\rho = 816 kg/m^3$, $S = 0.816$

1.5 1mm의 간격을 가진 2개의 평행평판 사이에 물이 채워져 있다. 아래 평판을 고정시키고 위쪽의 평판을 1m/s의 일정한 속도로 움직였다. 평판 사이의 물의 속도분포는 직선적이고, 물의 동점성 계수가 $0.804 \times 10^{-6} m^2/s$일 때 평판의

단위 면적당에 걸리는 전단응력을 구하라.

답 0.804 N/m^2

1.6 10mm의 간격을 가진 평행평판 사이에 점성계수가 15.14P인 기름이 채워져 있다. 아래의 평판을 고정하고 윗평판을 2m/s로 움직일 때, 기름 속에 형성되는 전단응력은 얼마인가?

답 $30.88\mathrm{kg_f/m^2}$

1.7 어떤 기름의 비중량이 $0.86\mathrm{g_f/cm^3}$, 동점성 계수가 34cst라고 한다면 이 기름의 점성계수는 얼마인가?

답 0.292P

1.8 넓은 수평면 위에 액체층이 있다. 이 액면 위를 세로 0.2m, 0.3m인 큰평판이 평면과 2mm의 간격을 두고 속도 1.2m/s로 움직일때 평판이 받는 저항력이 $28\mathrm{g_f}$이다. 평판과 평면 사이의 속도 기울기가 일정할 때 이 액체의 점성계수는 얼마인가?

답 $7.63\times10^{-3}\mathrm{cP}$

1.9 지름이 1cm인 비눗방울을 불어서 지름을 10cm까지 크게 하는데 필요한 일은 얼마인가? 단, 표면장력은 $3.5\times10^{-2}\mathrm{g_f/cm}$이다.

답 $10.9\times10^{-5}\mathrm{kg_f\cdot m}$

1.10 지름이 3mm인 물방울 내부의 압력은 얼마인가. 단, 물의 표면장력은 $7.5\times10^{-3}kg_f$ /m이다.

답 $10kg_f/m^2$

1.11 물 속에 지름이 0.01mm인 구멍이 뚫려 있는 섬유의 한 끝을 삽입할 때 수주의 상승은 얼마인가? 단, 물과 섬유의 접촉각은 0°이고 표면장력은 $0.074g_f$ /cm이다.

답 2.96×10^2cm

2
유체 정역학

유체 정역학은 유체가 정지상태에 있을 때의 힘의 평형관계를 다루는 학문이다. 많은 힘이 유체에 작용함에도 불구하고 유체가 정지하고 있다면 유체에 작용하는 힘들은 평형상태에 있다라고 하고, 유체는 '정적평형(靜的平衡, static equilibrium) 상태에 있다'라고 말한다. 유체 정역학에서는 유체분자 사이에 상대운동이 없으므로 점성의 영향이나 진단응력은 존재하지 않으며 다만, 유체의 비중이 관계된다.

따라서, 이와 같은 문제의 정밀한 해석은 쉽게 할 수 있고, 그 결과를 또한 정확하게 얻을 수 있다. 이 장에서는 정지유체 내에서의 압력의 변화와 유체면에 작용하는 압력을 압축성 유체 및 비압축성 유체에 대해 논의할 것이다. 이와 같은 기본 이론은 압력측정 및 해양 구조물에 작용하는 힘을 구하는데 유익하다.

2.1 정지유체의 압력

단위면적에 작용하는 유체의 정역학(靜力學) 즉, 압축응력을 **압력세기**(pressure intensity) 또는 **압력**(pressure)이라고 한다. 지금 면적 A에 유체의 등분포 압축력 F가 작용할 때의 압력을 p 라고 하면,

$$p = \frac{F}{A}, \quad \mathrm{kg_f/m^2} \text{ 혹은 } \mathrm{N/m^2} \tag{2·1}$$

가 되는데, 이 때 F 를 **전압력**(total pressure)이라고 한다.

압력분포가 균일하지 않을 때 압력 p 와 평균압력 $\bar{p}$ 는 미소면적 ΔA 에 수직으로 작용하는 전압력을 ΔF 라고 하면

$$p = \lim_{\Delta A \to 0} \frac{\Delta F}{\Delta A} = \frac{dF}{dA}, \quad \bar{p} = \frac{\Delta F}{\Delta A} \tag{2·2}$$

로 표시되고, 이 때 p 는 한 점에 작용하는 압력과 같다.

정지상태의 유체는 전단응력이 작용하지 않으므로 경계면이나 어떤 단면에서의 접선방향의 힘의 성분은 없다. 즉, 압력은 모든 점에서 항상 수직방향으로 작

용한다.

또, 정지유체 속의 한 점에 작용하는 압력 세기는 방향과 관계없이 일정하다. 이 압력을 **유체 정압력**이라 한다. 이제 이 원리를 힘의 평형 방정식을 써서 증명해 보자.

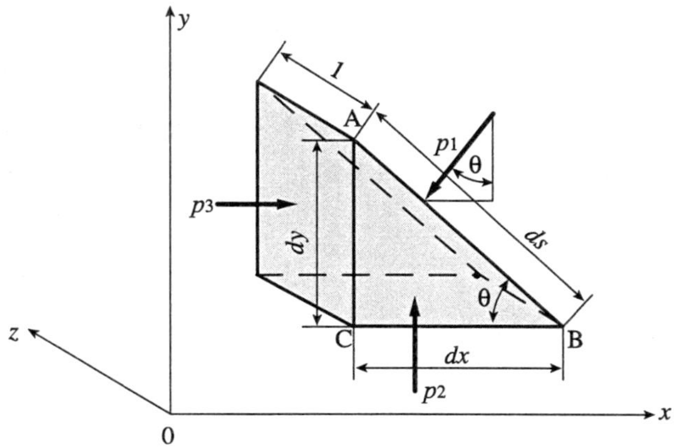

그림 2.1 자유 물체도

그림 2.1에 표시한 바와 같이 단위폭으로 변의 길이가 각각 dx, dy 인 미소 입체요소를 유체 속에 넣고 직각좌표 x, y, z 를 설정하자. 압력 p_1, p_2, p_3 는 각각 그들이 작용하는 면에 수직이다. 미소 빗면의 길이 ds 를 계속 평행이동하여 이 프리즘의 체적이 0이 되는 경우를 생각해 본다. 체적이 0이 되는 극한점에서 힘의 평형을 생각할 때 프리즘의 무게는 무시할 수 있다. 이 삼각 프리즘에 작용하는 힘들은 평형이 될 것이므로, 연직방향과 수평방향의 분력을 생각하면

$$\sum F_x = p_3 dy - p_1 ds \ \sin\theta = 0$$
$$\sum F_y = p_2 dy - p_1 ds \ \cos\theta = 0$$

그런데 $dy = ds \ \sin\theta$, $dx = ds \ \cos\theta$ 이므로

$$p_3 - p_1 = 0, \ \ p_2 - p_1 = 0$$

$$\therefore p_1 = p_2 = p_3 \tag{2·3}$$

가 성립된다.

여기서 θ 는 임의의 각이기 때문에 이 방정식은 '정지유체 내의 한 점에 작용하는 모든 방향에서의 압력은 같다'는 것을 증명한다. 또, 정지유체에 가해진 압력은 모든 방향으로 균일하게 전달된다. 이것을 **파스칼의 원리**(principle of Pascal)라고 한다. 이러한 원리를 이용한 기구가 **수압기**(hydraulic ram)이다.

즉, 그림 2.2에서와 같이 단면적 A_1, A_2인 2개의 실린더를 연결하고, 그 속에 기름을 채운 후 단면적 A_1인 실린더측에 힘 F_1을 가할 때 생기는 압력 P 는, 파스칼의 원리에 따라 밀폐된 용기 내의 모든 면에 전달된다. 따라서, 단면적이 A_2인 실린더와 힘의 평형을 이루기 위한 힘 F_2는 PA_2가 된다. 즉,

$$P = \frac{F_1}{A_1} = \frac{F_2}{A_2} \tag{2·4}$$

가 성립한다.

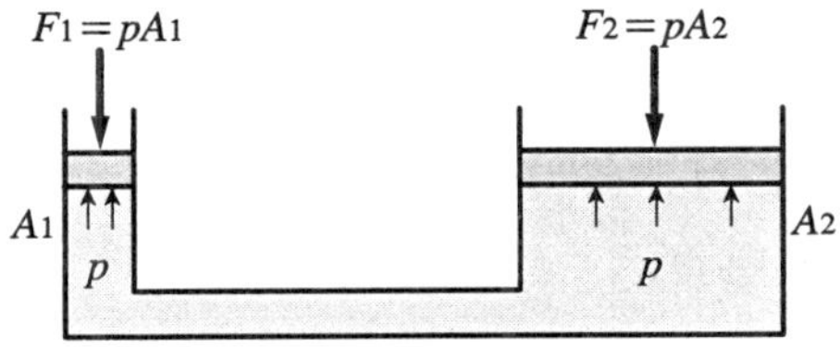

그림 2.2 수압기의 원리

예제2.1

그림 2.2에서 피스톤 A_2의 반지름이 A_1의 것의 2배가 될 때 힘 F_2는 F_1의 몇 배가 되겠는가?

풀이

피스톤 A_1과 A_2의 반지름을 각각 r_1, r_2 라고 하면 $r_1=r$ 일 때 $r_2=2r$ 이 되어

$$\frac{F_1}{\pi {r_1}^2}=\frac{F_2}{\pi {r_2}^2}, \quad \therefore \frac{F_1}{F_2}=\left(\frac{r_1}{r_2}\right)^2=\left(\frac{1}{2}\right)^2=\frac{1}{4}$$

즉, 4배가 된다.

2.2 유체 정역학의 기본 방정식

2.2.1 수평방향의 압력변화

그림 2.3에서 보는 바와 같이 정지유체 속에 밑면적 dA , 길이 L인 수평으로 놓인 기둥 모양의 자유물체에 미치는 수평방향의 압력변화를 생각해 보자. M, N 면에 작용하는 축방향의 힘은 $p_1 \cdot dA$와 $p_2 \cdot dA$뿐이고 자유체의 무게는 이 힘과 수직으로 작용하므로 축방향 성분을 가지지 않는다.

따라서, x 방향의 힘의 합력은

$$\Sigma F_x=0$$

이어야 하고,

$$p_1 \cdot dA-p_2 \cdot dA=0$$
$$\therefore p_1=p_2$$

가 된다.

즉, 정지유체 속의 같은 수평면에 있는 두 점에 작용하는 압력은 같으므로, 같은 수평면에서의 압력의 변화는 없음을 알 수 있다.

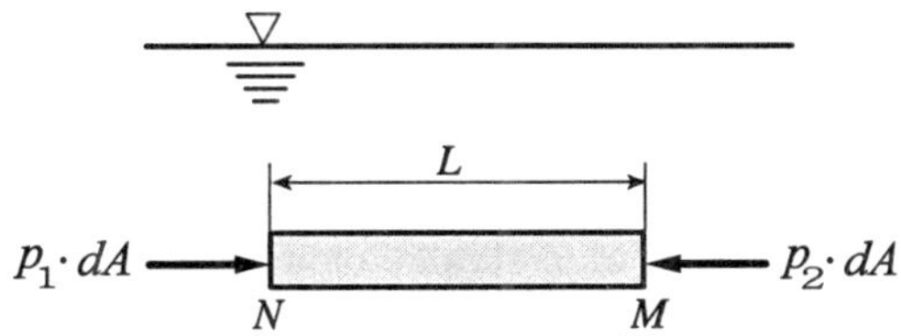

그림 2.3 수평방향의 압력변화

2.2.2 수직방향의 압력변화

수직방향의 압력변화를 알기 위해 그림 2.4와 같이 어떤 수평 기준면(HDP : horizontal datum plane)에서 수직상향으로 z 축을 잡고, 유체 속에 밑면적 A, 높이 dz 인 원기둥 모양의 미소요소를 취하여 여기에 작용하는 힘의 관계를 생각해 보자. 높이 z 인 점의 압력을 p 라고 하면 $(z+dz)$ [z 는 기준면에서 윗방향을 양(+)으로 한다] 인 점의 압력은 $\left(p+\frac{dp}{dz}dz\right)$이다.

또, 이 미소요소의 무게는 γAdz 로서 수직의 아랫방향으로 작용한다. 따라서, 수직방향의 힘의 평형 방정식은

$$\sum F_z = pA - \left(p + \frac{dp}{dz}dz\right)A - \gamma Adz = 0$$

그러므로

$$\therefore \frac{dp}{dz} = -\gamma \qquad (2 \cdot 5)$$

가 된다. 이 식(2 · 5)를 유체 **정역학의 기본 방정식**(general differential equation)이라고 한다. 이 식에 의하면 dz 가 양일 때 dp 는 음이 된다. 즉, 압력은 위로

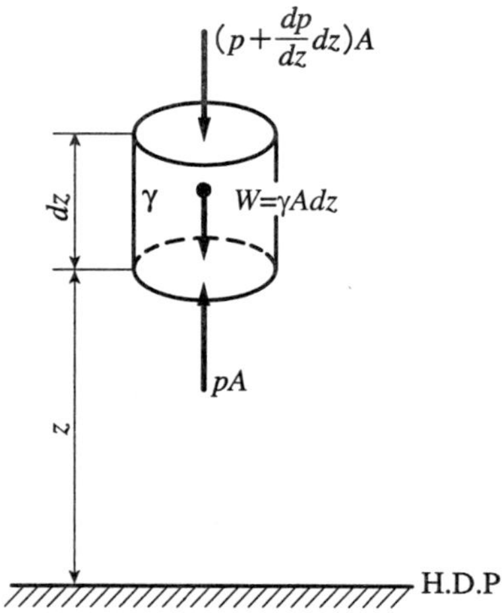

그림 2.4 수직방향의 압력변화

갈수록 감소하고, 압력의 증가율 dp/dz 는 유체의 비중량 γ 와 같다.

만일 $dz=0$, 즉 높이 z 가 일정하면 $dp=0$, 즉 압력 p 도 일정하게 된다. 즉, 정지유체 속에서 같은 수평면에 작용하는 압력은 어디서나 같다.

또한, 유체가 비압축성 유체, 즉 액체인 경우 비중량 γ 는 일정하므로 식(2·5)를 적분하면,

$$p=-\gamma z+C \qquad (2\cdot 6)$$

가 된다. 여기서 C 는 적분상수이다. 그림 2.5와 같이 액면에서 수직의 아랫방향으로 z_0 인 곳에 수평 기준면을 두고 액면에 작용하는 대기압을 p_0 라 하면, $z=z_0$ 때 $p=p_0$ 이므로 식 (2·6)에서

$$C=p_0+\gamma z_0$$

가 된다. 이것을 식 (2·6)에 대입하면,

$$p=p_0+\gamma(z_0-z)=p_0+\gamma h \qquad (2\cdot 7)$$

가 된다. 만일, 액면에 작용하는 대기압을 기준으로 한 압력을 쓰면 $h=0$ 인 액면에서의 압력은 $p_0=0$ 이 되므로,

$$p=\gamma h \tag{2·8}$$

가 되고, 이 관계에서 압력을 액주의 높이로 표시할 수 있다. 즉, $h=p/\gamma$ 로 표시하면 압력 p 는 비중량이 γ 인 액체의 높이와 같게 되며, 이것을 특히 액체가 물인 경우에 **압력수두**(pressure head)라고 한다.

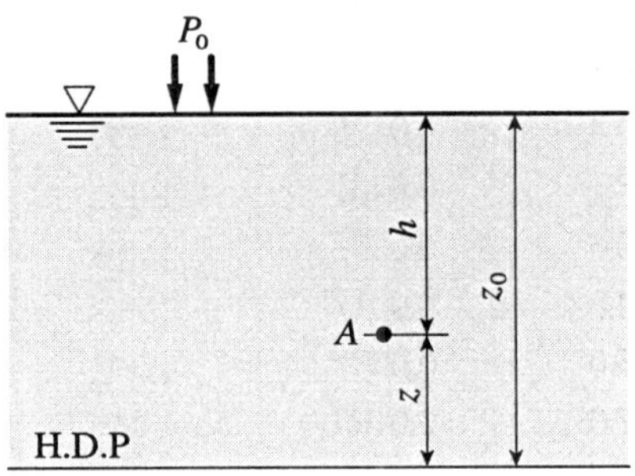

그림 2.5 점 A의 압력

2.3 절대압력과 계기압력

대기가 단위면적에 미치는 힘을 **대기압**(atmospheric pressure)이라고 한다. 그러므로 대기압은 지상의 위치와 고도 또는 기상상태에 따라 다르므로 통일된 표준값이 요구된다. **표준 대기압**이란 위도 40도에의 평균온도감률을 연간 평균한 대기압을 말하며, 그 물성값은 [표 2.1]과 같다.

[표 2.1] 표준대기

고도 (km)	온 도 (℃)	압 력 (mmHg)	밀 도 ($kg_f \cdot s^2/m^4$)	점성계수 ($kg_f \cdot s/m^2$)	동점성 계수 (m^2/s)	음 속 (m/s)
				$\times 10^{-6}$	$\times 10^{-6}$	
0	15.0	760.0	0.1250	1.833	1.466	340.7
1	8.5	674.1	0.1134	1.800	1.587	336.8
2	2.0	596.2	0.1027	1.768	1.722	332.9
3	-4.5	525.7	0.0928	1.735	1.871	328.9
4	-11.0	462.2	0.0835	1.702	2.037	324.9
5	-17.5	405.0	0.0751	1.669	2.222	320.9
6	-24.0	353.7	1.0673	1.635	2.429	316.8
7	-30.5	307.8	0.0601	1.600	2.661	321.6
8	-37.0	266.8	0.0536	1.565	2.923	308.4
9	-43.5	240.4	0.0476	1.530	3.217	300.1
10	-50.0	198.1	0.0421	1.494	3.551	299.8
11	-56.5	169.6	0.0371	1.458	3.931	295.4
12	-56.5	144.8	0.0317	1.458	4.602	295.4
14	-56.5	105.0	0.0231	1.458	6.310	295.4
16	-56.5	77.0	0.0169	1.458	8.652	295.4
18	-56.5	56.2	0.0123	1.458	11.86	295.4
20	-56.5	41.0	0.0090	1.458	16.26	295.4
25	-56.5	18.6	0.0041	1.458	35.80	295.4
30	-56.5	8.5	0.0081	1.458	78.81	295.4

공학에서는 식 (2・7)의 대기압 p_0 를 기준으로 잡은 압력, 즉 식 (2・8)의 $p=\gamma h$를 **계기압력**(gauge pressure)이라고 하고, p_g 로 표시하며 단위는 kg/cm^2, g로 나타낸다. 이에 대하여 계기압력과 대기압의 합으로 표시되는 압력, 즉 절대진공을 기준으로 한 압력을 **절대압력**(absolute pressure)이라 하고 p_a 로 표시하며, 단위는 kg/cm^2, a로 나타낸다. 그리고 대기압 이하의 압력은 음(-)의 계기압력으로서 보통 **진공압력**(vacuum pressure)이라 하고, p_{vac} 로 표시하며 단위는 mmHg, vac. 또는 kg/cm^2, vac 등으로 나타낸다. 또한, 이들 사이의 관계는 다음과 같다.

$$[p_a]=[p_0]\pm\begin{bmatrix} p_g \\ p_{vac} \end{bmatrix} \tag{2・9}$$

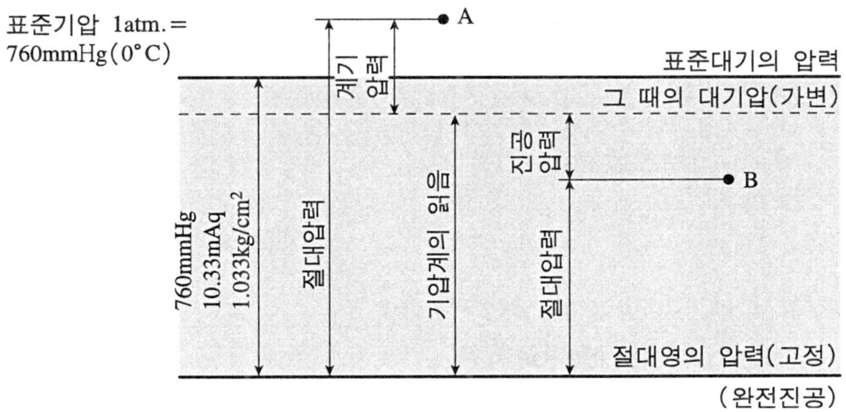

그림 2.6 압력계 읽음의 단위와 압력 사이의 관계

이 관계를 그림으로 표시하면 그림 2.6과 같다. 그림에서 **점 A**는 대기압보다 높은 압력, **점 B**는 낮은 압력을 표시한다.

압력의 단위에 대해서는 공학과 이학의 각 분야에서 가장 쓰기 편리한 것을 사용해 왔기 때문에 여러 가지가 있다.

보통 공학에서는 kg_f/cm^2를 사용하고 공학단위와 SI 단위 사이의 관계는 다음과 같다.

$$1kg_f/cm^2 = 9.80665\times10^4 N/m^2 = 9.80665\times10^4 Pa \fallingdotseq 9.8\times10^4 Pa$$

압력을 수은주의 높이로 표시할 때는 mmHg로 나타내고, 수주의 높이로 나타낼 때에는 mAq 또는 mH_2O의 기호를 쓴다. 이학단위에서는 압력의 단위로 bar를 쓰는데 이것은 SI 단위가 아니지만 국제 표준화 기구(ISO)에서 인정하고 있다.

또, 진공압력의 경우 수은주 1mm를 1 토리첼리(=1 Torr = 1 Torricelli)라고 한다. 즉,

$$1torr = 1mmHg = 1.359510 g_f/cm^2$$

이고, 이들 사이의 관계를 종합하여 표시하면 그림 2.6과 같다.

표준기압 1atm = 760mmHg(0℃)
= 762mmHg(15℃)
= 1.0332kg_f/cm^2(0℃)
= 10.332mAq(4℃)
= 1.01325bar

공학기압 1 at. = 1 $kg_f/cm^2 = 1 \times 10^4 kg_f/m^2$
= 735.56mmHg(0℃)
= 10mAq(4℃)
= 0.98bar

이학기압 1 bar = 10^6dyne/cm^2
= 750.5mmHg(0℃)
= 10^3mbar

[표 2.2]는 여러 압력의 단위 환산표를 표시한다.

[표 2.2] 압력의 단위 환산표

단위의 종류	kg_f/cm^2	atm	Pa=N/m^2	bar	mmHg (0℃)	mmAq (4℃)	lb / in^2 (psi)
1kg_f/cm^2	1	0.967841	0.980665×10^5	0.980665	735.56	10^4	14.2234
1atm = 760mmHg	1.03323	1	1.01325×10^5	1.01325	760	1.0332×10^4	14.6960
1Pa=1N/m^2	1.01972×10^{-5}	0.986923×10^{-5}	1	10^{-5}	0.75006×10^{-3}	1.0197×10^{-1}	14.5038×10^{-5}
1 bar	1.01972	0.986923	10^5	1	0.75006×10^2	1.0197×10^4	14.5038

예제2.2

국부 대기압이 710mmHg인 곳에서 절대압력이 0.5kg_f/cm^2일 때, 그 지점에서의 계기압력은 얼마인가? 단, 수은의 비중은 13.6이다.

풀이

식(2・9)에서 계기압력=(절대압력-대기압)이므로

$$
\begin{aligned}
\text{계기압력} &= 0.5-\left(71\times\frac{13.6}{1000}\right) \\
&= -0.4656\,\mathrm{kg_f/cm^2} \\
&= 0.4656\,\mathrm{kg_f/cm^2},\ \text{vac.}
\end{aligned}
$$

즉, $0.4656\mathrm{kg_f/cm^2}$ 진공압력이다.

예제2.3

한 개방탱크 속에 높이 2m의 물과 그 위에 비중 0.83인 기름이 높이 1m로 들어 있다. 물과 기름의 접촉면과 탱크 밑면의 압력은 각각 얼마인가?

풀이

물과 기름의 접촉면에서의 압력을 p_1, 탱크 밑면에서의 압력을 p_2 라고 하면,

$$
\begin{aligned}
p_1 = \gamma_1 h_1 = s_1\gamma_w h_1 &= 0.83\times1000\times1 \\
&= 830(\mathrm{kg_f/m^2}) \\
&= 0.0830(\mathrm{kg_f/cm^2}) \\
p_2 = p_1 + \gamma_2 h_2 &= 830 + 1000\times2 \\
&= 2830(\mathrm{kg_f/m^2}) \\
&= 0.2830(\mathrm{kg_f/cm^2})
\end{aligned}
$$

이다.

2.4 압력의 계측

2.4.1 부르동 압력계

그림 2.7에 표시한 **부르동 압력계**(Bourdon pressure gauge)는 계기압력과 진공압력을 측정하는 장치로서 공업용으로 많이 쓰이고 있다. 그림과 같이 원호 모양으로 만들어진 금속관은 단면이 타원형으로 되어 있고, 관끝에 압력이 작용하면 그 압력은 부르동관 속에 다같이 작용한다. 이 때 부르동관의 중심선으로부터 바깥쪽의 면적과 안쪽의 면적을 비교하면 바깥쪽의 면적이 커서 바깥쪽의 전압력이 안쪽의 전압력보다 커진다. 따라서, 부르동관은 바깥쪽으로 밀려 B는 B′로 이동한다. 여기서 링크 C에 의해서 힌지 D를 중심으로 회전하는 D 기어와 물려 있는 E 기어를 회전시킨다. 기어 E와 같은 축상에 있는 지침 G는 압력의 크기를 나타낸다.

진공용의 부르동 압력계는 B의 움직임이 역으로 되어 원호 모양을 적게 해서 압력을 표시하게 되어 있다. 이와 같이 부르동 압력계에서는 대기압의 눈금이 0으로 되어 있고, 곡관 속의 압력이 대기압보다 크면 지침은 오른쪽으로 돈다. 이 때 대기압보다 큰 쪽의 읽음이 계기압력, 작은 쪽의 읽음, 즉 대기압에 대하여 "-"의 읽음은 진공압력이다. 계기압력은 kg_f/cm^2, g 또는 mAq, g로 표시하고 진공압력은

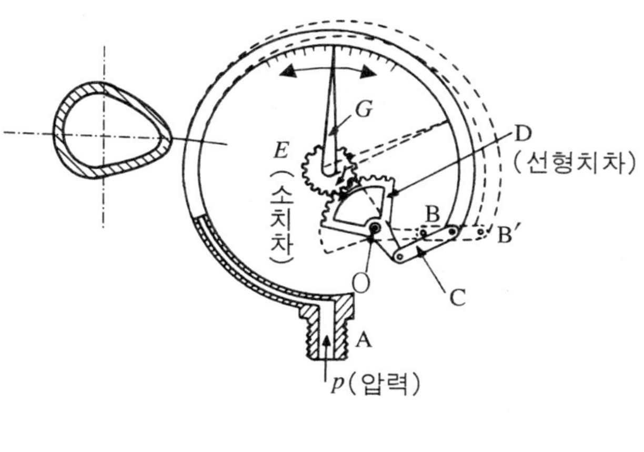

그림 2.7 부르동 압력계

mmHg, vac. 또는 mAq, vac.로 나타낸다. 대기압은 장소와 시간에 따라 변하므로 측정하려는 유체의 절대압력을 알려고 할 때에는, 그 때마다 기압계에서 대기압을 측정해야만 한다.

2.4.2 마노미터

마노미터(manometer)는 부르동 압력계나 기타의 다른 압력계와 마찬가지로 압력을 측정하는 압력계의 일종이지만, 마노미터는 일반적인 압력계에 비해서 장치가 간단하면서도 비교적 정밀한 압력의 측정이 가능한 것이 특징이다. 마노미터에는 어떤 용기의 임의의 단면에서의 압력, 즉 계기압력을 측정하는데 사용되는 **U자형의 마노미터**와 두 점간의 압력차를 측정할 수 있는 **시차 마노미터**가 있다.

마노미터에 사용되는 액체는 밀도를 정확하게 알고 있는 액체로서 압력을 측정하고자 하는 용기 속에 들어 있는 액체와는 상호간에 아무런 반응을 일으키지 않는 액체라야 한다. 그리고 마노미터의 액체의 종류는 측정하고자 하는 압력의 크기와 읽고자 하는 압력의 정확도에 따라 결정된다. 일반적으로 마노미터에서 많이 사용되는 액체는 비교적 적은 압력범위에서는 알코올이나 물이 많이 사용되고, 높은 압력의 측정에서는 수은이 주로 사용된다.

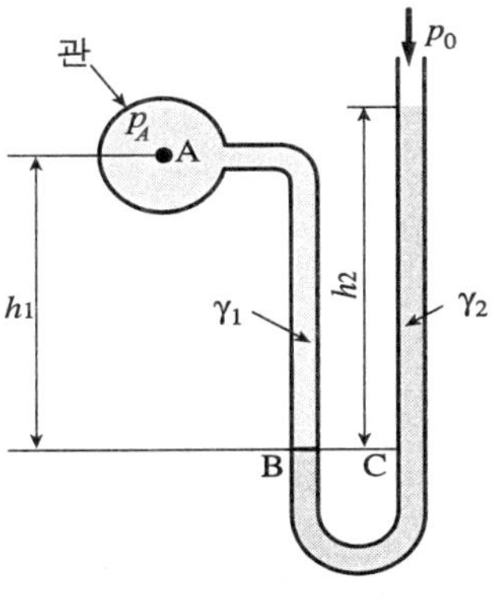

그림 2.8 U 자관 액주계

그림 2.8에서 측정하려는 관 속의 유체의 점 A 압력을 p_A, 비중량을 γ_1 이라

하고 U자관의 한 끝은 압력 p_0 의 대기 중에 개방되었다 하자. 마노미터가 평형상태가 되면 점 C의 절대압력 $p_{c,a}$는

$$p_{c,a} = \gamma_2 h_2 + p_0 \tag{2·10}$$

가 되고, 점 C와 같은 평면에서의 점 B의 압력 p_B 도 $p_{c,a}$와 같아야 할 것이다. 즉,

$$p_B = p_{c,a} = \gamma_2 h_2 + p_0 = p_A + \gamma_1 h_1 \tag{2·11}$$

이다. 점 A의 압력은 점 B의 압력보다 낮고 그 차는

$$p_B - p_A = \gamma_1 h_1,\ p_A = p_B - \gamma_1 h_1 \tag{2·12}$$

이다. 이들 두 식에서 점 A의 절대압력은

$$p_{A,a} = \gamma_2 h_2 - \gamma_1 h_1 + p_0 \tag{2·13}$$

이고, 계기압력은

$$p_{A,g} = p_{A,a} - p_0 = \gamma_2 h_2 - \gamma_1 h_1 \tag{2·14}$$

이 된다.

예제2.4

그림 2.8의 U 자관에서 액주액은 수은이고, 점 A의 관 속에 비중 1.025인 바닷물이 흐를 때 h_1=40cm, h_2=150cm이고 대기압은 760mmHg이다. 관중심 A에서의 절대압력은 얼마인가?

풀이

관중심 A에서의 절대압력을 $p_{A,a}$ 라고 하면

$$\begin{aligned} p_{A,a} &= p_0 + \gamma_2 h_2 - \gamma_1 h_1 \\ &= 13.6\times760 + 13.6\times10^3\times1.5 - 1.025\times10^3\times0.4 \\ &= 30,326(\mathrm{kg_f/m^2}) \\ &= 3.0326(\mathrm{kg_f/cm^2}) \end{aligned}$$

이다.

2.4.3 시차 마노미터

2개의 탱크나 관 내에서의 압력차를 측정하는데 사용되는 마노미터로서, 그림 2.9에서 보는 바와 같이 어떤 두 점 사이의 유체(流體)의 압력차($p_A - p_B$)를 구할 수 있다. 즉, B(혹는 A)로부터 마노미터의 관로를 따라 순차적으로 $p=\gamma h$ 의 관계를 적용하여 계산해 가면 된다. 액체의 경계면이 상승하면 압력은 감소하고 하강하면 압력은 증가한다. 예로서 그림 2.9(a)에서 점 D는 점 B보다 압력이 높으므로 점 D의 압력 p_D 는

$$p_D = p_B + \gamma_3(h_3 - h_2) \tag{2・15}$$

이고, 또 E지점 압력은 점 D에서보다 크므로

$$p_E = p_D + \gamma_2 h_2 = p_B + \gamma_3(h_3 - h_2) + \gamma_2 h_2 \tag{2・16}$$

이다.

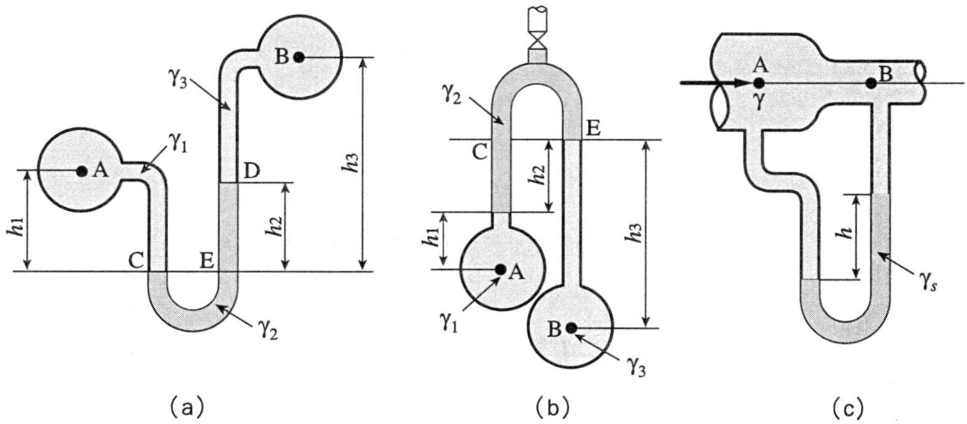

그림 2.9 시차 마노미터

다음에 점 C와 점 E는 같은 평면에 있으므로 압력은 같다. 점 A에서의 압력은 점 C에서의 압력보다 작으므로

$$p_A = p_C - \gamma_1 h_1 = p_E - \gamma_1 h_1 = p_B + \gamma_3(h_3 - h_2) + \gamma_2 h_2 - \gamma_1 h_1 \qquad (2 \cdot 17)$$

이 된다. 이와 같이 마노미터의 문제는 마노미터의 한쪽 끝에서부터 $p=\gamma h$ 의 관계를 적용하면서 다른쪽 끝으로 이끌어 가는 방법과 같은 수평면인 점 C와 점 E의 압력을 각각 좌측과 우측관에서 구하고, 이것을 같게 둠으로써 압력차($p_A - p_B$)를 구할 수 있다.

그림 2.9((b)는 **역 U자관 마노미터**로서 압력을 측정하려는 액체의 비중량이 각각 γ_1, γ_3 인 액체보다 가벼운 액체, 또는 기체인 γ_2 를 사용하는 경우로서 압력차($p_A - p_B$)가 작은 경우에 사용한 예이다. 그림 2.9(a)의 경우와 같은 방법으로 압력차($p_A - p_B$)를 구하면

$$p_A - p_B = \gamma_1 h_1 + \gamma_2 h_2 - \gamma_3 h_3 \qquad (2 \cdot 18)$$

와 같이 된다. 비중량 γ_2 를 공기로 할 때에는 이것을 펌프로 삽입시켜 h_1 및 h_3 의 높이를 늘려서(h_2 는 불변) 압력차($p_A - p_B$)를 계측할 수 있다.

그림 2.9(c)는 점차 축소관 속을 흐르는 유체의 상류의 점 A와 목부의 점 B와의 압력차를 재기 위하여 장치한 U자관 마노미터로서, 점차 축소관 속의 유체의 비중량을 γ_1, 마노미터액의 것을 γ_s 라고 하면, 식 (2・18)의 특별한 경우, 즉 $h_1 = h_3$, $\gamma_1 = \gamma_3 = \gamma$, $\gamma_2 = \gamma_s$라 하고, 또 h_2 를 h 로 바꾸어 쓰면,

$$p_A - p_B = (\gamma_s - \gamma)h \qquad (2 \cdot 19)$$

가 된다.

예제2.5

그림 2.9(a)에서 관 A에는 물이, 관 B에는 비중 0.899인 기름이 흐르고 있고 마노미터의 액체는 수은이다. $h_1 = 150\text{mm}$, $h_2 = 180\text{mm}$, $h_3 = 260\text{mm}$일 때 두 관의 압력차는 얼마인가?

풀이

두 관에서의 압력차를 ($p_A - p_B$)라 하면,

$$\begin{aligned} p_A - p_B &= 0.899 \times 10^3(0.26 - 0.18) + 13.6 \times 10^3 \times 0.18 - 10^3 \times 0.15 \\ &= 2374(\text{kg}_\text{f}/\text{m}^2) \\ &= 0.2374(\text{kg}_\text{f}/\text{cm}^2) \end{aligned}$$

이다.

예제2.6

그림 2.9(b)에서 A 와 B 의 유체는 물이고 마노미터의 액은 비중 0.8의 기름이다. 300mm, $h_2 = 150\text{mm}$, $h_3 = 600\text{mm}$인 경우(a) 차압은 얼마 $h_1 =$인가? 또한, (b)

B점의 압력이 $0.704kg_f/cm^2$, 기압계의 읽음이 750mmHg일 때 A점의 계기압력은 얼마인가?

풀이

(a) 차압 ($p_B - p_A$)은

$$\begin{aligned} p_B - p_A &= 10^3 \times 0.3 + 0.8 \times 10^3 \times 0.15 - 10^3 \times 0.6 \\ &= 180(kg_f/m^2) \\ &= 0.0180(kg_f/cm^2) \end{aligned}$$

이다.

(b)
$$\begin{aligned} p_0 &= 750mmHg = 750/735.5 = 1.02(kg_f/cm^2) \\ p_A &= p_B + 0.018 = 0.704 + 0.018 = 0.722(kgf/cm^2) \\ \therefore p_{A,g} &= p_A - p_0 = 0.722 - 1.02 = -0.298(kg_f/cm^2) \\ &= 2980(kg_f/cm^2,\ vac.) \end{aligned}$$

이다.

예제2.7

그림 2.9(c)에서 수은주의 시차가 950mm일 때 두 점 A, B사이의 압력차는 얼마인가? 단, 수은의 비중은 13.6이고 관 속의 유체는 물이다.

풀이

압력차를 ($p_A - p_B$)라고 하면

$$\begin{aligned} p_A - p_B &= (13.6 \times 10^3 - 10^3) \times 0.95 \\ &= 1.197(kg_f/cm^2) \end{aligned}$$

이다.

2.4.4 마이크로 마노미터

매우 작은 압력차를 측정하는 압력계를 **마이크로 마노미터**(micro mannometer)라고 한다. 그림 2.10은 U자관의 양끝에 단면적이 큰 탱크를 달고 서로 섞이지 않는, 비중이 조금 다른 γ_2, γ_3 의 액을 넣은 마이크로 마노미터이다.

먼저 비중량이 γ_3 인 액을 0-0′선까지 넣고, 가벼운 쪽의 비중량 γ_2 의 액을 1-1′의 수준까지 넣는다. 측정하려는 기체 C쪽의 압력이 D의 그것보다 조금 더 크면, γ_1 과 γ_2 의 두 액의 경계면은 Δy 만큼 움직이여 그림의 상태에서 평형을 이룬다. 이 때, 각 탱크에서 움직인 액의 체적은 U자관내에서 변화한 액의 체적과 같으므로, 탱크와 U자관의 단면적을 각각 A, a 라고 하면,

$$\Delta y \cdot A = \frac{h}{2} a, \ \Delta y = \frac{h}{2} \cdot \frac{a}{A}$$

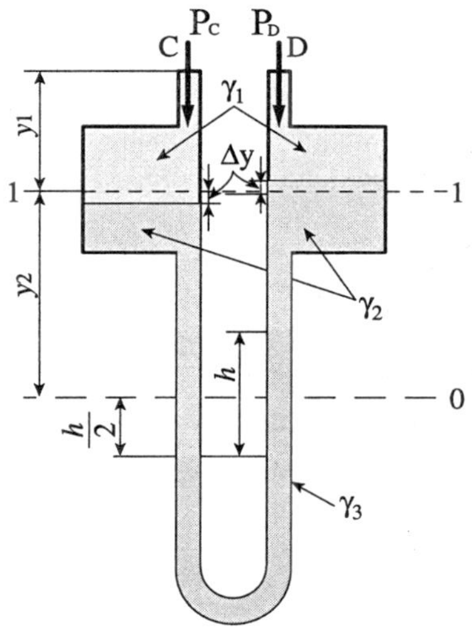

그림 2.10 마이크로 마노미터

가 된다. 점 C의 압력에서 출발하여 점 D에 이르기까지 마노미터에 대한 방정식을 세우면,

$$p_C+\gamma_1(y_1+\Delta y)+\gamma_2\left(y_2-\Delta y+\frac{h}{2}\right)$$
$$-\gamma_3 h-\gamma_2\left(y_2-\frac{h}{2}+\Delta y\right)-\gamma_1(y_1-\Delta y)=p_D$$

이고, 이 식에 위의 Δy 의 값을 대입하면

$$p_C-p_D=h\left\{\gamma_3-\gamma_2\left(1-\frac{a}{A}\right)-\gamma_1\frac{a}{A}\right\} \tag{2・20}$$

로 표시된다. 우변의 괄호 안의 값은 마노미터에 의해 정해지는 상수이므로, 압력차는 마노미터액의 높이차 h 에 직접 비례한다.

그림 2.11은 경사 **마이크로 마노미터**(inclined micro manometer)로서 마노미터의 액주를 경사시켜 계측의 감도를 높인 것이다. 액을 담은 탱크 및 경사 유리관의 단면적을 각각 A, a 라고 하면, 압력차 $\Delta p=0$ 일 때의 액면에서 y 만큼 움직였을 때의 탱크의 액면변화는 $(a/A)y$ 가 된다.

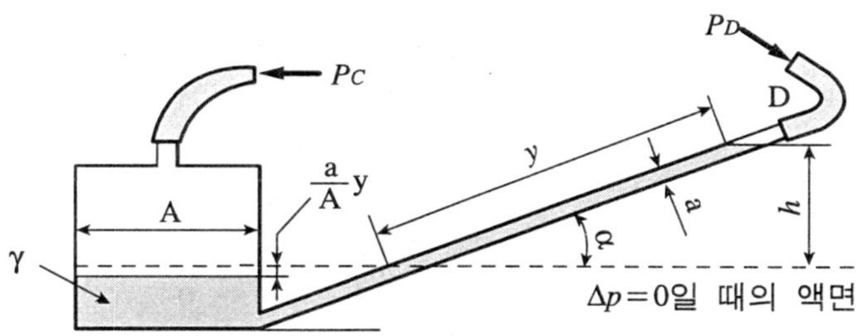

그림 2.11 경사 마이크로 마노미터

이 마이크로 마노미터는 보통 기체의 압력측정에 쓰이므로 C, D 부분에 있는 기체의 중량은 무시하고 마노미터의 방정식을 세우면 다음과 같다.

$$p_C - \gamma\left(y\ \sin\alpha + \frac{a}{A}y\right) = p_D$$

$$\therefore p_C - p_D = \gamma \cdot y\left(\sin\alpha + \frac{a}{A}\right) \qquad (2 \cdot 21)$$

여기에서 γ 는 액의 비중량, α 는 수평면에 대한 경사관의 각도이다. 즉, 액의 수직변위는 $h = y\ \sin\alpha$ 의 관계로서 눈금읽음 y 로 확대한 것인데, 각도 α 가 너무 작아지면 측정 정밀도가 떨어지므로 액주의 읽음 y 만을 확대하는 것도 의미가 없다. 또, α 가 작으면 액면의 꼴도 불규칙해진다. 그리고 안지름이 일정한 유리관을 만드는 것도 쉬운 일이 아니므로, 정밀한 측정을 요할 때에는 미리 검정할 필요가 있다.

예제2.8

그림 2.11의 경사 마이크로 마노미터에서 $\sin\alpha = 1/25$, 마노미터액으로서 무수 알코올($s = 0.793$)을 사용하고, 경계면의 이동 $y = 0.25$mm까지 읽는다고 할 때 압력차($p_C - p_D$)는 몇 mmAq까지 측정할 수 있겠는가?

단, $a/A = 1/100$이다.

풀이

식(2 · 21)에서

$$\begin{aligned} p_C - p_D &= \gamma y\left(\sin\alpha + \frac{a}{A}\right) \\ &= 0.793\times10^3\times\frac{0.25}{10^3}\left(\frac{1}{25} + \frac{1}{100}\right) \\ &= 0.99\times10^{-2}\ (\mathrm{kg_f/m^2}) \\ &= 0.0099(\mathrm{mmAq}) \end{aligned}$$

이다.

2.5 정지유체 속에 잠긴 물체면에 작용하는 힘

유체 속에 잠겨져 있는 물체의 면에 작용하는 유체의 힘을 계산하는 일은 댐, 수문, 물탱크, 조선 등의 설계에서 대단히 중요하다. 여기서 물체의 면에 작용하는 힘을 정확히 알려면 힘의 3요소인 힘의 크기, 방향, 작용점을 모두 알아야 한다.

유체 속에 잠겨져 있는 물체의 면 중에서 유체압력에 의한 힘을 계산하는 데 있어 가장 단순한 모양은 역시 수평면이며, 그리고 수직면, 경사면, 곡면 등을 들 수 있다. 이상의 여러 가지 경우에 대하여 각 면에 작용하는 유체압력의 크기와 방향, 그리고 작용점을 하나하나 구해 보기로 한다.

2.5.1 수평면에 작용하는 힘

그림 2.12와 같이 비중량 γ 인 액체 속에 면적 A 인 평판이 수평으로 놓여 있을 때, 단위면적에 작용하는 압력은 $p=\gamma h$ 로써 균일하고 따라서, 전압력의 크기는 $F=\gamma hA$ 로서 평면의 중심(重心)을 지나 수직의 아랫방향으로 작용한다. 그림에서 압력 $p=\gamma h$ 의 벡터로 이루어지는 부분을 **압력 프리즘**(pressure prism)이라 하고, 이 압력 프리즘의 체적은 전압력의 크기와 같으며, 전압력 F 는 반드시 이 압력 프리즘의 도심(圖心)을 지난다. 또, 전압력의 작용점을 **압력중심**(center of pressure)이라고 한다.

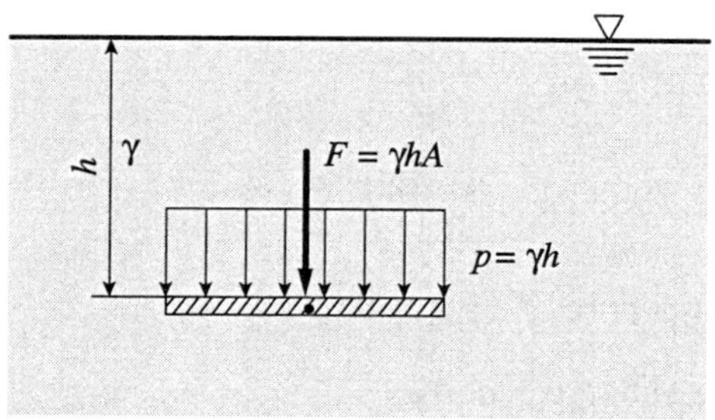

그림 2.12 수평면에 작용하는 힘

2.5.2. 수직면에 작용하는 힘

그림 2.13에는 수면과 수직으로 놓인 평판 위의 각 점에 미치는 유체의 힘을 도시하였다. 압력은 $p=\gamma h$ 에 의하여 깊이 h 에 따라 선형적으로 변한다. 수직평판의 상단에서는 $p_1=\gamma h_1$ 이, 하단에서는 $p_2=\gamma h_2$ 가 작용하므로 평판의 너비를 b 라 할 때, 전압력의 크기 F 는 압력 프리즘의 체적과 같으므로

$$F=\frac{\gamma h_1+\gamma h_2}{2}(h_2-h_1)\times b=\frac{\gamma b(h_2^{\,2}-h_1^{\,2})}{2} \qquad (2 \cdot 22)$$

으로 나타낼 수 있다.

전압력 F 가 작용하는 점은 압력 프리즘의 중심을 지나고, 그 방향은 평판과 수직이며, 압력의 중심은 언제나 평판의 중심(重心)보다 아래에 있다. 평판이 대칭형이 아닌 경우에는 식 (2・25)에 의하여 전압력 F 를 구할 수 있다.

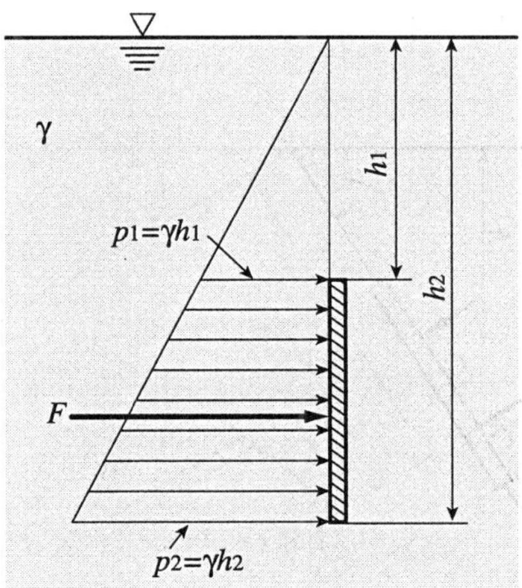

그림 2.13 수직면에 작용하는 힘

2.5.3 경사면에 미치는 힘

경사면에 미치는 유체의 전압력을 구하기 위해 그림 2.14와 같이 액면과 α 의 경사각을 갖는 평판을 생각하자. 경사 평판 BD의 한쪽면에 작용하는 전압력을 구하기 위해 깊이 h 인 곳에 미소면적 dA 를 취하고, 이에 작용하는 전압력을 dF라고 하면

$$dF = pdA = \gamma hdA \qquad (2 \cdot 23)$$

로 표시된다.

그리고 BD의 연장을 $0y$축, 이것과 자유표면과의 교점에 대해 수직인 축을 $0x$축으로 잡으면 $h = y\sin\alpha$ 가 되고, 윗식은 다음과 같이 쓸 수 있다.

$$dF = \gamma hdA = \gamma y \sin\alpha dA \qquad (2 \cdot 24)$$

따라서, 전체 면적 A 에 작용하는 전압력 F 는

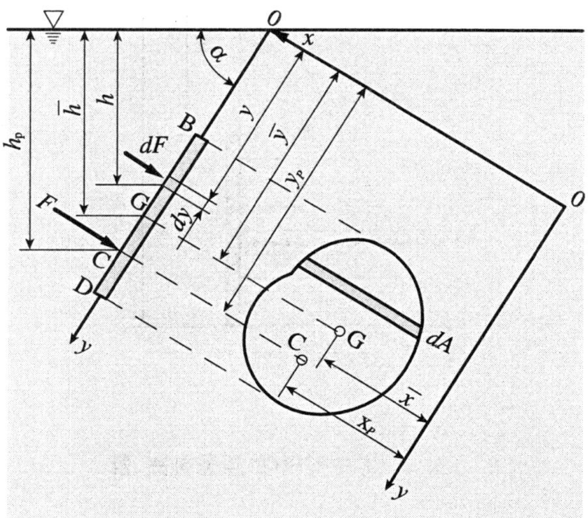

그림 2.14 경사면에 작용하는 힘

$$F=\gamma \sin \alpha \int_A y dA \qquad (2 \cdot 25)$$

여기서, $\int_A y dA$ 는 면적 A 의 $0x$축에 대한 모멘트로서 다음과 같다.

$$\int_A y dA = \overline{y} A$$

여기서, $\overline{y}$ 는 $0x$축으로부터 평면의 도심까지의 거리이다.

이것을 식 (2 · 25)에 대입하면 다음과 같이 된다.

$$F=\gamma \sin \alpha \overline{y} A = \gamma \overline{h} A \qquad (2 \cdot 26)$$

여기서, $\overline{h} = \overline{y} \sin \alpha$이다. 즉, 액체 속에 잠겨 있는 경사평면에 작용하는 전압력의 크기는 면적 A와 그 도심에 대한 압력 $\gamma \overline{h}$와의 곱이 된다.

이제 경사평판에 작용하는 전압력의 작용점을 구해 보자. 이것은 곧 평면에 수직인 많은 힘들의 합력의 작용점을 구하는 것으로서, 미소면적 dA에 작용하는 전압력 dF의 $0x$축에 대한 모멘트는

$$dM = y dF$$

가 되고, 식 (2 · 24)를 여기에 대입하면

$$dM = y dF = y \cdot \gamma y \sin \alpha dA$$

가 된다. 따라서, 전체 면적에 대한 모멘트는

$$M=\gamma \sin \alpha \int_A y^2 dA \qquad (2 \cdot 27)$$

이다. 여기서, $\int_A y^2 dA$는 면적 A의 $0x$축에 대한 **관성 모멘트**(moment of inertia) I_{0x}이다. 따라서, 다음과 같이 표시할 수 있다.

$$M = \gamma \sin \alpha I_{0x} \tag{2·28}$$

또, $y_p = M/F$ 이므로

$$y_p = \frac{M}{F} = \frac{\gamma \sin \alpha \cdot I_{0x}}{\gamma \bar{y} \sin \alpha \cdot A} = \frac{I_{0x}}{\bar{y}A} \tag{2·29}$$

일반역학 이론으로부터

$$I_{0x} = I_G + A\,\bar{y}^2 \tag{2·30}$$

이므로

$$y_p = \frac{I_G + A\,\bar{y}^2}{\bar{y}A} = \bar{y} + \frac{I_G}{\bar{y}A} \tag{2·31}$$

이다. 여기서 y_p는 전압력이 작용하는 지점까지의 경사 거리이고, I_G는 평판의 무게중심을 지나는 축에 대한 관성 모멘트이다(p. 426 참조).

식 (2·31)은 평면의 도심과 전압력의 작용점 사이의 거리를 나타내는 식으로서, 전압력 F는 도심에서 축을 따라 거리 $I_G/A\bar{y}$ 만큼 아래쪽인 **점 C**에 작용함을 알 수 있다.

예제2.9

그림 2.15와 같이 수문의 상단을 힌지로 걸고 수면과는 45° 경사지게 설치되어 있다. 지금 수문의 하단을 밀어서 열려고 할 때 얼마의 힘이 필요하겠는가?

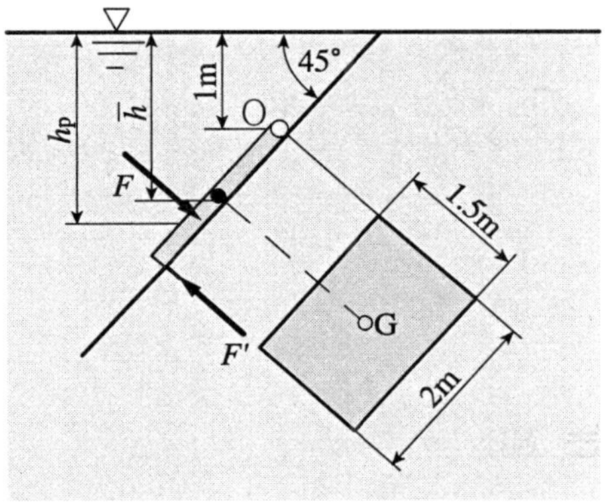

그림 2.15 수면 속 수문

풀이

수문의 중심까지의 거리 $\bar{h}$ 는

$$\bar{h}=1+\frac{1}{\sqrt{2}}=1.707(\mathrm{m})$$

전압력 F 는

$$F=\gamma\bar{h}A=1000\times1.707\times(1.5\times2)$$
$$=5121(\mathrm{kg_f})$$

압력중심의 위치 y_p 는

$$y_p=\bar{y}+\frac{I_G}{A\bar{y}}=2.414+\frac{\frac{1.5\times2^3}{12}}{(1.5\times2)\times2.414}=2.552(\mathrm{m})$$

이다.

지금 수문을 닫으려는 전압력 F 와 역으로 수문을 열려고 하는 힘 F'의 힌지 O 에 대한 모멘트를 생각하면

$$F(y_p-\sqrt{2})=F'\times 2$$

$$\therefore F'=\frac{y_p-\sqrt{2}}{2}\times F=\left(\frac{2.552-1.414}{2}\right)\times 5121=2914(\text{kg}_\text{f})$$

가 된다.

2.5.4 곡면에 작용하는 힘

그림 2.16과 같은 곡면 AB를 생각하자. 액체가 이 곡면에 미치는 전압력 F 는 수평 분압력 F_x 와 수직 분압력 F_y 로 분해할 수 있다. 또, ABC와 같은 유체의 자유물체를 생각하면 압력분포는 그림 2.16(b)와 같고, F_x', F_y'는 곡면 AB에 유체가 미치는 전압력의 분력인 F_x, F_y와 크기가 같고 방향이 반대인 반력이다.

그리고 자유물체, 그림 2.26(b)에서 F_x'는 평면 AC의 전압력 F_{AC} 와 F_y'는 수평면 BC의 전압력 F_{BC} 및 자유물체의 무게 W의 합, 즉 $(F_{BC}+W)$와 크기가 같다. 이것을 정역학의 평형 방정식으로 구하면, 수평으로 작용하는 힘의 합 $\sum F_x=0$에서

$$F_{AC}-F_x'=0$$

$$\therefore F_x'=F_{AC} \qquad (2\cdot 32)$$

또, 수직으로 작용하는 힘의 합 $\sum F_y=0$에서

$$-F_y'+W+F_{BC}=0$$

$$\therefore F_y'=W+F_{BC} \qquad (2\cdot 33)$$

가 된다. 여기서 F_{AC} 와 F_{BC} 는 식(2・26)에서 구할 수 있고, W는 자유물체의 체적을 V, 그 액체의 비중량을 γ 라고 할 때 $W=\gamma V$ 로서 자유물체의 중심을 지난다. 또 F_x'와 F_{AC} 의 압력중심은 같은 직선 위에 있고, F_y'는 W 와

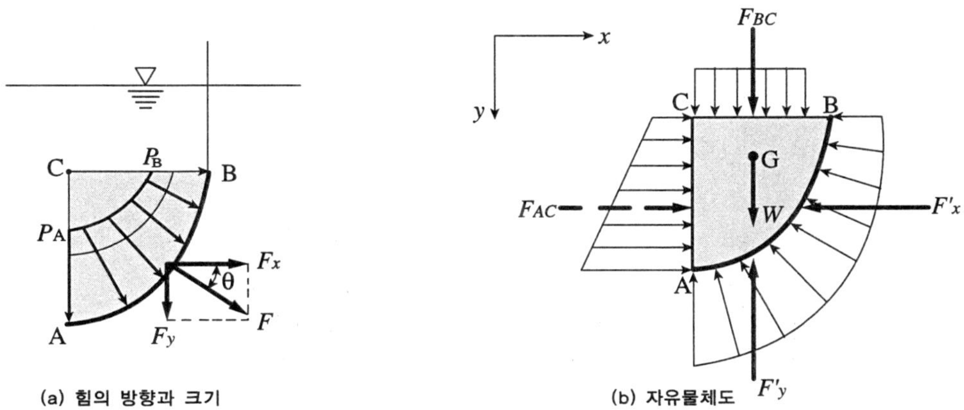

그림 2.16 곡면에 작용하는 힘

F_{BC} 의 합력과 같은 직선 위에 있어야 한다.

그리고, 전압력의 방향 θ 는

$$\theta = \tan^{-1}\left(\frac{F_y'}{F_x'}\right) \tag{2·34}$$

가 된다.

예제2.10

그림 2.17과 같이 수면 아래 5m 깊이에 폭이 2.5m인 1/4원통이 놓여 있다. 이 곡면에 작용하는 전압력의 크기, 압력중심의 위치 및 기울기 값을 구하라.

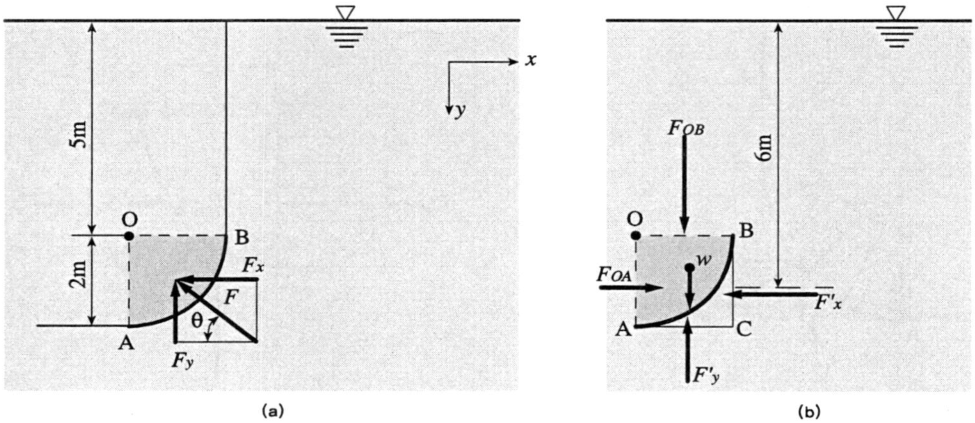

그림 2.17 수면 속 곡면에 작용하는 힘

풀이

수평분력 F_x'는 F_{0A} 와 크기가 같고 방향은 반대이다.

즉,

$$F_x' = F_{0A} = \gamma\overline{h}A = 1000\times(5+1)\times(2.5\times2) = 30,000(\mathrm{kg_f})$$

이고, 수평분력의 압력중심은

$$h_p = \overline{h} + \frac{I_G}{A\overline{h}} = 6 + \frac{\frac{1}{12}\times2^2}{6} = 6.056(\mathrm{m})$$

이다. 수직분력은

$$F_y' = W + F_{0B} = 1000\times\left(\frac{1}{4}\times\pi\times2^2\times2.5\right) + 1000\times5\times(2\times2.5)$$
$$= 32,854(\mathrm{kg_f})$$

이므로, 합성력은

$$F = \sqrt{F_x'^2 + F_y'^2} = \sqrt{30,000^2 + 32,854^2} = 44,490(\mathrm{kg_f})$$

이다.

그리고, 수직분력의 압력중심은

$$x_p = \frac{W \times \dfrac{4R}{3\pi} + F_{0B} \times 1}{F_y'} = \frac{7854 \times 0.849 + 25,000 \times 1}{32,854} = 0.964(\mathrm{m})$$

이다.

전압력의 기울기 θ 는

$$\theta = \tan^{-1}\left(\frac{F_y'}{F_x'}\right) = \tan^{-1}\left(\frac{32,854}{30,000}\right) = 47° 36'$$

이다.

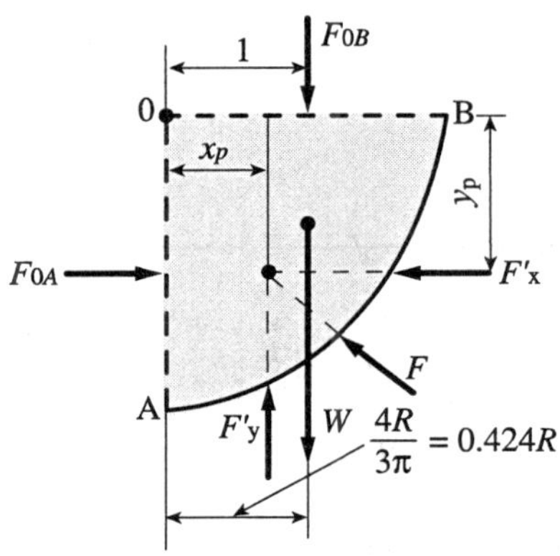

그림 2.18 자유 물체도

2.6 부 력

물체가 정지하고 있는 유체 속에 완전히 잠겨 있거나 떠 있을 때 유체로부터 받는 압력에 의한 힘을 **부력**(buoyant force)이라고 한다. 부력의 크기가 물체가 배제한 유체의 무게와 같고, 그 방향은 배수체적의 중심 즉, **부심**(center of buoyancy)을 지나 수직의 윗방향으로 작용한다. 이것은 아르키메데스(Archimedes)가 발견한 원리(B.C. 200년)로서, 이미 앞에서 언급한 바와 같이 정지유체의 깊이와 압력과의 관계를 사용하여 증명할 수 있다.

액체 속에 잠긴 어떤 물체에 대하여 액면에서의 미소면적 dA 를 취해 물체의 수직으로 관통, 밑면에 이르게 하여 그림 2.19와 같이 원기둥으로 가정하고, 원기둥의 높이를 (h_2-h_1)이라 하자. 액체가 물체에 가하는 힘의 수직방향 성분은 단면 dA_1, dA_2 에 작용하는 전압력의 수직성분이다. 물체의 미소표면 dA_1, dA_2에 작용하는 정압은 γh_1, γh_2 이고, dA_1 및 dA_2의 투영 단면적은 같으므로 dA 라 할 때, 압력에 의한 힘 dF 는 다음과 같다.

$$dF=\{(p_0+\gamma h_2)-(p_0+\gamma h_1)\}dA=\gamma(h_2-h_1)dA$$

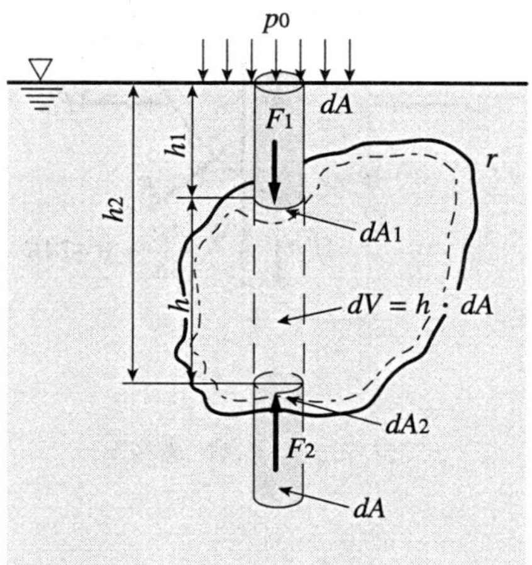

그림 2.19 부력의 원리

여기서 $(h_2 - h_1)dA$ 는 원기둥이 물체를 관통한 부분의 체적 dV 와 같으므로 $dF = \gamma dV$ 가 된다. 따라서, 유체 속에 잠긴 물체에 작용하는 힘은 물체 전체의 미소요소에 작용하는 힘의 합을 구하면 된다. 즉,

$$F_B = \int_V \gamma dV = \gamma V(\uparrow) \qquad (2 \cdot 35)$$

이다. 여기서 $h_2 > h_1$ 이므로 윗방향의 힘, 즉 부력이 생긴다. 부력은 물체가 배제한 액체의 중심에 작용한다. 이와 같이 액체 속의 물체에는 부력이 작용하므로 물체의 실제무게를 W 라고 하면, 액체 속에 있을 때 물체의 무게 W' 는

$$W' = W - \gamma V \qquad (2 \cdot 36)$$

가 되어, 액체 속의 물체의 무게는 부력만큼 가벼워진다.

비중계(hydrometer)는 부력의 원리를 이용해 액체의 비중을 측정하는 계기로, 그림 2.20과 같이 납구를 유리관에 넣고 그 위쪽을 막대 모양으로 만든 것이다. 이것을 비중이 1.0인 증류수 속에 넣었을 때 그림 2.20(a)와 같이 1.0의 눈금이 수면과 일치한다. 또한, 비중이 큰 액체 속에서는 부력이 커서 비중계가 떠올라 위로 이동한다. 그리하여, 비중 1.5의 액체 속에 비중계를 넣으면 비중계가 떠올라 1.5의 눈금이 수면과 일치할 것이다. 그리고 비중이 1인 유체에서의 비중계의 중량은

$$W = \gamma V_0 \qquad (2 \cdot 37)$$

가 된다. 여기서 V_0 는 비중계가 밀어낸 물의 체적이고 γ_w 는 물의 비중량이다. 그림 2.20(b)와 같이 비중이 1.0인 눈금의 액면에서 Δh 만큼 부상된 상태로 평형을 이루었다면, 유리관의 단면적을 a 로 했을 때 평형 방정식은 다음과 같다.

$$(V_0 - a\Delta h)s\gamma_w = W = \gamma_w V_0$$

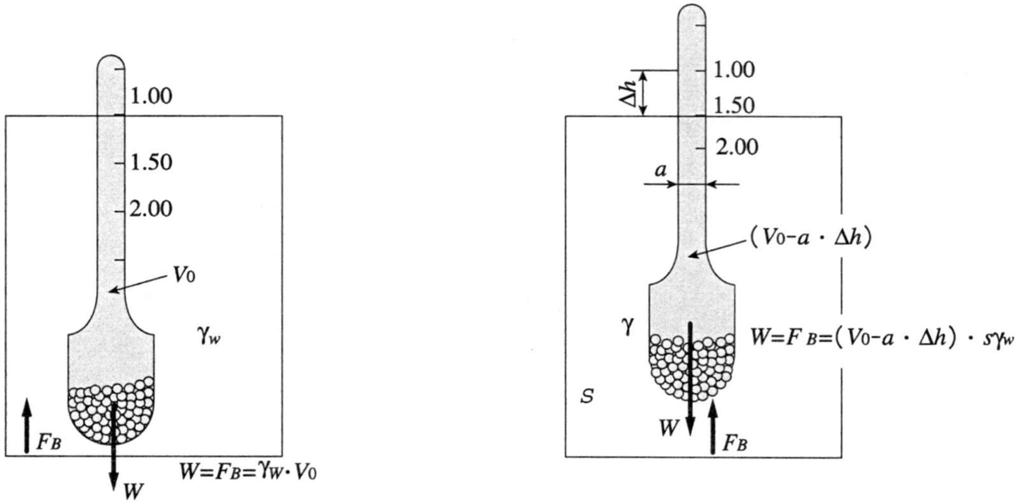

(a) 비중이 1인 경우　　(b) 비중이 1보다 큰 경우

그림 2.20 비중계의 원리

여기서 Δh 는

$$\Delta h = \frac{V_0}{a}\left(\frac{s-1}{s}\right)$$

이다. 이러한 방법으로 Δh 인 곳의 눈금이 비중 s가 된다.

예제2.11

무게가 22.7g_f, 유리관의 지름이 6.3mm인 비중계가 있다. 비중계의 눈금 1.0과 1.1 사이의 길이를 계산하라.

풀이

비중계가 배제한 물의 체적 V_0 는

$$V_0 = \frac{W}{\gamma_w} = \frac{22.7}{1} = 22.7(\text{cm}^3)$$

이므로, 유리관의 단면적 a 는

$$a = \frac{\pi}{4} d^2 = \frac{\pi}{4}(0.63)^2 = 0.312\,(\text{cm}^2)$$

$$\therefore \Delta h = \frac{V_0}{a}\left(\frac{s-1}{s}\right) = \frac{22.7}{0.312}\,\frac{1.1-1}{1.1} = 6.61(\text{cm})$$

2.7 부체의 안정

부력에 의해 액체 속에 떠 있는 물체를 **부체**(浮体 ; floating body)라 하고, 부체가 정상상태에서 정지하고 있을 때 물체의 중심 G 와 부심(浮心) C 는 동일 직선상에 있다. 이 때 중심 G 와 부심 C 를 연결한 연직선을 **부양축**(浮揚体)이라 하고, 수면에 의한 부양체의 절단면을 **부양면**(浮揚面)이라고 한다. 또, 부양면에서 물체의 최하부까지의 거리를 **흘수**(吃水)라고 한다.

그림 2.21은 물에 떠 있는 선체의 단면을 나타낸다. 그림과 같이 선체를 각도 θ 만큼 기울였을 때 부심은 배제된 체적의 중심이므로 C에서 C′로 이동된다. 중심 G 는 변하지 않으므로 이 때 중력 W와 부력 B 는 우력이 생겨서 선체를 원래의 위치로 복원시키려고 한다. 이와 같은 우력을 **복원우력**(restoring couple)이라고 한다.

선체가 기울어졌을 때 부력 B 는 부심 C 를 통해서 수직의 윗방향으로 작용하고, 이 작용선과 부양축과의 교점 M 을 **경심**(傾心)이라고 한다. 경심 M 이 중심 G 의 위에 있을 때는 복원우력이 작용되므로 '선체가 안정상태에 있다'라고 하고, M 과 G 의 거리가 길수록 복원우력이 커서 안정도도 커진다. 여기서 M 과 G 와의 거리 $\overline{MG}$ 를 **경심 높이**라고 한다. M 과 G 가 일치할 때는 선체가 어떠한 기울기에 놓여 있어도 그 상태로 정지하므로 '중립상태에 있다'라고 한다. M 이 G 의 밑에 있을 때에는 기울기는 점점 증가하므로 '불안정 상태에 있다'라고 한다.

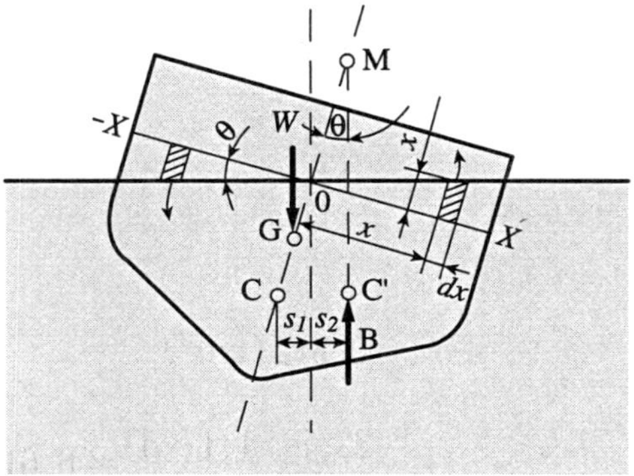

그림 2.21 부체의 안정

그림 2.21과 같이 길이 l, 배제제적 V의 선체가 미소각도 θ 만큼 기울어졌을 때, 점 O를 지나 액면에 수직한 축의 회전 모멘트에 대해 생각해 보자.

우측부위의 물에 잠긴 부분의 부력에 의한 모멘트와 좌측부위의 물에서 나온 부분의 잃어버린 부력에 의한 모멘트의 합은

$$\int_0^x x\gamma x\theta l dx + \int_{-x}^0 x\gamma x\theta l dx = \gamma\theta\int_{-x}^x x^2 l dx$$

이다. 이 모멘트는 선체가 기울어졌을 때 부가되는 모멘트이다. 이 모멘트와 점 C 에 작용하고 있던 부력에 의한 모멘트와의 합은 기울어졌을 때의 부력에 의한 모멘트와 같다. 즉,

$$\gamma\theta\int_{-x}^x x^2 l dx - \gamma V s_1 = \gamma V s_2$$

$$\therefore \gamma\theta\int_{-x}^x x^2 l dx = \gamma V(s_1 + s_2) \qquad (2 \cdot 38)$$

이다. 여기서 부양면의 축 O의 회전 관성 모멘트를 I 라고 하면

$$I = \int_{-x}^x x^2 l dx$$

이고, 또한

$$s_1 + s_2 = \overline{MC}\ \sin\theta \fallingdotseq \overline{MC} \cdot \theta$$

$$\therefore \overline{MC} = \frac{I}{V}$$

가 된다. 따라서, 경심의 높이는

$$\overline{MG} = \overline{MC} - \overline{GC}$$

이고, 복원우력은 다음과 같다.

$$T = W \cdot \overline{MG}\ \sin\theta \qquad (2 \cdot 39)$$

2.8 상대적 정지

액체를 넣은 용기가 일정한 속도 혹은 일정한 가속도로 운동하고 있을 때, 액체는 입자 상호간 또는 액체와 벽면 사이에 상대적 운동이 없고, 마치 고체와 같이 일체가 되어 움직인다. 이와 같이 운동하는 유체를 **상대적 정지** 또는 **상대적 평형 상태**에 있다고 한다.

2.8.1 수평방향으로 가속도 a_x로 운동할 때의 압력변화

그림 2.22에서와 같이 단면적 A, 길이 l인 자유 물체도를 생각해 보자. 자유물제는 a_x의 가속도를 가지므로 이 방향에 대한 뉴턴의 운동 제2법칙을 적용하면, $F = ma$에서

$$p_1 A - p_2 A = \frac{\gamma l A}{g} a_x$$

그리고

$$p_1-p_2=\gamma(h_1-h_2)$$

를 얻는다. 따라서, 윗식을 바꾸어 쓰면

$$p_1-p_2=\gamma l\frac{a_x}{g}=\gamma l\cdot\frac{h_1-h_2}{l} \tag{2·40}$$

가 된다. 여기서 h_1, h_2 는 각각 자유표면까지의 높이이다. 그런데 $\frac{h_1-h_2}{l}$ 는 자유표면의 경사 $\tan\theta$ 와 같으므로

$$\frac{a_x}{g}=\frac{h_1-h_2}{l}=\tan\theta \tag{2·41a}$$

$$\therefore a_x=g\tan\theta \tag{2·41b}$$

가 된다. a_x 의 값이 일정하므로 액면은 수평에 대하여 θ 의 기울기를 가지고 평면이 된다. 또, 액체의 등압면도 이 자유표면과 평행한 평면이 되고 등압면은 식 (2·41)로 구해진다.

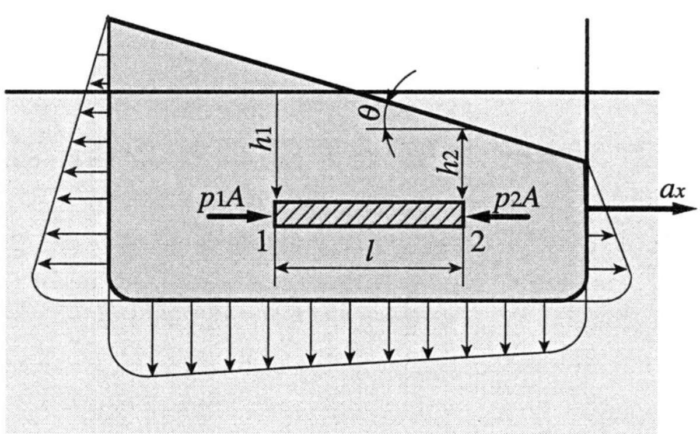

그림 2.22 수평 가속도

예제2.12

그림 2.23과 같이 너비 60cm, 높이 60cm, 길이 120cm의 윗면이 개방된 탱크차(tank 車)에 물을 가득 실었다. 이 탱크차를 수평방향으로 2.45m/s^{2}의 가속도로 움직일 때 넘쳐 흐른 물의 양은 얼마인가? 또, 탱크차의 전후 벽면에 미치는 전압력은 얼마인가?

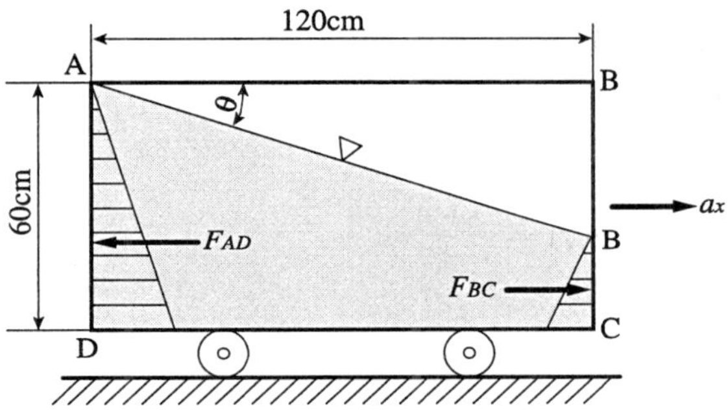

그림 2.23 탱크차

풀이

$$\tan\theta = \frac{a_x}{g} = \frac{2.45}{9.8} = \frac{1}{4}$$

$$BE = AB\tan\theta = 1.2\times\frac{1}{4} = 0.3(m)$$

넘치는 유량

$$W = 0.6\times\frac{1}{2}\times1.2\times0.3\times1000 = 108(kg_f)$$

벽면 EC에 미치는 전압력 F_{EC} 는

$$F_{EC} = \gamma\overline{h_1}A_1 = 1000\times\frac{0.3}{2}\times(0.3\times0.6) = 27(kg_f)$$

벽면 AD에 미치는 전압력 F_{AD} 는

$$F_{AD} = \gamma \overline{h_2} A_2 = 1000 \times 0.3 \times (0.6 \times 0.6) = 108(\mathrm{kg_f})$$

2.8.2 수직방향으로 가속도 a_y 로 운동할 때의 압력변화

액체의 자유표면은 수평 그대로이고 등압면도 역시 수평면이 된다. 지금 액체 속에 수직방향으로 밑면적 A, 높이 h 인 자유 물체도를 생각해서 이것에 운동 방정식 $F = ma$ 를 적용하면

$$p_2 A - p_1 A - \gamma h A = \frac{\gamma h A}{g} a_y$$

따라서

$$p_2 - p_1 = \gamma h \left(1 + \frac{a_y}{g}\right) \tag{2 · 42}$$

를 얻는다. 즉, 용기를 $a_y = -g$ 로 낙하시킬 때는 $p_2 - p_1 = 0$, 즉 $p_1 = p_2$ 가 되어, 액체 사이의 각 점은 어디에서나 같은 압력으로 같은 자유표면이 된다.

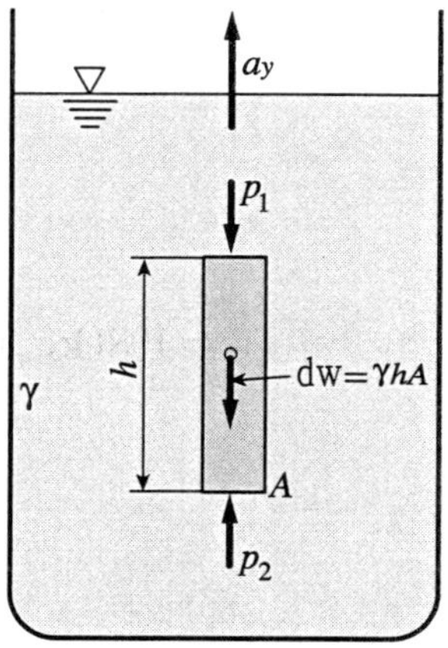

그림 2.24 수직 가속도

반면에, $a_y = g$ 이면 $p_2 - p_1 = 2\gamma h$ 가 되어 $a_y = 0$ 일 때의 $p_2 - p_1 = \gamma h$ 의 2배가 된다.

2.8.3 수직축 둘레의 회전운동

그림 2.25와 같이 원통형의 용기에 깊이 h 까지 액체를 넣고 중심축 $0-z$ 둘레로 각속도 ω 로 회전시킬 때 액면 및 액 속의 압력을 생각하자. 이 때에도 액체는 회전하기 시작하여 얼마 안가서 마치 고체와 같이 회전하고, 상대적 정지상태에 도달하므로 유체 정역학의 기초식이 적용된다. 이와 같은 액체의 운동을 **강제 소용돌이 운동**(forced vortex motion)이라고 한다.

이제 액면의 꼴을 구하여 보자. 용기의 밑면에서 z 의 위치에 있는 액면상의 미소질량 m 을 생각하면 m 에는 원심력 $mr\omega^2$ 과 중력 mg 가 작용하여 액면은 이들의 합력 F 와 수직방향이 된다.

이 때, 액면의 경사각을 θ 라고 하면

$$\tan\theta = \frac{mr\omega^2}{mg} = \frac{\omega^2}{g} r \tag{2・43}$$

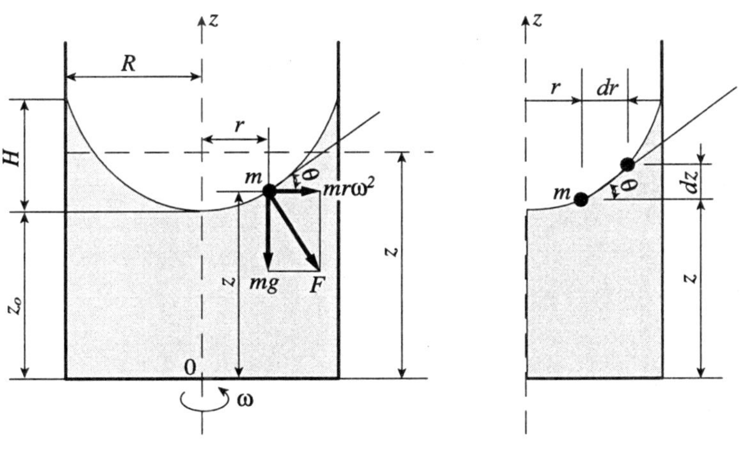

그림 2.25 강제 소용돌이 운동

가 된다. 또한, 수직의 윗방향으로 z 축을 잡으면 액면의 경사는 다음 식으로 표시된다.

$$\tan\theta = \frac{dz}{dr} \qquad (2 \cdot 44)$$

식 (2 · 43)과 식 (2 · 44)에서

$$\frac{dz}{dr} = \frac{\omega^2}{g} r$$

$$z = \frac{\omega^2}{2g} r^2 + c$$

가 되므로, 이것을 적분하여 $r=0$, $z=z_0$ 의 조건을 대입하면

$$z - z_0 = \frac{\omega^2 r^2}{2g} \qquad (2 \cdot 45)$$

이 된다. 여기서 z_0 는 $r=0$ 인 점의 액면의 높이이며, 윗식으로부터 액면은 회전 포물면이 됨을 알 수 있다.

또, $r=R$ 일 때 $z=z_0+H$ 이므로, 식 (2 · 45)는

$$H = \frac{\omega^2}{2g} R^2 \qquad (2 \cdot 46)$$

이 되고, 이것을 변형하면

$$\omega = \frac{1}{R}\sqrt{2gH} \qquad (2 \cdot 47)$$

가 된다. 이 식에서 H 를 측정하면 ω 를 알 수 있는데, 이 원리를 이용하여 만든 계기가 **회전계**(tachometer)이다.

예제2.13

반지름이 0.5m, 높이 1.5m인 탱크에 물을 채우고 수직축을 중심으로 각속도 $\omega=10\text{rad/s}$로 회전한다. 수면의 중심에서의 액면의 높이와 탱크 밑면의 중심에서의 압력을 구하라.

풀이

$$z-z_0=\frac{\omega^2}{2g}R^2$$

$$\therefore z_0=z-\frac{\omega^2}{2g}R^2=1.5-\frac{10^2\times0.5^2}{2\times9.8}=0.224(\text{m})$$

$$\therefore p=\gamma z_0=1000\times0.224=224(\text{kg}_f/\text{m}^2)$$

이다.

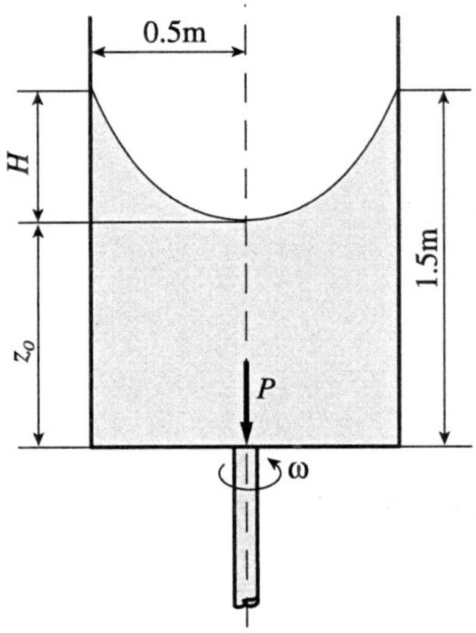

그림 2.26

연 습 문 제

2.1 수은의 비중이 13.6 일 때 수은주 760mm에 상당하는 압력을 구하라.

답 $p=1.0336\text{kg}_f/\text{cm}^2$

2.2 액면하 15m 지점의 압력이 $2.04\text{kg}_f/\text{cm}^2$이다. 이 액체의 비중량은 얼마인가?

답 $1360\text{kg}_f/\text{m}^3$

2.3 펌프의 흡입관을 흐르는 물의 압력을 압력계로 측정하니 4cmHg였다. 절대압력으로는 몇 kg_f/cm^2인가? 단, 대기압은 756mmHg, 수은의 비중은 13.6이다.

답 $1.08\text{kg}_f/\text{cm}^2$

2.4 전압력의 차원을 구하라.

답 MLT^{-2}

2.5 대기압이 750mmHg일 때 수두로는 몇 mmAq인가?

답 10,200mmAq

2.6 비중 S 인 액체에서 압력이 Pkg_f/cm^2가 되는 수면으로부터의 깊이를 구하라.

답 10,000P/S mm

2.7 그림 2.27과 같이 비중 0.9인 기름이 흐르고 있는 수직관에 U자관 마노미터를 설치하였다. 이 때 압력계의 읽음 p_x 는 얼마가 되겠는가?

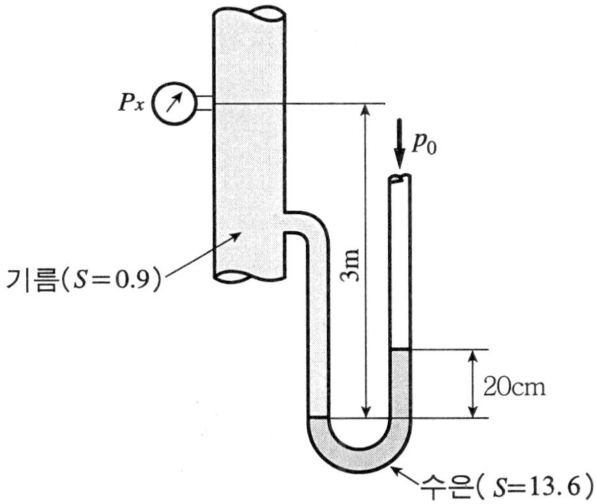

그림 2.27 수직관내 압력측정

답 $0.002\text{kg}_f/\text{cm}^2$

2.8 그림 2.28과 같은 액주계에서 A 지점의 압력 p_A 를 식으로 나타내라.

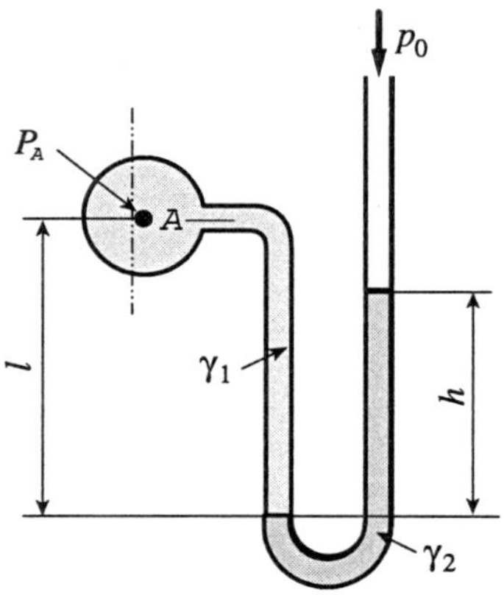

그림 2.28 A지점의 압력측정

답 $p_A = \gamma_2 h - \gamma_1 l$

2.9 그림 2.29에서 $h_1 = 38\text{cm}$, $h_3 = 15\text{cm}$이다. $p_A = p_B$ 가 되는 h_2 는 얼마인가?

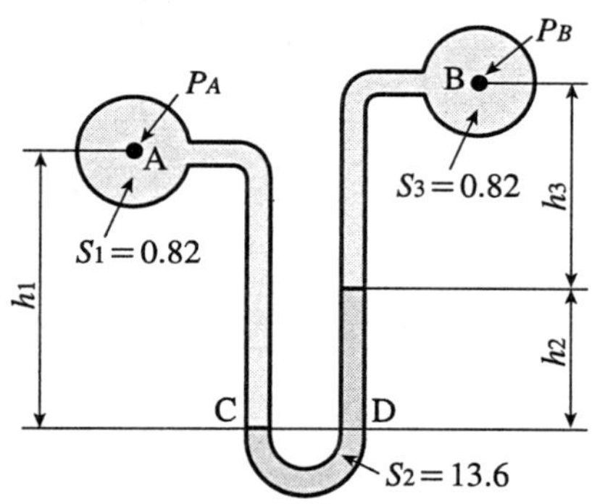

그림 2.29 U자관 마노미터

답 1.39cm

2.10 그림 2.30과 같은 각 시차 마노미터에서 $(p_A - p_B)$를 구하라.

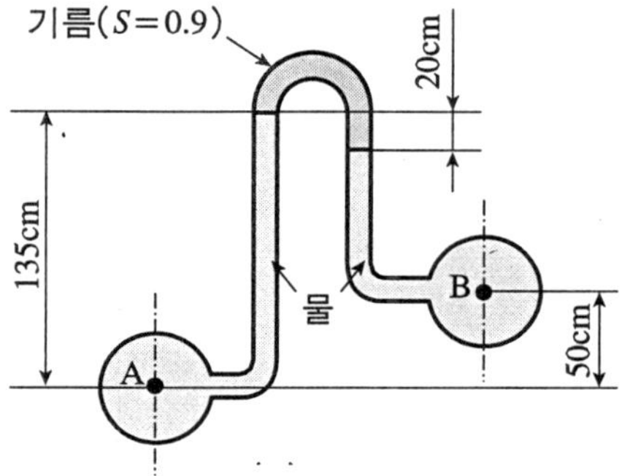

(a) 역 U자관 마노미터

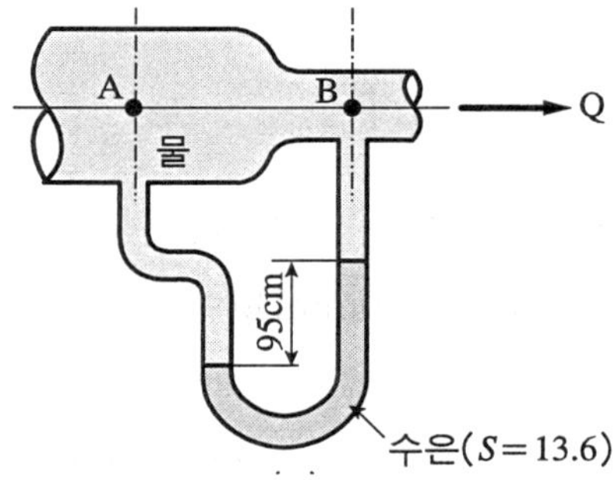

(b) U자관 마노미터

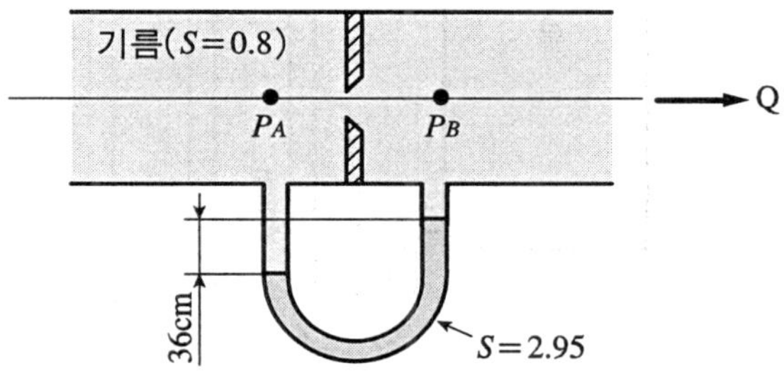

(c) U자관 마노미터

그림 2.30 압력측정의 여러 가지 예

답 $0.052 kg_f/cm^2$, $1.197 kg_f/cm^2$, $0.0774 kg_f/cm^2$

2.11 그림 2.31과 같이 2개의 U자관 마노미터가 연결되어 있을 때($p_A - p_B$)를 구하라.

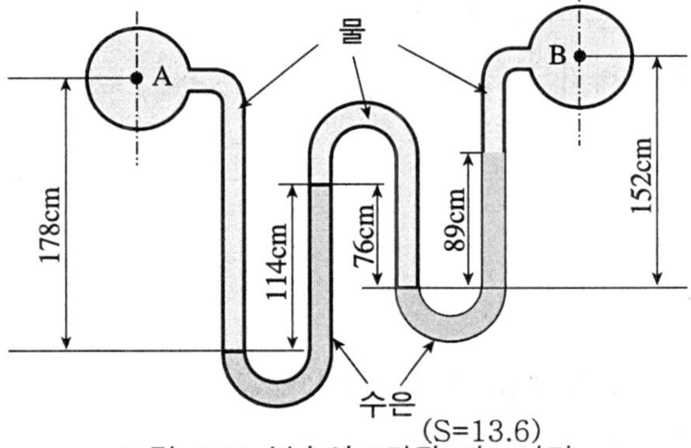

그림 2.31 복수의 U자관 마노미터

답 $2.57 kg_f/cm^2$

2.12 그림 2.32와 같은 탱크에서 수면 위의 공기의 절대압력은 얼마인가? 단, 대기압은 750mmHg이다.

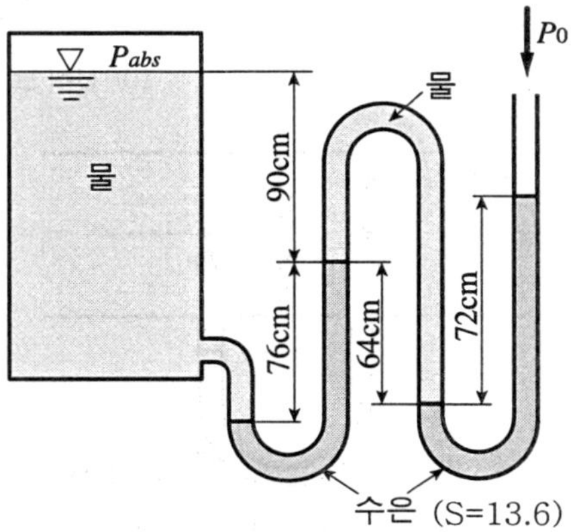

그림 2.32 복수의 U자관 마노미터의 사용

답 $2.8028 kg_f/cm^2$

2.13 한 변의 길이가 50cm인 정사각형을 밑면으로 하고, 높이 120cm인 직육면체의 탱크에 물을 가득 채웠다. 한 측면에 미치는 유체의 전압력과 압력중심의 위치를 구하라.

답 $F = 360 kg_f$, $y_p = 0.8 m$

2.14 그림 2.33과 같이 폭 1m, 길이 2m인 평판이 수면과 수직을 이루고 있다. 평판 윗면의 수심이 20cm일 때 평판에 작용하는 전압력과 그 작용점의 깊이를 구하라.

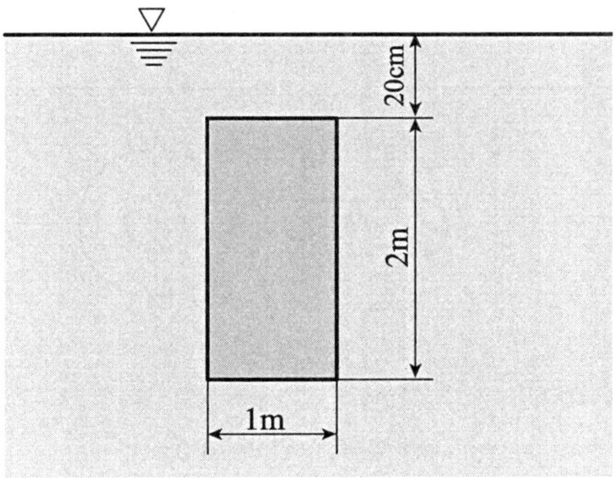

그림 2.33 수면 속 평판에 작용하는 전압력

답 $F=2400\text{kg}_f$, $y_p=1.478\text{m}$

2.15 그림 2.34와 같은 50cm×3m 크기의 수문평판 AB를 30°로 기울어지게 놓았다. A 지점에서 힌지로 연결되어 있을 때 이 문을 열기 위한 힘 F'는 얼마인가?

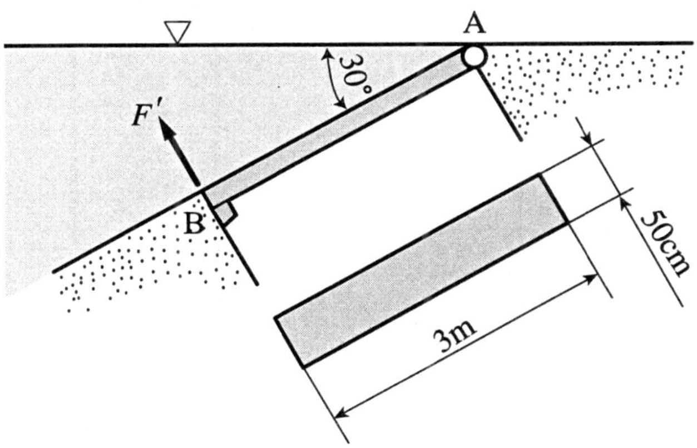

그림 2.34 수면 속 경사면에 작용하는 전압력

답 750kg_f

2.16 그림 2.35와 같은 원형 수문에 미치는 물의 전압력과 압력중심을 구하라.

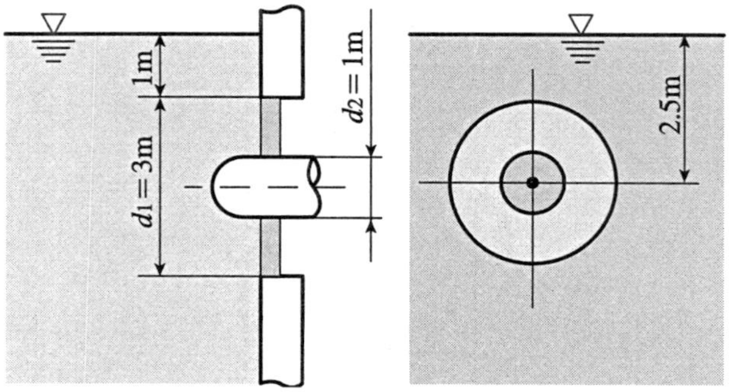

그림 2.35 수면 속 수문

답 15.7톤, 수면하 2.75m

2.17 그림 2.36에서 바닷물과 담수를 막는 폭 2m인 직사각형의 직립식 수문이 있다. 담수쪽의 수심이 6m이고 바닷물쪽은 2m일 때 수문의 양쪽에 미치는 각 전압력과 그 압력의 중심, 그리고 합성압력과 그 작용점을 각각 구하라. 단, 해수의 비중은 1.025이다.

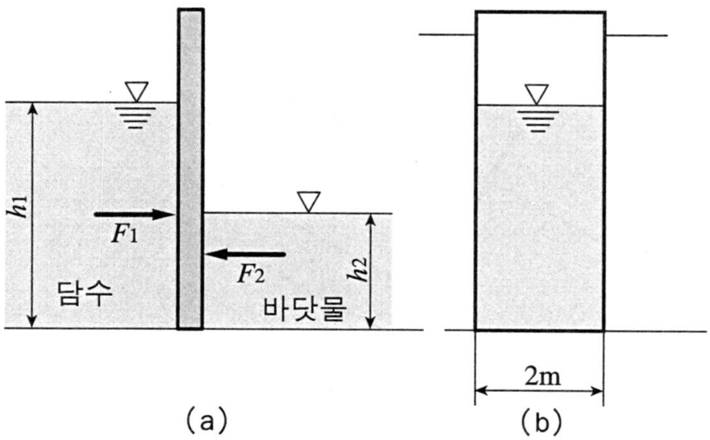

그림 2.36 서로 다른 수위하의 수문

답 F_1=36,000kgf, F_2=4100kgf, F=31,900kgf, x=2.17m

2.18 어떤 물체의 무게가 공기 중에서는 70N이고 물 속에서는 25N이었다면 이 물체의 체적은 얼마인가? 단, 공기의 무게는 무시한다.

답 0.045m^3

2.19 비중 0.92의 빙산이 비중 1.025의 바닷물의 수면에 떠 있다. 수면 위에 나온 빙산의 체적이 150m^3일 때 빙산의 전체적은 얼마인가?

답 1464m^3

2.20 밑면의 크기가 8m×4m인 상자가 있다. 이 상자의 높이는 5m이고 밑면은 막혀 있다. 이 상자를 물 위에 띄웠을 때 수면 밑으로 얼마나 내려가겠는가? 단, 상자의 무게는 40톤이다.

답 1.25m

2.21 어떤 액체에 비중계를 띄웠을 때, 물에 띄웠을 때보다 관이 6cm만큼 더 가라앉았다면 이 액체의 비중은 얼마인가? 단, 비중계의 중량은 20g_f, 관의 지름은 6mm이다.

답 0.922

2.22 그림 2.37과 같은 수문을 수직으로 유지하는데 필요한 OZ 축 둘레의 모멘트를 구하라.

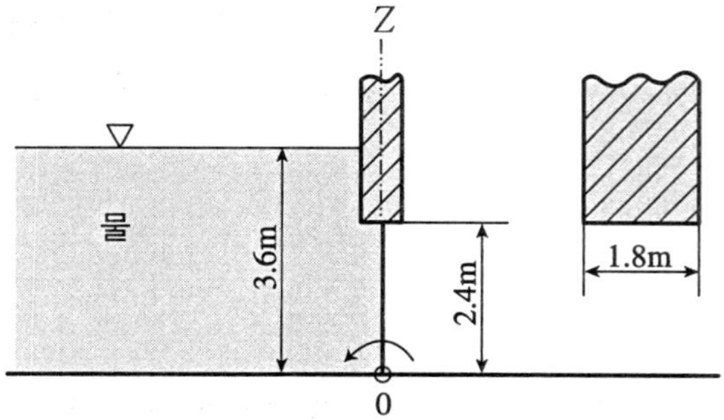

그림 2.37 수 문

답 10,368kgf · m

2.23 그림 2.38과 같은 수문을 자동적으로 여는데 필요한 물의 깊이를 계산하라.

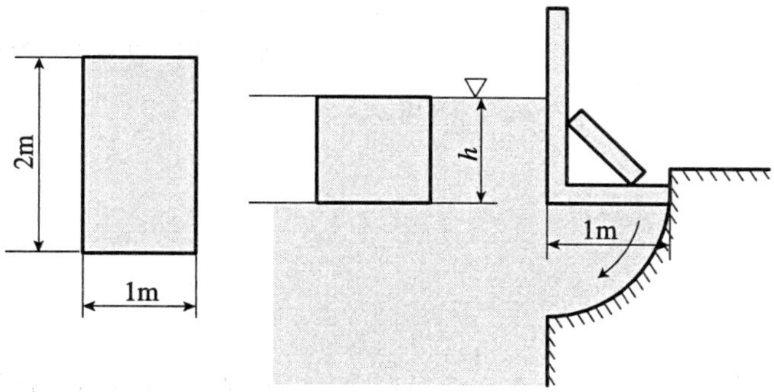

그림 2.38 수문

답 1.732m

2.24 그림 2.39와 같이 길이 X, 높이 Y 인 물탱크차에 물이 H 의 높이까지 담겨 있다. 수차가 수평방향으로 a_x 의 가속도로 운동할때 그림과 같이 물이 탱크에서 넘쳐흐를려고 한다. 이 때의 가속도를 구하라.

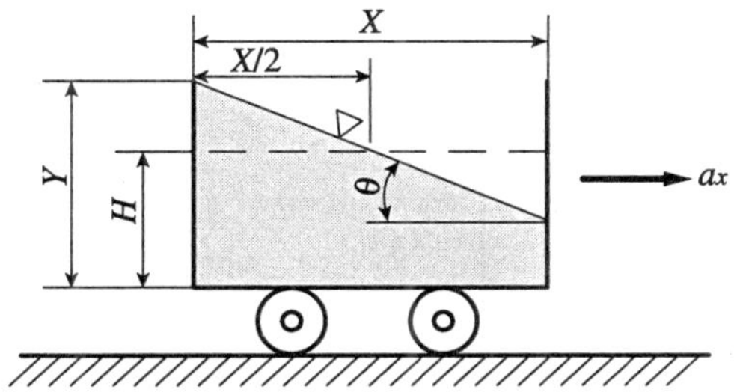

그림 2.39 물 탱크차의 예

답 $2g(Y-H)/X$

2.25 그림 2.40과 같은 탱크에 비중 0.9인 기름이 들어 있다. 점 A가 대기와 접하고 있을 때 점 B의 계기압력을 구하라.

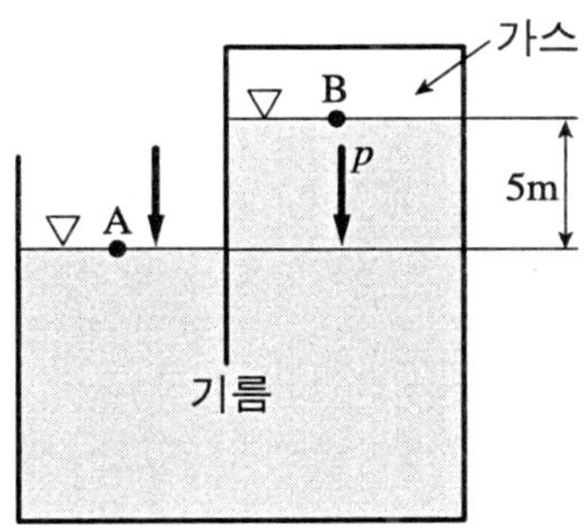

그림 2.40 탱크 내 압력측정

답 $0.45 kg_f/cm^2$, vac.

2.26 그림 2.41과 같이 반지름이 50cm인 실린더에 잠겨진 물이 실린더의 중심축에 대해 60rpm으로 회전하고 있다. 실린더에서 물이 쏟아지지 않고 있을 때 중심점과 실린더 벽 사이의 수면차 H는 몇 m인가?

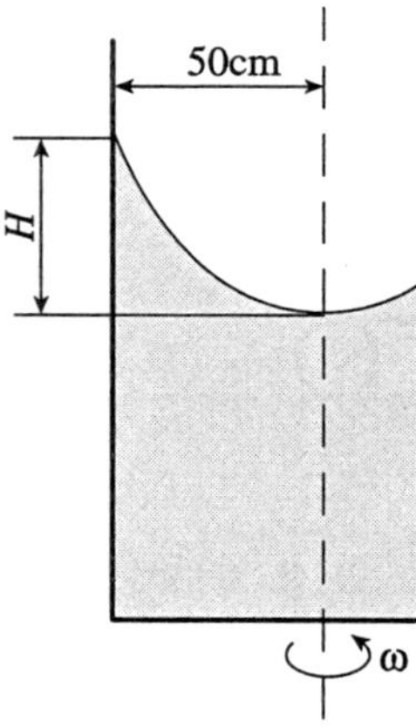

그림 2.41

답 0.5m

2.27 반지름 30cm의 원통 속에 물을 담아 20rpm으로 회전시킬 때 수면의 상승 높이를 구하라.

답 0.02m

2.28 5.66m/s^{2}의 일정한 가속도로 달리고 있는 열차 위에 물그릇을 놓았다. 이 물은 수평면에 대해 얼마의 각도로 기울어지겠는가?

답 30°

3

유체의 운동

제2장에서는 정지상태에 있는 유체에 작용하는 힘의 관계, 즉 유체 정역학에 관하여 기술하였다. 이 장에서는 유체가 운동하고 있을 때의 힘의 관계, 즉 **유체 동역학**에 대해 뉴턴의 운동 제2법칙을 사용하여 해석하고자 한다. 아울러, 유체는 비점성, 비압축성 유체를 취급하도록 한다.

3.1 유 체 흐 름

3.1.1 시간과 위치에 따른 유체흐름

[1] 정상, 균일흐름

유속이나 유량이 시간이 지나더라도 어느 위치에서나 일정한 유체흐름을 **정상, 균일흐름**(steady uniform flow)이라 하며, 일반적으로 단면적이 일정한 수평의 원형관 속의 가속이나 감속이 없는 유체흐름이 여기에 해당된다.

바꾸어 말하면, 속도 u 가 시간 t 와 흐름위치 s 의 함수라 할 때

$$u = f(t, s) \tag{3·1}$$

가 되고, 여기서

$$\frac{\partial u}{\partial t} = 0, \qquad \frac{\partial u}{\partial s} = 0$$

인 유체흐름이다. 즉, 시간이 t 일 때 임의의 위치 s 에서 어느 일정방향의 유속이 u 라고 하면, 시간이 지나 $(t+dt)$이고 위치가 $(s+ds)$이더라도 속도 u 는 일정한 경우이다.

[2] 비정상, 균일 흐름

유속이 시간이 지나면 어느 위치에서나 달라지는 유체흐름을 **비정상, 균일흐름**(unsteady uniform flow)이라 하고, 수평의 원형관 속에서 가속이나 감속이 발생할 때, 관 속의 흐름위치에는 관계없는 가속이나 감속의 유체흐름이다. 따라서, 식 (3・1)에서

$$\frac{\partial u}{\partial t} \neq 0, \qquad \frac{\partial u}{\partial s} = 0$$

인 유체흐름이다.

[3] 정상, 불균일 흐름

어떤 점에서의 유속은 시간에는 관계없이 일정하나, 같은 시간에 위치에 따라서는 유속이 변하는 유체흐름을 **정상, 불균일 흐름**(steady ununiform flow)이라고 하고, 단면적이 일정하지 않는 관 속의 유체흐름에서 볼 수 있다. 즉, 식 (3・1)에서

$$\frac{\partial u}{\partial t} = 0, \qquad \frac{\partial u}{\partial s} \neq 0$$

인 유체흐름이다.

[4] 비정상, 불균일 흐름

유체흐름의 유속이 시간에 따라, 흐름위치에 의해 달라지는 유체흐름을 **비정상, 불균일 흐름**(unsteady ununiform flow)이라고 하고, 단면적이 일정하지 않는 관 속의 유체흐름에서 가속이나 감속이 있을 때의 유체흐름이다 즉, 식 (3・1)에서

$$\frac{\partial u}{\partial t} \neq 0, \qquad \frac{\partial u}{\partial s} \neq 0$$

인 유체흐름이다.

또한, 균일흐름의 경우 일정방향으로 위치가 달라지더라도 유속이 일정한 반면에, 균일분포 흐름은 어떤 한 단면에서의 유체흐름의 유속이 같음을 뜻한다.

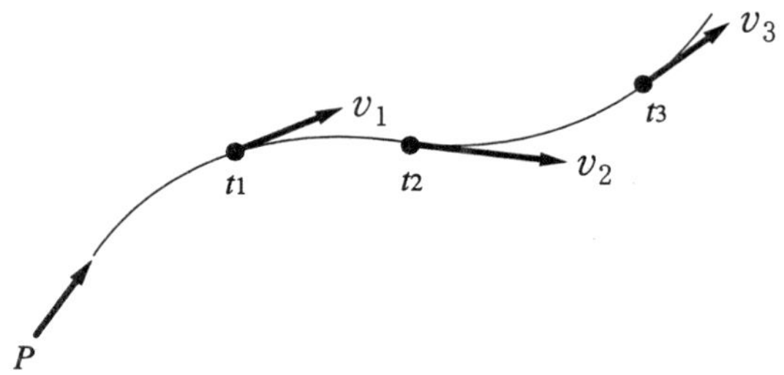

(a) 유 선

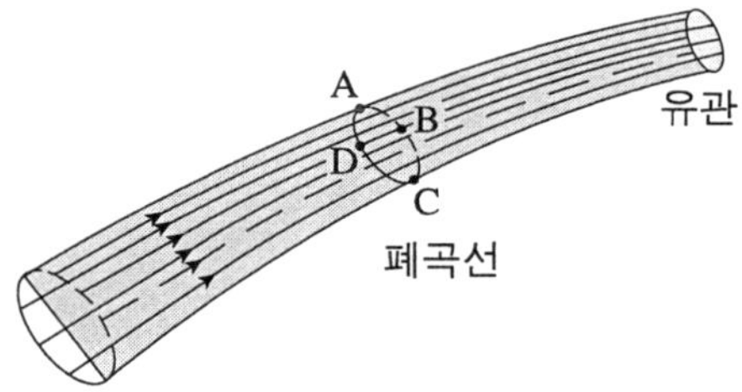

(b) 유 관

그림 3.1 유선과 유관

그림 3.1(a)에서 보는 바와 같이 유체흐름 속에 어떤 순간에 임의의 곡선을 가상하여 곡선상의 임의의 점에서의 접선이 그 점에서의 속도방향과 일치할 때의 곡선을 **유선**(流線, stream line)이라 하고, 위에서 언급한 유체흐름은 유선들의 모임이다. 따라서, 유선상의 속도벡터는 유선에 접하고 유선에 직각인 성분을 갖지 않기 때문에 유선을 가로지르는 유체흐름은 없다.

그림 3.1의 (b)에서와 같이 유체흐름 속의 어떤 폐곡선 A, B, C, D를 취했을 때 곡선상의 각 점을 지나는 유선을 그으면 하나의 관이 된다. 이것을 **유관**(流管; stream tube)이라 한다. 또, 이 유관의 단면적이 매우 작아서 유관내 유선들의 속도차가 무시할 정도로 작을 때 유선의 한 묶음으로 생각할 수 있는데 이것을 **유사**(流絲; stream filament)라고 한다. 그리고 유선이 모여 만들어진 유관의 표면을 **유면**(流面; stream surface)이라고 한다. **유적선**(流跡線, path line)은 유체흐름 속에 한 유체입자가 흘러간 경로를 말하고, 유체입자는 항상 유선의 접선방향으로 흐르므로 정상류에서는 유적선은 유선과 일치한다. 그러나 유체흐름이 비정상류일 때에는 유속히 시시각각으로 변하므로, 유체입자의 유적선은 이들 유선의 **포락선**(包絡線 ; envelope)이 된다.

그림 3.2에서와 같이 여러 개의 유선군으로 이루어지는 유체흐름의 영역을 **유동**

장(流動場; flow field)이라 하고, 이 유동장의 유선은 서로 이웃하는 유선 사이의 유량이 같도록 그린다.

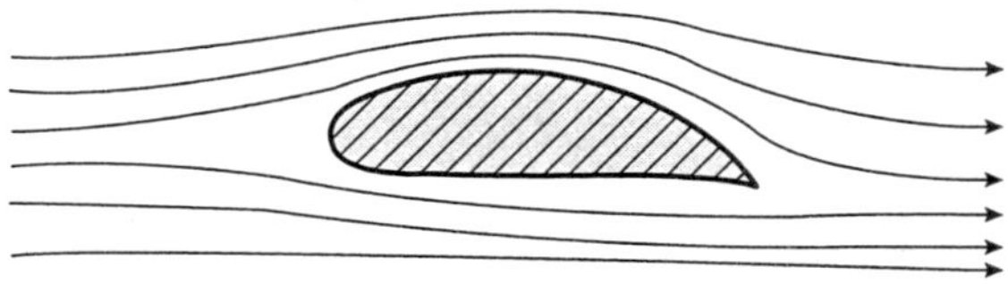

그림 3.2 익형둘레의 유동장

3.1.2 흐름방향에 따른 유체흐름

식 (3・1)에서의 유속을 정상류로 생각하고 유체흐름 속의 어떤 위치 s 를 x, y, z 의 3방향으로 생각하자. 그러므로 식 (3・1)은

$$u=f(x,\ y,\ z) \tag{3・2}$$

로 나타낼 수 있다. 여기서 흐름방향에 따라 유체흐름을 분류하면 다음과 같다.

〔1〕 1차원 흐름

유체흐름이 흐름방향과 직각인 어떤 같은 단면에서 일정한 흐름을 가질 때 이 흐름을 **1차원 흐름**(one dimensional flow)이라 하고, 식 (3・2)로부터 $\frac{\partial u}{\partial x}\neq 0$, $\frac{\partial u}{\partial y}=0$, $\frac{\partial u}{\partial z}=0$인 유체흐름이다. 이 때 유속과 단면적이 변하더라도 관계없고 흐름은 유선에 따라서만 변화한다.

그림 3.3에서와 같이 관내 유체흐름의 경우, 일반적으로 1차원 흐름으로 간주하여 그림 3.3(a)와 같이 균일분포 흐름으로 취급하지만, 실제의 경우 관내 유체흐름은 유체의 점성으로 그림 3.3(b)와 같이 2차원 속도성분이 존재하여 1차원 흐름이라고 말할 수 없다.

(a) (b)

그림 3.3 1차원 흐름

[2] 2차원 흐름

무한히 넓은 두 평판이 좁은 간격으로 나란히 수평으로 놓여 있을 때의 두 평판 사이에서의 유체흐름과 같이 x, y 성분의 유체흐름을 갖는 흐름을 **2차원 흐름**(two dimensional flow)이라고 한다. 식 (3・2)로부터

$$\frac{\partial u}{\partial x} \neq 0, \qquad \frac{\partial u}{\partial y} \neq 0, \qquad \frac{\partial u}{\partial z} = 0$$

인 유체흐름이다. 그림 3.4와 같은 평판 위의 경계층 내의 유체흐름, 위어(weir)를 넘치는 흐름, 익형둘레의 유체흐름 등이 2차원 흐름에 속한다.

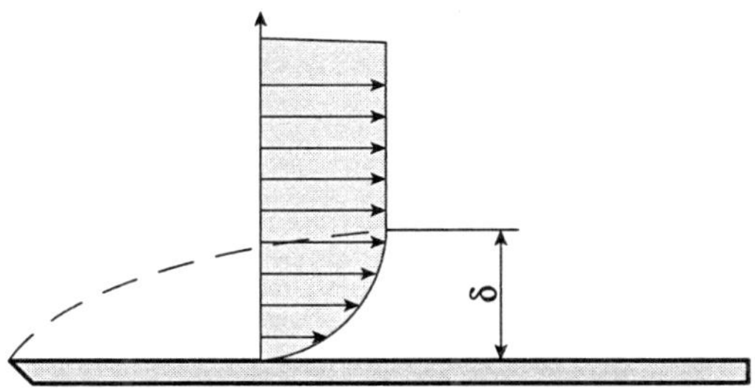

그림 3.4 평판 위의 속도분포

[3] 3차원 흐름

유체흐름이 공간 좌표측에서 x, y, z 방향으로 모두 변화하는 흐름을 **3차원 흐름**(three dimensional flow)이라고 하고, 식 (3・2)에서

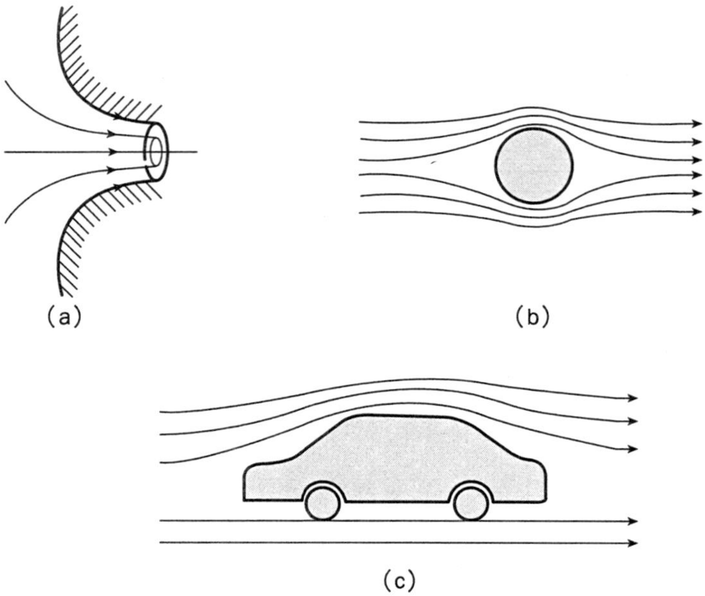

그림 3.5 3차원 흐름의 예

$$\frac{\partial u}{\partial x} \neq 0, \qquad \frac{\partial u}{\partial y} \neq 0, \qquad \frac{\partial u}{\partial z} \neq 0$$

인 흐름을 말한다. 3차원 흐름의 예로서는 제트 항공기의 공기 흡입구에 유입되는 공기흐름, 공기 속으로 날아가는 야구공이나 자동차 둘레의 공기흐름 등도 여기에 해당한다.

3.2 연속 방정식

그림 3.6과 같은 유관 속으로 압축성 유체가 정상류로 흐른다고 하자. 어떤 단면 ①, ② 사이의 유체가 dt 의 시간이 지난 후 단면 ①′, ②′사이로 옮겨 갔다라고 하면, 질량보존의 법칙으로부터 단면 ①, ①′ 사이의 질량은 단면 ②, ②′ 사이의 질량과 같다.

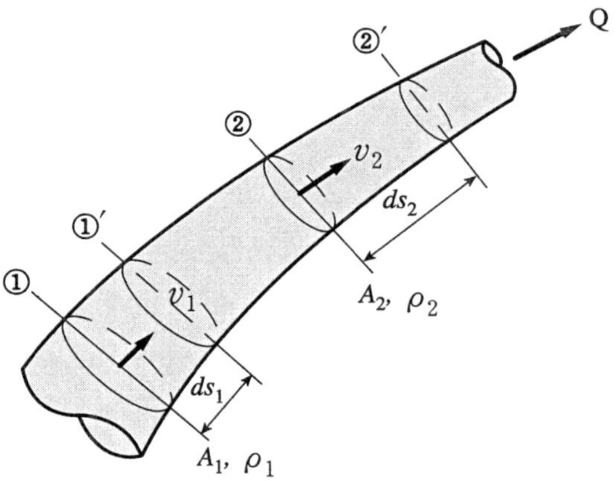

그림 3.6 유관 속의 유체 흐름

단면 ①, ①′, 단면 ②, ②′사이의 질량을 각각 m_1, m_2 라고 하면

$$m_1 = \rho_1 A_1 ds_1$$

$$m_2 = \rho_2 A_2 ds_2$$

가 되고, 질량보존의 법칙으로부터 $m_1 = m_2$ 이다. 단면 ①과 ②에서 의 dt시간 동안의 질량유량을 각각 $\dot{m}_1$, $\dot{m}_2$ 라고 하면, 질량 유량율은 질량 m_1, m_2 를 시간 dt 로 각각 나누면 된다. 즉,

$$\dot{m}_1 = \dot{m}_2$$

$$\frac{m_1}{dt} = \frac{m_2}{dt}$$

$$\rho_1 A_1 \frac{ds_1}{dt} = \rho_2 A_2 \frac{ds_2}{dt}$$

이고 여기서, $ds_1 = v_1 \cdot dt$, $ds_2 = v_2 \cdot dt$ 이므로

$$\rho_1 A_1 v_1 = \rho_2 A_2 v_2 \tag{3·3}$$

따라서,

$$\rho A v = M \text{ (일정)} \tag{3·4}$$

이다. 식 (3·4)는 유관내 유체흐름에서 유관의 모든 단면에서의 질량유량(mass flowrate)은 일정하다는 것을 뜻한다. 또한, 식 (3·4)에서

$$\rho A v = M$$
$$d(\rho A v) = 0$$

이므로

$$\frac{d\rho}{\rho} + \frac{dA}{A} + \frac{dv}{v} = 0 \tag{3·5}$$

으로 나타낼 수 있다.

그리고 식 (3·3)의 양변에 중력 가속도 g 를 곱하면

$$\rho_1 g A_1 v_1 = \rho_2 g A_2 v_2$$
$$\gamma_1 A_1 v_1 = \gamma_2 A_2 v_2$$

이므로

$$\gamma A v = G \text{ (일정)} \tag{3·6}$$

로 표시된다.

만약, 유체가 비압축성이거나 정상류이면 밀도의 변화를 무시할 수 있으므로 식 (3·3)은

$$A_1 v_1 = A_2 v_2$$
$$Av = Q \text{ (일정)} \quad (3 \cdot 7)$$

가 되어 액체와 같은 비압축성 유체나 저속의 공기흐름에 적용된다.

그리고 윗식들 식 (3・4)~(3・7)을 **연속방정식**(continuity equation)이라 하고, 식 (3・3)을 **질량유량**(mass flowrate), 식 (3・6)을 **중량유량**(weight flowrate), 식 (3・7)을 **체적유량**(volumetric flowrate)이라고 한다. 또한, 각 유량의 단위로는 질량유량이 kg_m/s, 중량유량이 kg_f/s 또는 N/s, 체적 유량이 m^3/s 단위로서 주로 사용된다.

예제3.1

그림 3.7과 같은 수평 원형관 속을 물이 800N/s의 유량으로 흐르고 있다. 단면 ①과 단면 ②에서의 물의 온도가 각각 20℃, 15℃이고, 안지름이 40cm, 20cm일 때 단면 ①과 단면 ②에서의 유속은 각각 얼마인가?

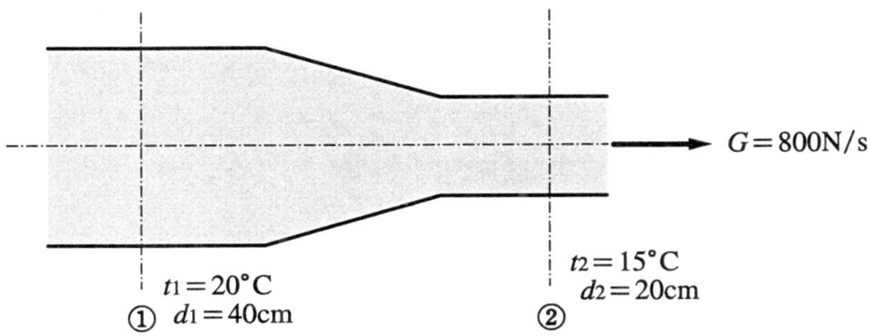

그림 3.7 점차 축소관

풀이

물 15℃ 및 20℃의 비중량(比重量)은 부록 I 에서 각각 9810N/m³, 9790N/m³이므로 식 (3・6) $\gamma_1 A_1 v_1 = \gamma_2 A_2 v_2 = G$ 에서

$$v_1 = \frac{G}{\gamma_1 A_1}, \qquad v_2 = \frac{G}{\gamma_2 A_2}$$

이다.

따라서,

$$v_1 = \frac{4 \times 800}{9790 \times \pi(0.4)^2} = 0.65(\mathrm{m/s})$$

$$v_2 = \frac{4 \times 800}{9810 \times \pi(0.2)^2} = 2.60(\mathrm{m/s})$$

이다.

예제3.2

예제 3.1의 그림 3.7에서 물이 $0.1\mathrm{m^3/s}$의 유량으로 정상류로 흐른다고 할 때, 안지름이 40cm, 20cm인 각 단면에서의 유속은 얼마인가?

풀이

식 (3 · 7)로부터 단면 ①과 단면 ②에서의 유속 v_1, v_2 는

$$v_1 = \frac{Q}{A_1}, \qquad v_2 = \frac{Q}{A_2}$$

이므로

$$v_1 = \frac{4 \times 0.1}{\pi(0.4)^2} = 0.80(\mathrm{m/s})$$

$$v_2 = \frac{4 \times 0.1}{\pi(0.2)^2} = 3.18(\mathrm{m/s})$$

이다.

3.3 오일러의 운동 방정식

그림 3.8과 같이 미소체적의 유체가 비압축성, 이상유체로 1차원 흐름을 갖는다고 하자. 이때 이 미소체적에 뉴턴의 운동 방정식을 적용하여 유체의 운동 방정식을 구하도록 한다.

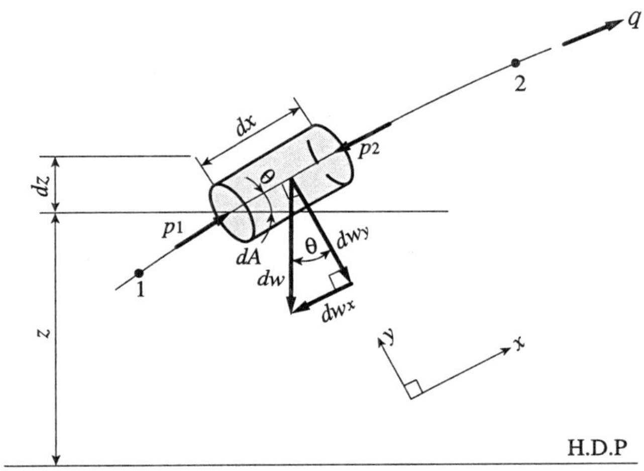

그림 3.8 미소체적에 작용하는 유선방향으로의 힘

유선 1, 2상에 미소 단면적이 dA, 미소 길이가 dx 인 미소유관을 잡고, 이 미소유관에 대해 뉴턴의 제2운동법칙을 적용하면 유선방향으로 작용하는 힘 $\sum F_x$ 는

$$\sum F_x = dm \cdot a_x \tag{3·8}$$

가 되어, 미소유관의 질량 dm 과 가속도 a_x 의 곱과 같다. 이 때 미소유관에 작용하는 힘으로서는 미소유관의 입구단면, 출구단면에 작용한 압력차에 의한 힘과 미소유관의 무게에 의한 힘, 즉 중력뿐이다.

미소유관의 입구단면, 출구단면에서의 압력에 의한 힘은 각각 $p_1 dA = p dA$, $p_2 dA = (p + dp) dA$이고, 미소유관의 무게의 흐름방향으로의 성분은 $-dw_x =$

$dw \cdot \sin\theta = -\gamma dA \cdot dx \cdot \frac{dz}{dx}$이다. 또, 미소질량은 $dm = \rho dA \cdot dx$, 가속도는 $a_x = dv/dt = \frac{dx}{dt} \cdot \frac{dv}{dx} = v\frac{dv}{dx}$이므로 유선방향을 양(+)으로 할 때 힘의 합은 $\sum F_x = dm \cdot a_x$에서

$$\sum F_x = p \cdot dA - (p + dp)dA - \gamma dA \cdot dx\left(\frac{dz}{dx}\right)$$
$$= -dp \cdot dA - \gamma dA \cdot dz \qquad (3 \cdot 9)$$

가 되고,

$$dm \cdot a_x = \rho dA \cdot dx \times v\frac{dv}{dx}$$
$$= \frac{\gamma}{g} dA \cdot dx \cdot v\frac{dv}{dx} \qquad (3 \cdot 10)$$

이다. 그러므로 식 (3·9)와 식 (3·10)을 식 (3·8)에 대입하면

$$dp \cdot dA + \frac{\gamma}{g} dA \cdot v(dv) + \gamma dA \cdot dz = 0$$

이 되고, 양변을 ρdA 로 나누고 정리하면,

$$\frac{dp}{\rho} + vdv + gdz = 0 \qquad (3 \cdot 11)$$

이다.

식 (3·11)은 뉴턴의 운동 제2법칙을 비압축성 유체 1차원 흐름에 적용했을 때 얻은 식으로 **오일러의 운동 방정식**(Euler's equation of motion)이라고 하며, 스위스의 수학자 Leonard Euler(1707~1783)가 1755년에 정립한 식이다. 또한, 식 (3·11)은 다음과 같이 표시하기도 한다.

$$\frac{dp}{\gamma} + d\left(\frac{v^2}{2g}\right) + dz = 0 \qquad (3 \cdot 12)$$

3.4 베르누이 방정식

비압축성 유체의 정상류, 1차원 흐름에 대한 운동 방정식 (3 · 11)을 먼저 g 로 나눈다.

$$\frac{dp}{\rho g} + \frac{vdv}{g} + dz = 0$$

다시, 변위 x 에 대하여 적분하면

$$\frac{d}{dx}\left(\frac{p}{\gamma} + \frac{v^2}{2g} + z\right) = 0$$

$$\frac{gp}{\gamma} + \frac{v^2}{2} + gz = gH \text{ (일정)} \qquad (3 \cdot 13)$$

으로 된다. 이것을 **베르누이 방정식**(Bernoulli's equation)이라 하고, 이는 스위스의 수학자 Daniel Bernoulli(1700~1782)가 1738년에 발표한 식이다.

식 (3 · 13)에 각 항, 즉 $\frac{gp}{\gamma}$, $\frac{v^2}{2}$, gz 및 gH 는 각각 단위질량의 유체가 가지는 **압력 에너지, 속도 에너지, 위치 에너지** 그리고 **전체 에너지**로 압력, 속도 및 위치 에너지의 합이 항상 전에너지로 일정하다는 것을 나타낸다. 그리고 식 (3 · 13)을 중력 가속도 g 로 나누면

$$\frac{p}{\gamma} + \frac{v^2}{2g} + z = H \text{ (일정)} \qquad (3 \cdot 14)$$

가 되고, 이것은 에너지를 수두로 나타낸 것이다. 여기서 $\frac{p}{\gamma}$, $\frac{v^2}{2g}$, z 및 H 는

단위중량의 유체가 갖는 압력 에너지, 속도 에너지, 위치 에너지 그리고 전에너지를 나타내고, 각각 **압력수두**(pressure head), **속도수두**(velocity head), 위치수두(potential head) 그리고 **전수두**(total head)라고 한다.

그림 3.9와 같이 피에조미터(piezometer)를 관벽에 대해 수직으로, 입구를 유선방향으로 각각 설치하여 물을 통과시켰을 때 물기둥의 높이는 그림과 같다. 즉, **수평기준면**(H.D.P : horizontal datum plane)에서 유관의 중심선까지의 수직 높이를 **위치수두** z, 중심선에서 관벽에 수직으로 세운 피에조미터의 액면 높이까지를 **압력수두** $\frac{p}{\gamma}$, 중심선에서 유선방향으로 세운 피에조미터의 액면 높이에서 **압력수두**를 제외하면 **속도수두** $\frac{v^2}{2g}$을 나타낸다. 그리고 이들 모두를 합한 것이 **전수두**이다.

즉, 어떤 유관의 각 단면에 작용하는 위치수두, 압력수두 및 속도수두의 합은 전수두로 항상 일정하다는 것을 뜻한다. 그리고 전수두에 해당하는 액면 높이를 **에너지선**(E. L : energy line)이라 하고, 이 에너지선에서 속도수두에 해당하는 액면 높이를 뺀 것을 **수력 기울기선**(H. G. L : hydraulic grade line)이라고 한다.

또한, 식 (3 · 14)의 양변에 비중량 γ를 곱하면

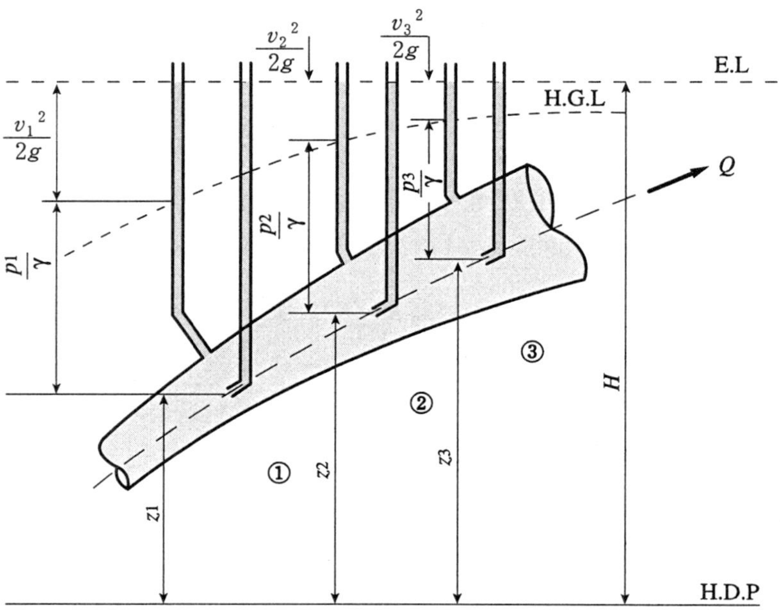

그림 3.9 베르누이의 정리

$$p+\frac{\gamma v^2}{2g}+\gamma\cdot z=\gamma H \text{ (일정)} \tag{3·15}$$

로서, 이것은 에너지를 압력으로 나타낸 것이며, 기체와 같이 저속의 비압축성 흐름에 적용된다. 여기서 식 (3·15)의 좌변 제1항을 **정압**(static pressure), 제2항 $\frac{\gamma v^2}{2g}$ 을 **동압**(dynamic pressure) 또는 **속도압**(velocity pressure), 제3항을 **위치압**(potential pressure)이라 하고, 기체와 같이 밀도가 작은 경우에는 위치압 $\gamma\cdot z$ 는 정압과 동압에 비해 그 크기가 작으므로 무시할 수 있다. 따라서 식 (3·15)는

$$p+\frac{\gamma v^2}{2g}=\gamma H \text{ (일정)} \tag{3·16}$$

로 표시된다. 또한, 식 (3·16)은

$$p_s+p_d=p_t \tag{3·17}$$

로 표현되고, 이 때 p_s 는 **정압**, p_d 는 **동압** 그리고 p_t 는 **전압**을 뜻한다.

이상의 수식으로부터 어떤 관 속을 흐르는 비압축성 유체의 1차원 흐름의 경우 각 단면에 작용하는 압력수두, 속도수두 그리고 위치수두의 합은 항상 일정하고, 이것을 **베르누이 정리**(Berniulli′s theorem)라 한다.

예제3.3

수평 원형관의 상류측 단면의 안지름이 200mm, 하류측 단면의 안지름이 400mm인 점차 확대관이 있다. 상류측 물의 유속과 압력이 각각 1.5m/s, $1\text{kg}_\text{f}/\text{cm}^2$일 때 하류측 단면에서의 물의 유속과 압력을 구하라.

풀이

연속 방정식인 식 (3·7)로부터 $Q=A_1v_1=A_2v_2$ 이므로 하류측 단면에서의 유

속 v_2 는

$$v_2 = \frac{A_1}{A_2} \cdot v_1 = \left(\frac{d_1}{d_2}\right)^2 \cdot v_1 = \left(\frac{200}{400}\right)^2 \times 1.5 = 0.375(\mathrm{m/s})$$

이다. 베르누이 방정식인 식 (3 · 14),

$$\frac{p_1}{\gamma} + \frac{v_1^2}{2g} + z_1 = \frac{p_2}{\gamma} + \frac{{v_2}^2}{2g} + z_2$$

에서 수평 기준면에서 관의 중심선까지의 높이가 $z_1 = z_2$ 이므로, 하류측 단면에서의 압력 p_2 는

$$\begin{aligned} p_2 &= p_1 + \frac{\gamma}{2g}({v_1}^2 - {v_2}^2) \\ &= 1\times10^4 + \frac{1000}{2\times9.8}\{(1.5)^2 - (0.375)^2\} \\ &= 10,108.6(\mathrm{kg/m^2}) \\ &= 1.01(\mathrm{kg/m^2}) \end{aligned}$$

이다.

예제3.4

그림 3.10과 같이 입구측 단면의 안지름이 20cm, 출구측 단면의 안지름이 15cm인 점차 축소관이 수평면과 30°로 경사져 있다고 하자. 관 길이가 5m이고, 관 속의 유량이 0.1m^3/s일 때 출구에서의 물의 유속은 얼마인가? 또한, 출구에서 대기 속으로 분출된다면 입구에서의 압력은 얼마이어야 하는가? 단, 마찰손실은 없는 것으로 간주한다.

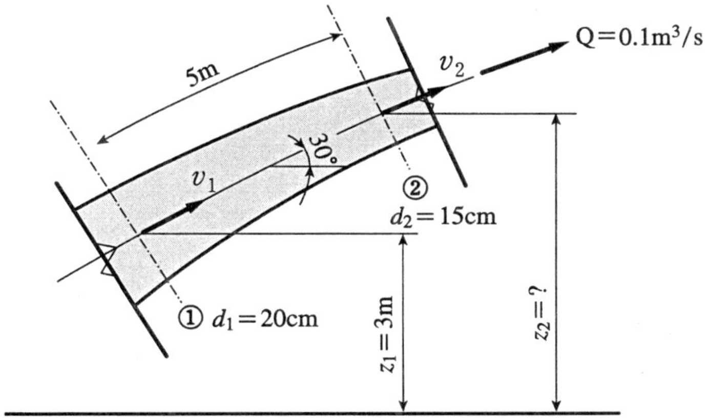

그림 3.10 점차 축소관 유동

풀이

먼저, 유관(流管)의 입구단면, 출구단면에서의 평균유속 v_1, v_2 는 연속 방정식인 식 (3・7)로부터 각각

$$v_1 = \frac{Q}{A_1} = \frac{4\times0.1}{\pi(0.2)^2} = 3.18(\mathrm{m/s})$$

$$v_2 = \frac{Q}{A_2} = \frac{4\times0.1}{\pi(0.15)^2} = 5.66(\mathrm{m/s})$$

이다. 그리고 출구측의 높이 z_2 는

$$z_2 = z_1 + 5\times\sin 30^\circ = 5.5(\mathrm{m})$$

이므로, 출구측 압력이 대기압일 때 입구측 압력 p_1 은 베르누이 방정식인 식 (3・14)로부터

$$\frac{p_1}{\gamma} + \frac{{v_1}^2}{2g} + z_1 = \frac{p_2}{\gamma} + \frac{{v_2}^2}{2g} + z_2$$

$$p_1 = p_2 + \frac{\gamma}{2g}(\ v_2{}^2 - \ v_1{}^2) + \gamma(z_2 - z_1)$$
$$= 1 + \left\{\frac{1000}{2\times9.8}(5.66^2 - 3.18^2) + 1000(5.5 - 3)\right\}\times\frac{1}{10^4}$$
$$= 1.36(\text{kg/cm}^2)$$

이다.

3.5 베르누이 방정식의 응용

3.5.1 탱크 옆면에 설치된 오리피스

베르누이 방정식은 에너지 방정식으로서 유체흐름 중에 생기는 에너지 손실을 전혀 고려하지 않고 에너지 보존의 법칙에 의해 유도된 식이다. 이제, 이 식을 이용하여 해석할 수 있는 문제들에 대해 살펴본다.

그림 3.11과 같이 물탱크의 옆면에, 수면에서 h 되는 곳에 오리피스가 설치되어 물을 일정속도로 분출하고 있다고 하자. 분류는 오리피스에서 밖으로 조금 떨어진 곳에서 최소단면을 갖는 수축부(contractor)를 가졌다가 다시 확대되어 분출되는데 이것을 **자유분산**(free jet)라고 한다.

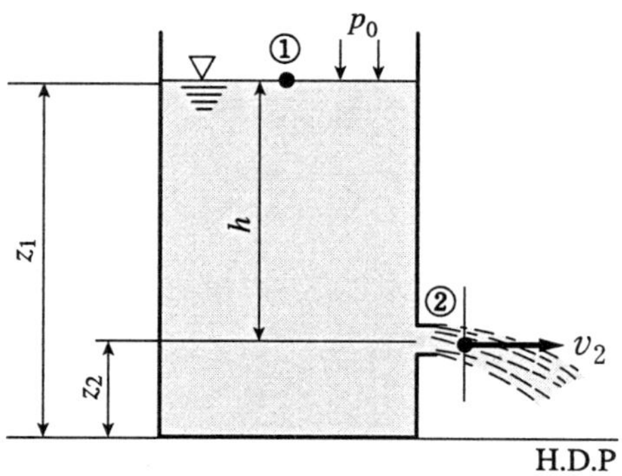

그림 3.11 탱크 옆면에 설치된 오리피스

탱크내 물이 자유표면인 단면 ①에서 흘러 출구인 단면 ②로 흐른다고 하면, 단면 ①과 단면 ②사이에 베르누이 방정식을 다음과 같이 적용할 수 있다.

$$\frac{p_1}{\gamma}+\frac{{v_1}^2}{2g}+z_1=\frac{p_2}{\gamma}+\frac{{v_2}^2}{2g}+z_2$$

탱크의 수면 높이 h 가 일정하게 유지된다고 하면 단면 ①의 하강속도가 $v_1=0$, $z_1-z_2=h$, 단면 ②에서의 압력 p_2 는 대기압과 같으므로 0이다.

따라서, 오리피스에서의 속도 v_2 는

$$v_2=\sqrt{2gh} \tag{3·18}$$

와 같이 된다. 이것을 **토리첼리의 정리**(Torricelli's theorem)라고 하고, 이 식은 이탈리아의 물리학자인 Torricelli(1608~0647)가 처음으로 유도한 식이다.

또한, 오리피스를 통해 유출되는 유량은

$$Q=A_2v_2=A_2\sqrt{2gh} \tag{3·19}$$

이고, 이것은 이론유량을 뜻한다.

실제유량은

$$Q_a=C\cdot Q=C\cdot A_2\sqrt{2gh}$$

로 표시된다. 여기서, C 는 오리피스의 유량계수로서 이론유량에 대한 실제유량의 비를 나타내며, 1보다 작은 값으로 오리피스 제조업체가 제시한다.

예제3.5

그림 3.11과 같은 탱크의 옆면에 수면에서 5m 아래에 지름 2cm의 오리피스를 설

치하였다. 오리피스에서 분출되는 분류의 속도는 얼마인가? 또 유량은 얼마인가? 단, 점성에 의한 마찰저항은 무시한다.

풀이

토리첼리의 식 (3·18)로부터 오리피스에서의 속도 v_2 는

$$v_2 = \sqrt{2gh} = \sqrt{2 \times 9.8 \times 5} = 9.90(\mathrm{m/s})$$

그러므로 유량 Q 는 식 (3·19)로부터

$$Q = A_2 v_2 = A_2\sqrt{2gh} = \frac{\pi}{4}(0.02)^2 \times 9.90 = 0.003(\mathrm{m^3/s})$$

3.5.2 관 속에 설치된 오리피스

그림 3.12와 같이 관 속에 오리피스가 설치된 경우를 생각해 보자. 단면 ①과 단면 ②에 대해 베르누이 방정식을 적용하면

$$\frac{p_1}{\gamma} + \frac{{v_1}^2}{2g} = \frac{p_2}{\gamma} + \frac{{v_2}^2}{2g}$$

이 된다. 또한, 압력 수두차 $\dfrac{p_1 - p_2}{\gamma} = h$ 이고 연속 방정식 $Q = A_1 v_1 = A_2 v_2$ 에서 $\dfrac{v_1}{v_2} = \dfrac{A_2}{A_1}$ 이므로 주어진 식으로부터

$$\begin{aligned}\frac{p_1 - p_2}{\gamma} = h &= \frac{{v_2}^2}{2g}\left\{1 - \left(\frac{v_1}{v_2}\right)^2\right\} \\ &= \frac{{v_2}^2}{2g}\left\{1 - \left(\frac{A_2}{A_1}\right)^2\right\}\end{aligned}$$

$$\therefore v_2 = \sqrt{\frac{2gh}{1-\left(\frac{A_2}{A_1}\right)^2}}$$

$$= \sqrt{\frac{2gh}{1-\left(\frac{d_2}{d_1}\right)^4}} \qquad (3 \cdot 20)$$

가 된다. 그러므로 유량 Q 는

$$Q = A_2 v_2 = A_2 \sqrt{\frac{2gh}{1-\left(\frac{d_2}{d_1}\right)^4}} \qquad (3 \cdot 21)$$

이다. 따라서, 관 속에 설치된 오리피스(orifice)는 관내 유량을 측정하는데 사용하는 기기이고, 이 때 오리피스의 크기는 일반적으로 관의 안지름의 약 1/5보다 작은 것이 사용된다.

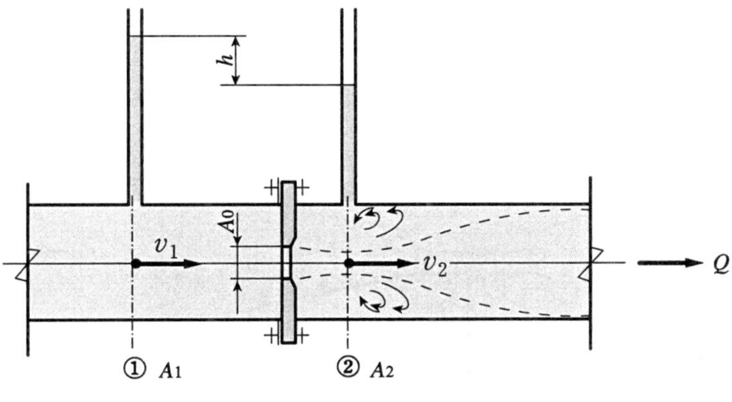

그림 3.12 관 속의 오리피스

예제3.6

관의 안지름이 15cm인 관로 속에 설치된 오리피스의 지름은 2cm이다. 이 관로에 물을 흘려보냈을 때 오리피스의 전·후에서의 압력수두의 차가 10cm였다면 유량을 계산하라.

풀이

관 속에 설치된 오리피스를 통한 유량은 식 (3·21)로 주어진다. 따라서, 식 (3·21)로부터

$$Q=\frac{\pi}{4}(0.02)^2\sqrt{\frac{2\times 9.8\times 0.1}{1-\left(\frac{2}{15}\right)^4}}=1.41(\mathrm{m}^3/\mathrm{s})$$

이다.

3.5.3 벤투리 미터

그림 3.13과 같이 축소각이 20° 내외인 축소부(convergent), 목부(throat) 그리고 5~7°로 확대되는 확대부(divergent)로 구성되는 기구를 **벤투리 미터**(Venturi meter)라고 한다

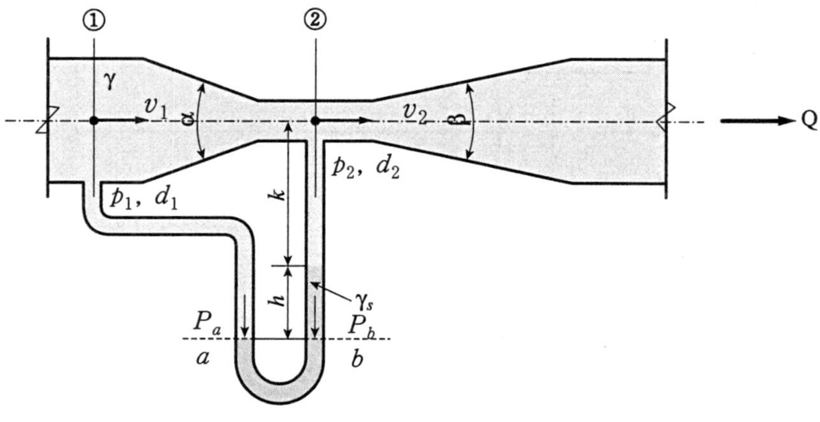

그림 3.13 벤투리 미터

단면 ①과 단면 ②사이에 베르누이 방정식을 적용하면

$$\frac{p_1}{\gamma}+\frac{{v_1}^2}{2g}=\frac{p_2}{\gamma}+\frac{{v_2}^2}{2g}$$

$$\frac{p_1-p_2}{\gamma}=\frac{v_2^2}{2g}\left\{1-\left(\frac{v_1}{v_2}\right)^2\right\}$$

이 된다. 연속 방정식으로부터 $v_1/v_2=A_2/A_1$ 이므로, 이것을 윗식에 대입하면

$$\frac{p_1-p_2}{\gamma}=\frac{{v_2}^2}{2g}\left\{1-\left(\frac{A_2}{A_1}\right)^2\right\}$$

이 되어

$$\therefore v_2=\frac{1}{\sqrt{1-\left(\dfrac{A_2}{A_1}\right)^2}}\sqrt{2g\left(\frac{p_1-p_2}{\gamma}\right)} \tag{3・22}$$

이다. 그러므로 벤투리 미터를 통하는 유량 Q 는

$$Q=A_2v_2=\frac{A_2}{\sqrt{1-\left(\dfrac{A_2}{A_1}\right)^2}}\sqrt{2g\left(\frac{p_1-p_2}{\gamma}\right)} \tag{3・23}$$

로 표시된다. 따라서, 벤투리 미터를 통하는 유량은 단면 ①과 단면 ②사이의 압력 수두차인 $(p_1-p_2)/\gamma$ 를 알면 구할 수 있다. 이와 같이 벤투리 미터는 인위적으로 유체가 흐르는 단면적을 변화시킴으로써 속도 에너지가 달라지고, 아울러 변하는 압력 에너지를 이용하여 유량을 측정하는 데 사용되는 기기이다. 벤투리 미터는 1797년에 이탈리아인 Giovanni Basttia Venturi(1746~1822)가 처음으로 고안한 유량측정 장치로, 1887년 미국의 Clemens Herchel(1842~1930)에 의해 응

용됨으로써 널리 알려졌다. 그림 3.13에서 압력 수두차 $(p_1-p_2)/\gamma$ 를 구하기 위하여 U자관 마노이터를 달았을 때, 마노미터액의 낮은 면을 기준으로 해서 양쪽 액면에 작용하는 압력을 각각 p_a, p_b 라고 하면 시차 마노미터의 원리를 적용하여

$$p_a = p_b$$
$$p_a = p_1 + \gamma(k+h)$$
$$p_b = p_2 + \gamma k + \gamma_s \cdot h$$
$$\therefore \frac{p_1-p_2}{\gamma} = \left(\frac{\gamma_s-\gamma}{\gamma}\right)h = \left(\frac{\gamma_s}{\gamma}-1\right)h$$

로 나타낼 수 있다. 이것을 식 (3・22) 및 식 (3・23)에 대입하고, 면적비를 지름비 즉, $A_2/A_1=(d_2/d_1)^2$ 로 바꾸면 관 속의 유체흐름의 속도 v_2 및 유량 Q 는 각각 U자관 마노미터의 액주차 h 를 이용하여

$$v_2 = \sqrt{\frac{2gh\left(\frac{\gamma_s}{\gamma}-1\right)}{1-\left(\frac{d_2}{d_1}\right)^4}} \tag{3・24}$$

$$Q = A_2\sqrt{\frac{2gh\left(\frac{\gamma_s}{\gamma}-1\right)}{1-\left(\frac{d_2}{d_1}\right)^4}} \tag{3・25}$$

로 표시된다. 이것이 벤투리 미터로 유량을 계산하는 이론식이다.

예제3.7

그림 3.13과 같은 벤투리 미터에서의 압력차가 수은주로 8cm이다. 단면 ①과 단면 ②에서의 지름은 각각 10cm, 4cm이고, 관 속에는 물이 흐르고 있다. 물의 유량

은 얼마인가? 단, 수은의 비중량은 13,570kgf/m³이다.

풀이

벤투리 미터를 통한 유량은 식 (3・25)로부터

$$Q=\frac{\pi}{4}(0.04)^2\sqrt{\frac{2\times9.8\times0.08\times\left(\frac{13,570}{1000}-1\right)}{1-\left(\frac{4}{10}\right)^4}}=0.02(\mathrm{m}^3/\mathrm{s})$$

이다.

3.5.4 피 토 관

그림 3.14와 같은 장애물이 유체흐름 속에 놓이면 장애물이 유체흐름에 영향을 미쳐 유체가 움직이지 않는 영역이 생긴다. 이 점을 **정체점**(stagnation point)이라 하고, 이 현상은 계곡물 속에 잠겨 있는 바위의 경우에서도 쉽게 볼 수 있다. 즉, 계곡물이 내려오는 쪽으로 바위의 앞에 나뭇잎을 띄워 놓으면 나뭇잎은 떠내려가지 않고 제자리에서 맴돌고 있는 경우와 마찬가지이다.

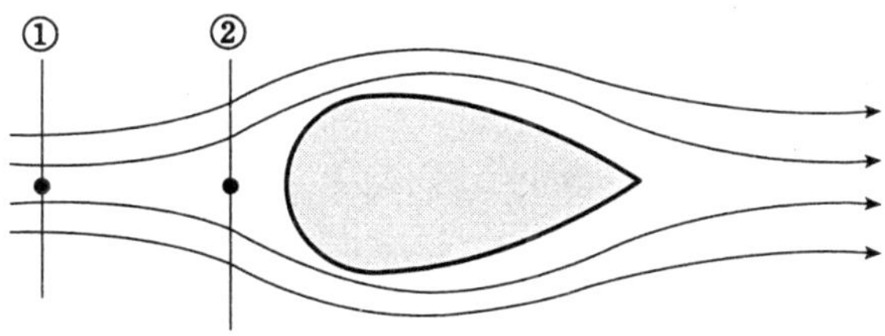

그림 3.14

그림 3.15와 같이 가는 관을 직각으로 구부려 흐르고 있는 물 속 깊이 H 만큼 넣었을 때, 물이 가는 관을 통해 수면 위로 h 만큼 상승하였다. 점 ①과 점 ②에 대해 베르누이 방정식을 적용하면

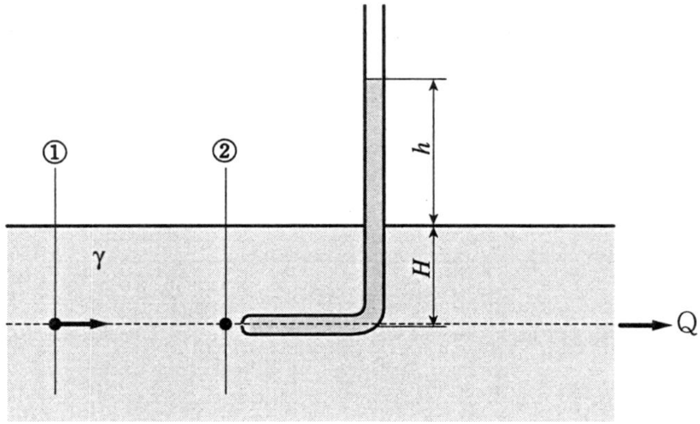

그림 3.15 피토관의 원리

$$\frac{p_1}{\gamma}+\frac{{v_1}^2}{2g}=\frac{p_2}{\gamma}+\frac{{v_2}^2}{2g}=H+h$$

가 되고, 여기서 점 ①에서의 압력수두는 $\dfrac{p_1}{\gamma}=H$, 점 ②는 정체점이므로 $v_2=0$ 이다. 그러므로 윗식은

$$\frac{{v_1}^2}{2g}=h$$

$$v_1=\sqrt{2gh} \qquad (3 \cdot 26)$$

로 표시된다. 즉, 강이나 시냇물 등의 수면에서 H 만큼 깊이에서의 유속은 피토관을 수면 속 H 되는 곳에 꽂았을 때, 피토관내 물이 수면에서 얼마나 올라오는가(h)에 달려 있다.

또한, 윗식에서

$$p_2=\gamma(H+h)$$

가 되고, 이 압력 p_2 를 **정체압**(停滯壓; stagnation pressure) 또는 **전압**(全壓; total pressure)이라 하고 P_t 로 나타낸다. 즉, 수면 속 H 깊이의 정체압 또는

전압은

$$P_t = \gamma(H + h) \tag{3·27}$$

와 같이 수면 속 깊이 H 와 피토관 속으로 물이 수면에서의 상승 높이 h 에 의해 정해진다. 아울러, 전압은 정압과 동압의 합이므로 γH 가 정압, γh 가 동압이 된다.

그러면 관로 속을 흐르는 유체의 속도는 피토관을 사용하여 어떻게 측정할 수 있는가를 살펴보자.

단면 ①과 단면 ②사이에 베르누이 방정식을 적용하면

$$\frac{p_1}{\gamma} + \frac{v_1^2}{2g} = \frac{p_2}{\gamma} + \frac{v_2^2}{2g}$$

이고, 여기서 점 ②는 정체점이므로 $v_2 = 0$ 이 되어 윗식은

$$\frac{p_2 - p_1}{\gamma} = \frac{v_1^2}{2g} \tag{3·28}$$

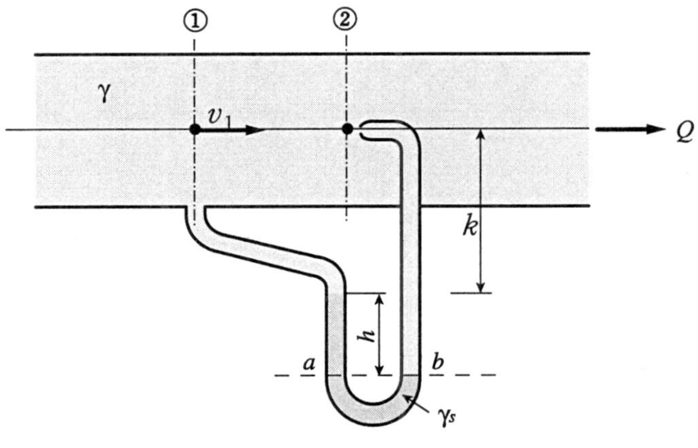

그림 3.16 피토 정압관

으로 나타낼 수 있다.

그리고 U자관 마노미터에서 수평 기준면을 $a-b$ 로 잡고 $a-b$ 단면에 작용하는 압력은 관로 속 유체압력인 정압과 유체의 무게에 의한 압력으로 이루어진다. 그러므로, 단면 $a-b$ 에서의 압력은

$$p_a = p_b$$
$$p_a = p_1 + \gamma k + \gamma_s h$$
$$p_b = p_2 + \gamma(k+h)$$

이고, 이들을 정리하면 다음과 같다.

$$\frac{p_2 - p_1}{\gamma} = \left(\frac{\gamma_s}{\gamma} - 1\right)h \qquad (3 \cdot 29)$$

식 (3 · 28)과 식 (3 · 29)로부터

$$\frac{p_2 - p_1}{\gamma} = \frac{{v_1}^2}{2g} = \left(\frac{\gamma_s}{\gamma} - 1\right)h$$

가 되고, 따라서 단면 ①에서의 유속은

$$v_1 = \sqrt{\left(\frac{\gamma_s}{\gamma} - 1\right)2gh} \qquad (3 \cdot 30)$$

와 같이 나타낸다. 즉, 관로 속 어떤 점에서의 유체의 속도는 유체 및 마노미터액의 비중량과 마노미터액의 상승 높이 h 를 알면 구할 수 있다. 그리고 유속 v_1 은 두 점 사이의 압력차 $(p_2 - p_1)$ 에 따라 달라진다. 만약, 두 점 사이의 거리를 최대한 짧게 하면 점 ①과 점 ②는 같은 지점이 되어, 관로 속 어떤 점에서의 유속은 그 점에서의 정압과 전압, 즉 동압만 알면 구할 수 있다는 것을 뜻한다. 이 때 사용되는 피토관을 **피토 정압관**(Pitot static tube)이라 하고 그 모양은 그림 3.17과 같다.

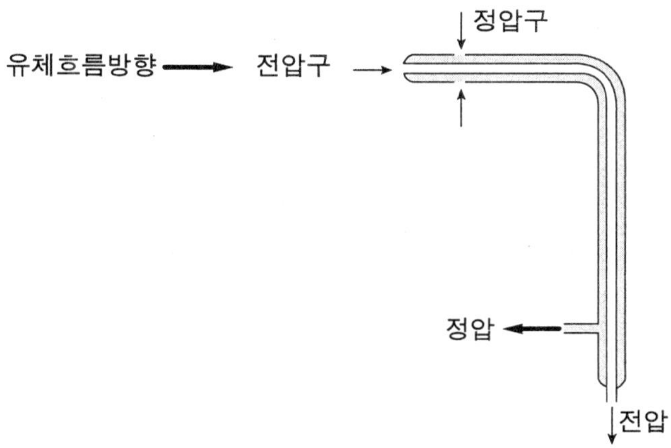

그림 3.17 피토 정압관

또한, 피토 정압관을 관로 속 유체흐름 방향에 대하여 직각으로 이동하여 마노미터액의 높이차 h를 측정함으로서, 관로 속 어떤 단면에서의 속도분포를 구할 수 있다.

예제3.8

시냇물의 수면 속 2m 되는 지점의 속도를 측정하기 위하여 그림 3.15와 같은 피토관을 사용하였더니, 수면 위로 물이 10cm만큼 올라갔다. 물 속 2m 지점의 유속을 구하라. 단, 시냇물의 비중량은 $1000 kg_f/m^3$로 한다.

풀이

식 (3·26)으로부터

$$v_1 = \sqrt{2 \times 9.8 \times 0.1} = 1.4 (m/s)$$

이므로, 수면 속 2m 지점에서의 시냇물의 유속은 1.4m/s가 된다.

예제3.9

관 속의 물의 유속을 측정하기 위하여 그림 3.18과 같이 피토정압관에 U자관 마노미터를 연결하였더니 마노미터액의 높이차가 h=4cm이었다. 유속은 얼마인가? 단, 마노미터액은 수은이며, 수은의 비중량은 13,600kg$_f$/m^{3}이다.

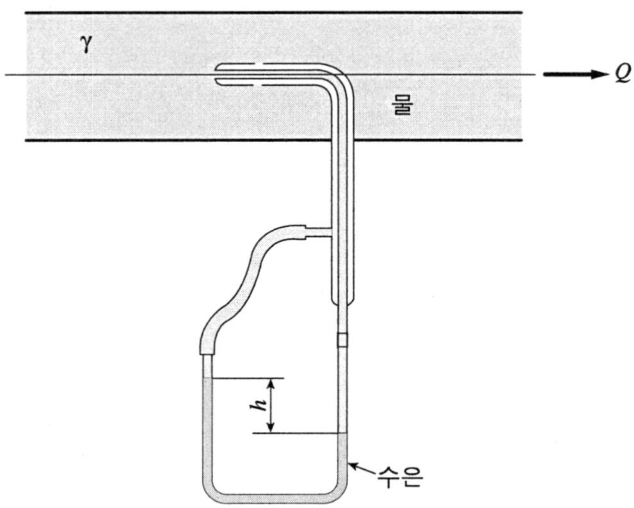

그림 3.18 피토 정압관

풀이

식 (3·30)으로부터 관내 유체의 속도는

$$v=\sqrt{\left(\frac{13,600}{1000}-1\right)\times2\times9.8\times0.04}=3.14(\mathrm{m/s})$$

이다.

3.5.5 펌프 또는 터빈

펌프는 전동기에 의해 전기 에너지가 기계 에너지로 바뀐 것을 이용하여 물에 압력 에너지를 공급함으로써, 액체를 어떤 위치에서 다른 위치로 수평적으로 또는 수직적으로 이동시키고자 하는데 사용된다. 반면에, **터빈**은 높은 곳의 위치 에너지가 큰 액체를 아래로 낙하시키거나 고압의 유체를 터빈에 충돌시킴으로써 기계적 에너지를 얻는 유체기계로 모두 베르누이 방정식을 응용한 장치들이다.

그림 3.19의 (a) 및 (b)와 같은 펌프 및 터빈의 설치 개략도로부터 입구 및 출구측에 베르누이 방정식을 적용하면, 각각 펌프의 경우

$$\frac{p_1}{\gamma}+\frac{{v_1}^2}{2g}+z_1+E_P=\frac{p_2}{\gamma}+\frac{{v_2}^2}{2g}+z_2 \qquad (3 \cdot 31)$$

터빈의 경우

$$\frac{p_1}{\gamma}+\frac{{v_1}^2}{2g}+z_1=\frac{p_2}{\gamma}+\frac{{v_2}^2}{2g}+z_2+E_T \qquad (3 \cdot 32)$$

이다. 여기서 E_P 및 E_T 는 각각 펌프가 단위중량의 유체에 주는 에너지 및 단위중량의 유체가 터빈에 주는 에너지이다.

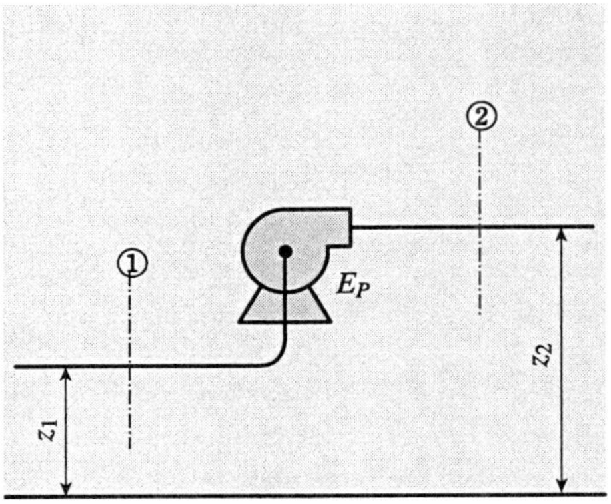

(a)펌프

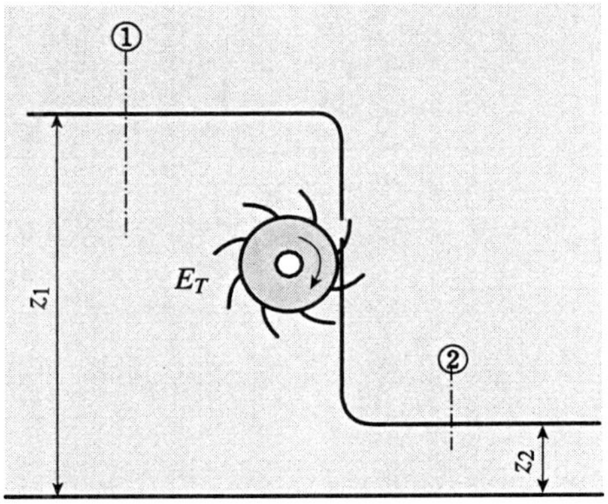

(b) 터빈

그림 3.19 유체기계

예제3.10

그림 3.20과 같이 설치된 펌프의 송출량은 $0.14m^3/s$이고, 진공계 및 압력계의 눈금이 각각 $0.34kg_f/cm^2$, vac., $2.8kg_f/cm^2$이다. 이 때 이 펌프의 동력은 몇 kW인가?

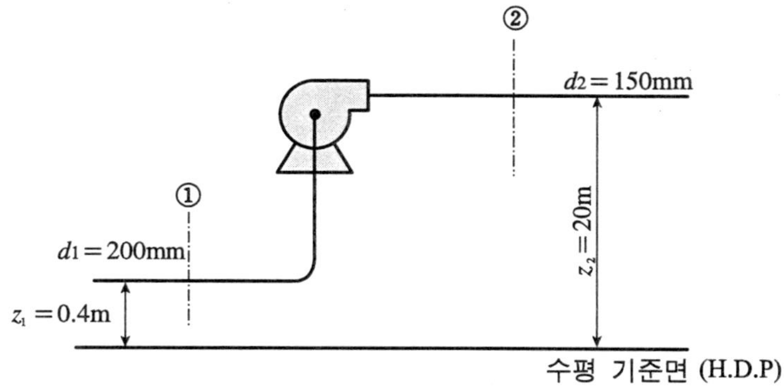

그림 3.20 펌프사용의 한 예

풀이

입구 및 출구측 유속은 각각

$$v_1 = \frac{4 \times 0.14}{\pi(0.2)^2} = 4.46(m/s)$$

$$v_2 = \frac{4 \times 0.14}{\pi(0.15)^2} = 7.93(m/s)$$

이고, 입구 및 출구측 ① 및 ②에 베르누이 방정식을 적용하면

$$\frac{p_1}{\gamma} + \frac{v_1^2}{2g} + z_1 + E_P = \frac{p_2}{\gamma} + \frac{v_2^2}{2g} + z_2$$

$$\therefore E_P = \frac{p_2 - p_1}{\gamma} + \frac{v_2^2 - v_1^2}{2g} + (z_2 - z_1)$$

$$= \frac{(2.8+0.34)\times10^4}{1000} + \frac{(7.93)^2-(4.46)^2}{2\times9.8} + (2-0.4)$$
$$= 35.19(\mathrm{m})(\mathrm{m})$$

이다.

E_P 는 단위중량의 물에 펌프가 공급해 주는 에너지이므로, 전체 중량 γQ 에 펌프가 공급해 주는 에너지는

$$\gamma Q \cdot E_P = 1000\times0.14\times35.19$$
$$= 4926.6(\mathrm{kg_f}\cdot\mathrm{m/s})$$

이고, 그러므로 펌프의 동력은

$$P = \frac{4926.6}{102} = 48.3(\mathrm{kW})$$

이 된다.

연 습 문 제

3.1 리듀서의 사용으로 관의 안지름이 2배가 될 때 유속은 몇 배가 되는가?

답 0.25배

3.2 안지름이 200mm인 관에 리듀서를 사용하여 안지름이 150mm인 관을 연결하였다. 관 내에 흐르는 물의 유량이 2kN/s이면 각 단면에서 평균유속을 구하라.

답 $v_1 = 6.50$m/s, $v_2 = 11.55$m/s

3.3 기름으로 채워진 안지름 156mm의 실린더에 안지름 150mm의 피스톤이 0.05m/s의 속도로 전진할 때, 피스톤과 실린더의 틈새로 유출되는 기름의 속도는 얼마인가?

답 0.613m/s

3.4 바닥에서 2.8m 위치에 설치된 관로를 통해 유속 1.8m/s로 물이 흐르고 있다. 이 때 압력계의 읽음이 500kPa이면 전수두는 얼마인가?

답 54m

3.5 그림 3.21과 같은 수평의 원형관 속으로 물이 흐르고 있다. 단면 ①과 단면

②의 안지름이 각각 $d_1=200$mm, $d_2=150$mm이고, 단면 ①에서의 평균유속 및 정압이 각각 $v_1=4$m/s, $p_1=100$kPa일 때 단면 ②에서의 정압 p_2를 구하라.

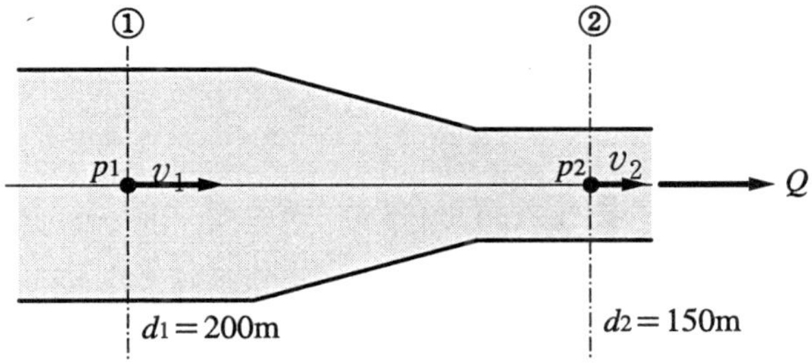

그림 3.21 수평 원추관의 한 예

답 82.72kPa

3.6 밀도 1250kg/m^{3}인 액체가 원형관 속을 0.7m^3/s의 유량으로 흐르고 있다. 안지름이 200mm인 관에서의 압력이 200kPa일 때, 1m 아래에 설치되어 있는 안지름 100mm 관에서의 압력은 얼마인가?

답 4572.7kPa, vac.

3.7 피토 정압관을 공기의 유동방향과 평행하게 설치하여 전압과 정압의 차를 측정하였더니 20mmAq이었다. 이 때 풍속은 얼마인가? 단, 공기의 비중량은 11.80N/m^{3}이다.

답 18.02m/s

3.8 강물의 수면 속 어떤 점에서의 유속을 피토관으로 측정하고자 한다. 어떤 점

의 유속에 비해 같은 수면 속 깊이에서의 다른 점의 유속이 3배일 때 두 점의 수두차는 얼마인가? 단, 어떤 점에서의 유속은 v_1=0.2m/s이다.

답 16.33mm

3.9 안지름이 1m인 원형 물탱크의 아래측 옆면에 안지름 100mm인 관을 통해 물을 수송할 때 어느 순간의 유속이 3m/s이었다. 이 때 송출관이 설치된 위치는 수면에서 얼마나 아래쪽인가? 또한, 유량과 물탱크내 수면이 내려오는 속도를 구하라.

답 45.92cm, 0.02355m^3/s, 0.03m/s

3.10 그림 3.22와 같은 수직 원추관을 통해 물이 흐르고 있다. 단면 1과 단면 2에서의 압력이 각각 200kPA, 180kPa이면 낙하유량은 몇 m^3/s인가?

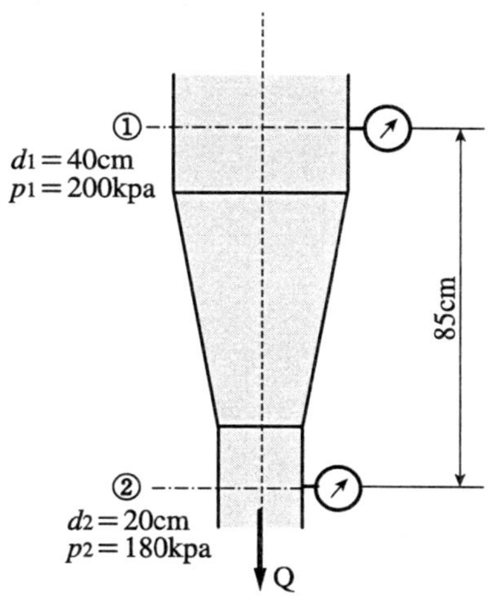

그림 3.22 수직 원추관

답 0.24m^3/s

3.11 그림 3.23과 같은 노즐을 통한 물의 유출속도를 구하라. 또한, 노즐의 속도 계수가 C_v=0.98일 때 유출속도를 구하라.

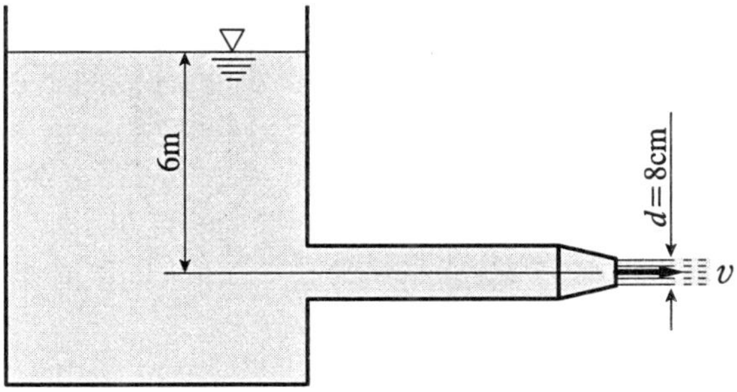

그림 3.23 탱크 옆면에 설치된 노즐의 한 예

답 10.84m/s, 10.63m/s

3.12 그림 3.24와 같은 노즐에서 분사되는 공기의 속도를 구하라. 단, 공기의 비중량은 11.82N/m^{3}이다.

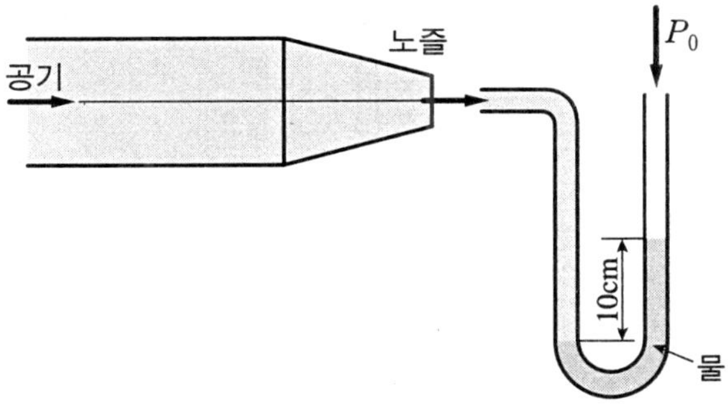

그림 3.24 노즐 사용의 한 예

답 40.3m/s

3.13 그림 3.25와 같이 노즐에서 물이 분사될 때 압력계의 눈금을 읽어라.

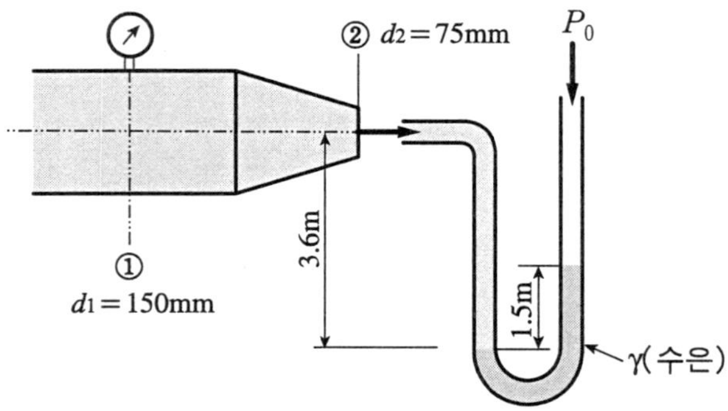

그림 3.25

답 1.58kg$_f$/cm^2

3.14 그림 3.26과 같은 펌프의 흡입구 및 출구측에 진공계 및 압력계를 달아 눈금을 읽었더니 각각 0.33kg/cm^2, vac., 2.6kg/cm^2, g이었다. 이 펌프의 송출량이 0.15m^3/s라고 할 때 펌프의 동력은 몇 kW인가?

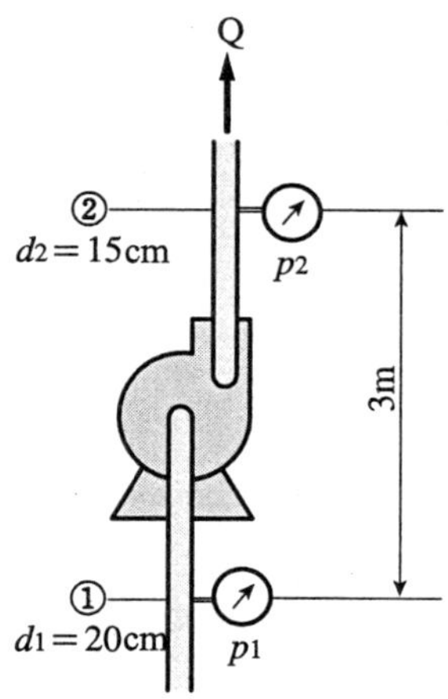

그림 3.26 펌프의 입구 및 출구측 압력계

답 51.2kW

4

운동량의 법칙

운동량의 법칙은 유체의 운동에 뉴턴(Newton)의 제2법칙을 적용한 것으로 연속방정식, 에너지 방정식과 함께 유체흐름에 관한 문제들을 해결하는 데 사용되는 기본적인 법칙이다.

이 법칙은 유체흐름에 관한 문제를 다만 경계면의 상태에서 계산하기 때문에, 유체내부의 흐름상태를 나타내는 복잡한 변수에 대한 정보를 필요로 하지 않는다. 따라서. 아주 복잡한 과정을 거쳐야만 해결할 수 있는 어려운 문제들도 이 원리를 이용하면 쉽게 해결되는 특징이 있다.

이 장에서는 운동량 법칙의 이론적인 전개와 그 응용에 관해서 살펴보기로 한다. 편의상 비압축성 유체를 중심으로 기술하지만, 이 법칙은 압축성이나 점성(粘性)의 유무에 관계없이 모든 유체에 적용할 수 있는 장점을 가지고 있다.

4.1 운동량의 원리

운동하는 물체에 대해 힘과 운동 사이의 관계를 명백하게 나타낸 뉴턴의 제2운동 법칙에 의하면, 질량 m 인 물체에 힘 F 가 작용하여 그 물체가 가속도 a 를 얻었다고 할 때

$$F = ma$$

로 나타낼 수 있다. 여기서 가속도 $a = dv/dt$ 이므로,

$$F = m\frac{dv}{dt} = \frac{d(mv)}{dt} \qquad (4 \cdot 1)$$

가 되고, 따라서

$$Fdt = d(mv) \qquad (4 \cdot 2)$$

의 관계가 성립한다. 식 (4 · 2)에서 mv 는 물체의 **운동량**(momentum)이며, Fdt

는 **역적**(力積) 혹은 **충격량**(impulse)이라고 한다. 식 (4·1)은 "어떤물체에 작용한 힘은 그 물체의 운동량의 시간적 변화율과 같다"는 것을 의미하며, 이것을 운**동량의 원리**(principle of momentum)라고 한다. 이러한 "외력의 합=단위시간의 운동량의 변화량"의 관계를 이용함으로써 유체와 고체벽 사이에 작용하는 힘을 비교적 쉽게 구할 수 있다.

4.2 운동량 방정식

그림 4.1과 같이 하나의 유관(流管) 속의 비압축성, 정상류(定常流) 흐름에 대하여 생각해 보자. 유입면 ①과 유출면 ②를 잡고 어떤 위치에서의 단면적을 A 라고 하면, 단면 A 에서의 실제속도 V는 일정한 분포를 가지지만, 여기서는 편의상 단면 전체에 대한 평균속도 v 를 사용하고 평균속도의 x, y 방향 성분을 각각 v_x, v_y 라고 하자. 점선으로 표시한 미소유관의 단면적 dA 을 통하여 시간 dt 동안에 흐르는 유체의 질량은 $dm=\rho dAvdt$ 이며, 미소유량은 $dQ=vdA$ 이므로

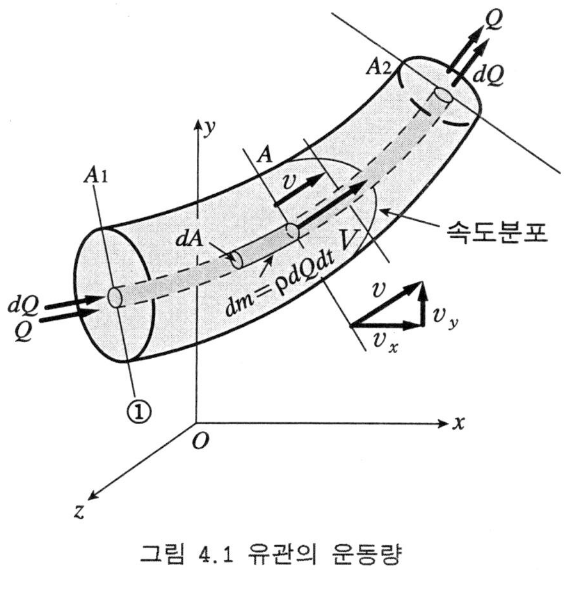

그림 4.1 유관의 운동량

$$dm = \rho dAvdt \tag{4·3}$$

로 표시된다. 이 미소질량 dm 의 유체에 가해지는 힘의 x 방향 성분을 dF_x 라고 하고, 뉴턴의 제2운동 법칙을 적용하여 식 (4·3)을 대입하면,

$$\begin{aligned} dF_x &= dm\frac{dv_x}{dt} \\ &= \rho dQdt\frac{dv_x}{dt} = \rho dQdv_x \end{aligned} \tag{4·4}$$

로 표시된다.

미소유관 전체에 작용하는 x 방향 분력은 미소유관을 따라 단면 ①에서 단면 ②까지 식 (4·4)를 적분함으로써 구할 수 있고, 연속 방정식에 의해 질량유량 ρdQ 는 각 단면에서 일정하므로

$$\sum dF_x = \rho dQ\int_1^2 dv_x = \rho dQ(v_{x_2} - v_{x_1}) \tag{4·5}$$

으로 표시된다. 여기서 v_{x_1}, v_{x_2} 는 각각 미소유관의 입구와 출구에서의 x 방향 속도성분이다. 따라서, 유관 전체의 유체에 작용하는 x 방향 성분의 힘은, 유입면 ①과 유출면 ② 사이에 있어서 식 (4·5)를 적분하면 다음과 같이 얻을 수 있다.

$$\int\sum dF_x = \int\rho dQ(v_{x_2} - v_{x_1}) \tag{4·6}$$

여기서 $dQ = dA_1v_1 = dA_2v_2$ 이고, 단면 내에서 ρv_{x_1}, ρv_{x_2} 는 일정하므로

$$\int\sum dF_x = \rho v_{x_2}\int_{A_2} v_2dA_2 - \rho v_{x_1}\int_{A_1} v_1dA_1 \tag{4·7}$$

이고, 또한 $Q=\int_{A_2} v_2 dA_2=\int_{A_1} v_1 dA_1$ 이므로

$$\sum F_x=\rho Q(v_{x_2}-v_{x_1}) \tag{4·8}$$

으로 표현된다. 같은 방법으로 y 방향, z 방향 성분을 각각 구하면,

$$\sum F_y=\rho Q(v_{y_2}-v_{y_1}) \tag{4·9}$$

$$\sum F_z=\rho Q(v_{z_2}-v_{z_1}) \tag{4·10}$$

이 된다. 여기서 식 (4·8)~(4·9) 및 식 (4·10)은 운동량의 원리를 유체에 적용한 것으로 **운동량 방정식**이라고 한다.

4.3 운동량 법칙의 응용

4.3.1 단면이 축소되는 관에 작용하는 힘

그림 4.2와 같이 단면이 점차 축소되는 원추관을 생각하고, 검사면을 정하여 유입측 단면을 ①, 유출측 단면을 ②로 하자. 이 경우 단면적이 작아지므로 유체흐름의 속도는 점차 증가하고 압력은 감소하게 되며, 유체흐름에 의해 관벽에 힘 F_x', F_y' 가 가해지고 그 반력으로 벽은 유체에 크기는 같으나 방향이 반대인 힘 F_x, F_y 를 가하게 된다. 유체의 흐름방향으로 운동량의 법칙을 적용하면, 외력으로서는 압력에 의한 힘 $(p_1A_1-p_2A_2)$ 와 원추부분의 벽으로부터 흐름에 대항하는 힘 F_x 가 작용한다. 운동량의 변화량은 $\rho Q(v_2-v_1)$ 이므로

$$\rho Q(v_2-v_1)=(p_1A_1-p_2A_2-F_x)$$

로 표시되고, 이 식을 정리하면

$$F_x = (p_1 A_1 - p_2 A_2) - \rho Q(v_2 - v_1) \qquad (4 \cdot 11)$$

을 얻는다.

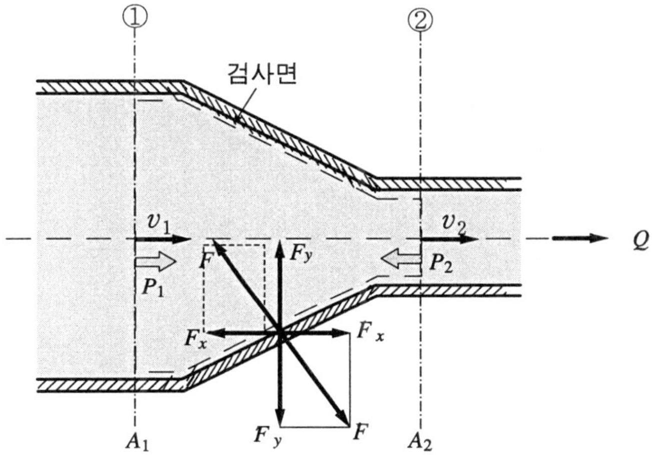

그림 4.2 단면이 축소되는 관에 작용하는 힘

특히, 관의 지름이 일정한 직관인 경우는 $A_1 = A_2 = A$ 이므로, 연속 방정식으로부터 $v_1 = v_2$ 가 되어 식 (4 · 9)는

$$F_x = (p_1 - p_2)A \qquad (4 \cdot 12)$$

로 표시된다. 따라서, 이러한 경우 유체가 관벽에 가하는 힘은 다만 압력차에 의한 힘과 같게 된다.

예제4.1

그림 4.2와 같이 단면 ①의 지름이 50mm, 압력이 5at이고, 단면 ②의 지름이 30mm인 관로를 통하여 흐르는 물의 유량이 0.01m^3/s일 때, 흐름방향으로 유체가

원추면에 미치는 힘 F_x 는 얼마인가?

풀이

단면 ②에서의 압력 p_2 가 주어지지 않았으므로 단면 ①, ②사이에 베르누이의 식을 적용해서 p_2 를 구하면,

$$\frac{p_1}{\gamma}+\frac{{v_1}^2}{2g}=\frac{p_2}{\gamma}+\frac{{v_2}^2}{2g} \tag{1}$$

으로 된다. 연속 방정식에 의해 v_1=5.09m/s, v_2=14.147m/s이므로 이들을 (1)식에 대입하면,

$$\begin{aligned}p_2&=p_1+\frac{\gamma}{2g}(v_1^2-v_2^2)\\&=5\times10^4+\frac{1000}{2\times9.8}(5.09^2-14.147^2)\\&=41,110.7(\mathrm{kg_f/m^2})\end{aligned}$$

이 된다. 또한, x 방향의 힘 F_x 는 식 (4・11)에 의해

$$\begin{aligned}F_x&=(p_1A_1-p_2A_2)-\rho Q(v_2-v_1)\\&=5\times10^4\times\frac{\pi}{4}\times0.05^2-41,110.7\times\frac{\pi}{4}\times0.03^2\\&\quad-\frac{1000}{9.8}\times0.01\times(14.147-5.09)\\&=60.2(\mathrm{kg_f})\end{aligned}$$

이다.

4.3.2 곡관에 작용하는 힘

그림 4.3과 같이 구부러진 곡관 내를 비압축성 유체가 정상흐름을 가질 때, 유체가 곡관 벽면에 미치는 힘 F 는 검사체적(control volume)에 대해 운동량 방정식과 연속 방정식을 적용하여 x 및 y 방향의 F_x, F_y 를 구함으로 써 얻을 수 있다. 즉, x 방향 분력은

$$F_x = \rho Q(v_1\cos\alpha_1 - v_2\cos\alpha_2) + A_1 p_1\cos\alpha_1 - A_2 p_2\cos\alpha_2 \quad (4\cdot13)$$

이고, y 방향 분력은

$$F_y = \rho Q(v_1\sin\alpha_1 - v_2\sin\alpha_2) + A_1 P_1\sin\alpha_1 - A_2 P_2\sin\alpha_2 \quad (4\cdot14)$$

이다. 따라서, 합력 F 와 F 가 작용하는 방향은 각각 다음과 같다.

$$F = \sqrt{F_x^2 + F_y^2} \quad (4\cdot15)$$

$$\theta = \tan^{-1}(F_y/F_x) \quad (4\cdot16)$$

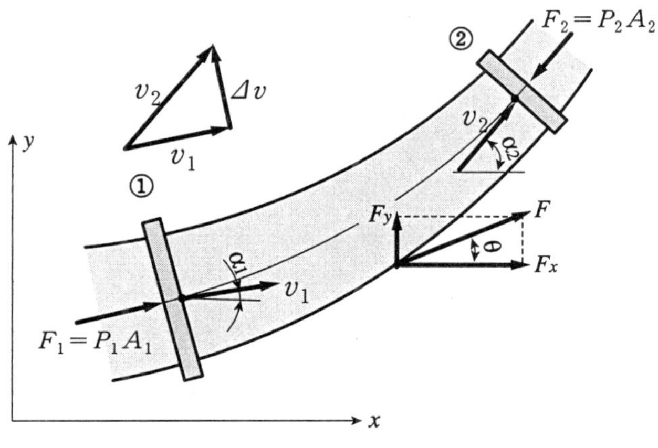

그림 4.3 곡관에 미치는 힘

예제4.2

그림 4.4와 같이 유입면의 지름이 300mm, 유출면의 지름이 150mm이고 수평면과 45°로 굽은 곡관의 유입면이 유동방향과 수직으로 설치되어, 그 속에 물이 $6m^3/min$의 유량으로 흐르고 있다. 유입구의 압력이 147.1kPa일 때 물이 곡관에 작용하는 힘의 크기와 방향을 구하라. 단, 곡관 내의 마찰 등에 의한 손실은 무시한다.

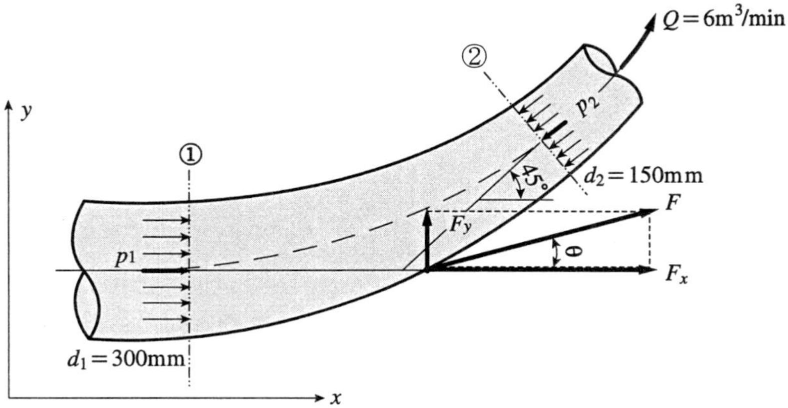

그림 4.4

풀이

유입면 및 유출면에서의 평균유속은 연속 방정식으로부터 각각

$$v_1 = \frac{4Q}{\pi {d_1}^2} = \frac{4\times6}{60\times\pi\times0.3^2} = 1.415(m/s)$$

$$v_2 = \frac{4Q}{\pi {d_2}^2} = \frac{4\times6}{60\times\pi\times0.15^2} = 5.659(m/s)$$

이다. 단면 ①, ②사이에 베르누이 정리를 적용하면

$$\frac{p_1}{\gamma} + \frac{{v_1}^2}{2g} + Z_1 = \frac{p_2}{\gamma} + \frac{{v_2}^2}{2g} + Z_2 \text{에서}$$

$$\frac{147.1\times10^3}{10^3} + \frac{1.415^2}{2} + 0 = \frac{p_2}{10^3} + \frac{5.659^2}{2} + 0$$

따라서, $p_2=132.1\times10^3(\text{N/m}^2)=132.1(\text{kPa})$이고, 또한 물이 곡관에 미치는 힘은 식 (4・13)~(4・16)으로부터

$$F_x=\rho Q(v_1\cos\alpha_1-v_2\cos\alpha_2)+A_1p_1\cos\alpha_1-A_2p_2\cos\alpha_2$$

$$=\frac{10^3\times6}{60}(1.415\ \cos0°-5.659\ \cos45°)+\frac{\pi\times0.3^2}{4}\times147.1$$

$$\times10^3\ \cos0°-\frac{\pi\times0.15^2}{4}\times132.1\times10^3\ \cos45°=8489(\text{N})$$

$$F_y=\rho Q(v_1\sin\alpha_1-v_2\sin\alpha_2)+A_1p_1\sin\alpha_1-A_2p_2\sin\alpha_2$$

$$=\frac{10^3\times6}{60}(1.415\ \sin0°-5.659\ \sin45°)+\frac{\pi\times0.3^2}{4}\times147.1$$

$$\times10^3\ \sin0°-\frac{\pi\times0.15^2}{4}\times132.1\times10^3\ \sin45°=-2051(\text{N})$$

$$F=\sqrt{8489^2+(-2051)^2}=8733(\text{N})$$

$$\theta=\tan^{-1}(-2051/8489)=-13.58°$$

4.3.3 분류가 평판에 가하는 힘

오리피스(orifice)나 노즐(nozzle)에서 분출된 분류(jet)가 고체표면에 충돌할 경우, 운동량 변화는 크지만 점성이나 표면장력의 영향은 작기 때문에 분류가 고체표면에 가하는 힘은, 노즐출구와 평판 사이에 검사면을 정하고 운동량 방정식을 적용함으로써 구할 수 있다.

[1] 고정평판에 충돌하는 분류

그림 4.5와 같이 밀도 ρ, 유량 Q, 분출속도 v 의 분류가 비교적 큰 고정 평판에 각도 α 로 충돌한다고 하자. 비점성 유체로 마찰에 의한 에너지 손실이 없다고 하면, 유체가 고정평판에 충돌한 후 평판의 위, 아래로 흐르는 유체의 속도는 변하지 않으므로 $v=v_1=v_2$ 이다. 이 때, 분류가 평판에 대해 수직방향으로 가하는 힘 F 는 평판과 직각방향의 유체의 흐름에 대하여 운동량 방정식을 적용함으로써 구해

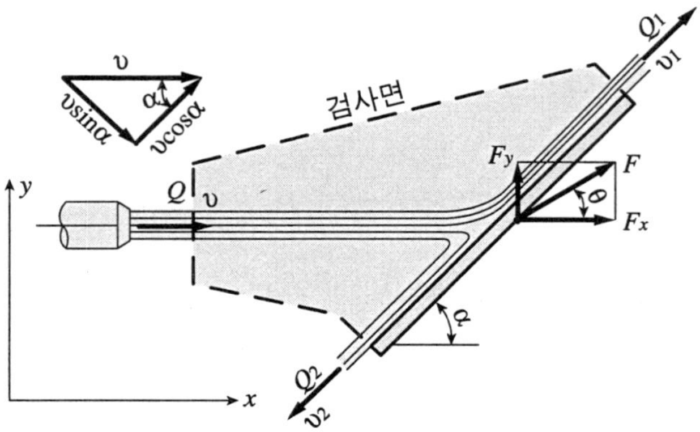

그림 4.5 비교적 큰 고정평판의 경우

진다. 즉, 유체가 평판에 가하는 힘 F 는 유체가 평판에 충돌한 후의 운동량과 노즐에서 분출된 때의 운동량과의 차이므로,

$$-F = 0 - \rho Q v \sin\alpha$$
$$\therefore F = \rho Q v \sin\alpha \qquad (4 \cdot 17)$$

로 표시된다. 따라서, 분류방향으로 가해지는 힘 F_x 및 분류에 수직방향으로 가해지는 힘 F_y 는 각각

$$F_x = F \sin\alpha = \rho Q v \sin^2\alpha \qquad (4 \cdot 18)$$
$$F_y = F \cos\alpha = \rho Q v \sin\alpha \cos\alpha \qquad (4 \cdot 19)$$

로 표시된다.

또한, 이와 같이 평판에 경사지게 분류가 충돌할 경우, 충돌 후 양방향의 유출량은 같지 않게 된다. 양방향의 유량을 각각 Q_1, Q_2 라고 하고 평판에 평행한 방향에서의 유체의 흐름에 대한 운동량을 생각하면, 이 방향으로는 어떠한 외력도 작용하지 않기 때문에 외력의 합은 0이다. 따라서, 평판에 평행한 흐름에 대하여 운동량 방정식을 적용하면 $Fdt = dm$ 에서 $F = 0$ 이므로

$$dm = 0$$
$$\rho Q_1 v_1 - \rho Q_2 v_2 = \rho Q v \ \cos\alpha$$

$v_1 = v_2 = v$ 이므로

$$Q \ \cos\alpha = Q_1 - Q_2$$

이다. 또한 연속 방정식으로부터

$$Q = Q_1 + Q_2$$

이므로, 두 식으로부터 유량 Q_1, Q_2 는 각각

$$Q_1 = \frac{1 + \cos\alpha}{2} Q, \qquad Q_2 = \frac{1 - \cos\alpha}{2} Q \tag{4·20}$$

로 표시된다.

특히, 이들 식에서 분류가 고정평판에 수직으로 충돌할 경우는 $\alpha = \frac{\pi}{2}$ 가 되므로

$$F = F_x = \rho Q v \tag{4·21}$$

이다. 또한, 그림 4.6과 같이 비교적 작은 평판 $(D < 6d)$ 에 분류가 충돌한 경우, 분류가 완전히 평판의 면을 따라가는 것은 불가능하고 평판에 충돌한 후에도 노즐출구에서의 분류방향의 속도성분을 가지고 흘러간다. 따라서,

$$F = F_x = \rho Q v (1 - \cos\beta) \tag{4·22}$$

가 된다. 여기서 β 는 유출속도가 x 축과 이루는 각도이다.

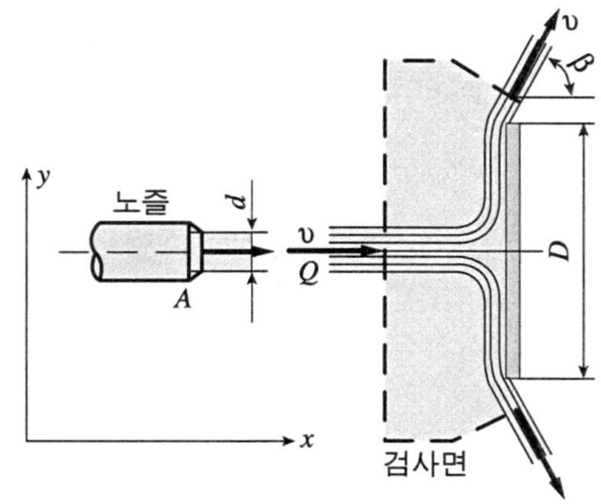

그림 4.6 비교적 작은 고정평판의 경우

[2] 움직이는 평판에 충돌하는 분류

그림 4.7과 같이 밀도 ρ_1 , 단면적 A , 속도 v 의 분류가 u 의 속도로 움직이고 있는 커다란 평판에 대해 각도 α 로 충돌할 때, 평판과 함께 움직이는 검사면을 생각하면 검사면에 대한 유체흐름은 정상류가 된다. 따라서, 분류가 평판에 수직방향으로 가하는 힘 F 는, 움직이고 있는 평판을 포함한 검사면에 대해 상대속도를 기준으로 운동량 방정식을 적용하면

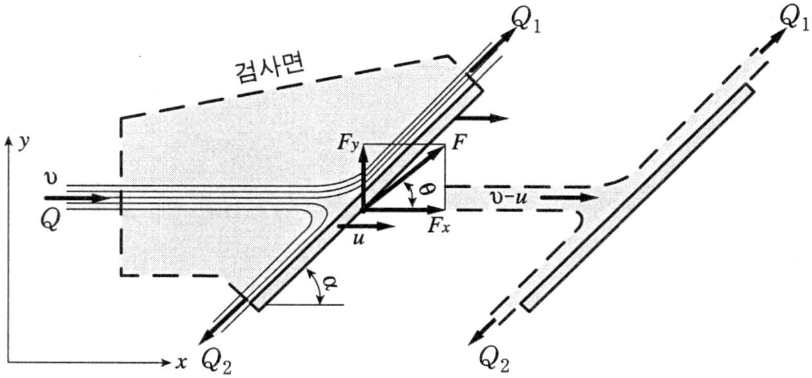

그림 4.7 비교적 크게, 움직이는 평판

$$F = \rho(v-u)Q' \cdot \sin\alpha = \rho(v-u)^2 A \sin\alpha \qquad (4 \cdot 23)$$

$$Q' = (v-u)A$$

로 표현된다.

예제4.3

물이 지름 d=45mm의 노즐로부터 속도 v=55m/s로 분출되어 비교적 큰 고정평판에 수직으로 충돌하고 있다. 분류가 평판에 가하는 힘은 얼마인가? 그리고, 이 평판이 분류방향으로 u=12m/s의 속도로 움직이고 있을 때, 이 평판에 가하는 힘은 얼마인가?

풀이

고정평판의 경우는 식 (4・21)로부터

$$F = \rho Q v = \rho\frac{\pi}{4}d^2 v^2$$

$$= 10^3 \times \frac{\pi}{4} 0.045^2 \times 55^2 = 4.81 \times 10^3 (\mathrm{N})$$

이다. 움직이는 평판의 경우는 식 (4・23)으로부터

$$F = \rho(v-u)^2 A$$

$$= 10^3 \times (55-12)^2 \times \frac{\pi}{4} 0.045^2 = 2.94 \times 10^3 (\mathrm{N})$$

이 된다.

4.3.4 분류가 곡면판에 가하는 힘

〔1〕 고정된 곡면판에 충돌하는 분류

밀도 ρ, 유량 Q, 속도 v 인 분류가 그림 4.8과 같이 고정된 곡면판에 충돌한 뒤 각도 β로 방향을 바꾸어 흘러 나간다고 하자. 유체는 비점성이므로 마찰손실을 무시하면 분류가 곡면판 충돌 전, 충돌 후의 속도는 $v = v_1 = v_2$ 이고, 검사면에 운동량 방정식을 적용하면 x, y 방향으로 유체가 곡면판에 가하는 힘 F_x 및 F_y 는 각각 다음과 같다. 즉,

x 방향의 경우는

$$-F_x = \rho Q v_2 \cos\beta - \rho Q v_1 = \rho Q v(\cos\beta - 1)$$

$$\therefore F_x = \rho Q v(1 - \cos\beta) \qquad (4 \cdot 24)$$

가 되고, y 방향의 경우는

$$-F_y = \rho Q v_2 \sin\beta - 0 = \rho Q v \sin\beta$$

$$\therefore F_y = -\rho Q v \sin\beta \qquad (4 \cdot 25)$$

가 된다.

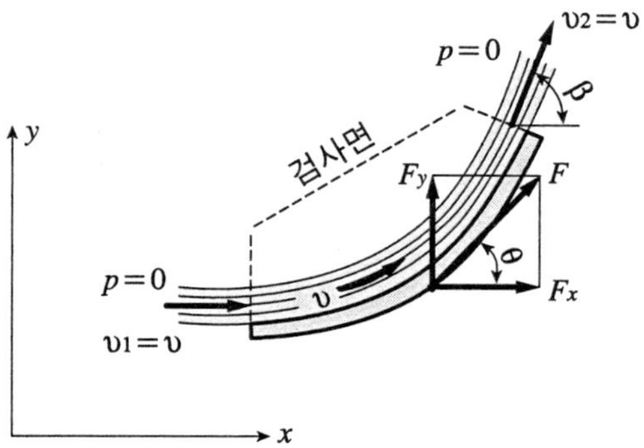

그림 4.8 고정된 곡면판

예제4.4

그림 4.8과 같이 유량 $Q=0.06\text{m}^3/\text{s}$, 속도 60m/s의 분류가 고정된 곡면판을 따라 유입하여 $\beta=60°$의 방향으로 유출되고 있다. 이 때, 분류가 곡면판에 작용하는 힘을 구하라.

풀이

x 방향으로 분류가 곡면판에 가하는 힘 F_x 는 식 (4・24)로부터

$$F_x=\rho Qv(1-\cos\beta)=10^3\times0.06\times60\times(1-\cos60°)$$
$$=1800(\text{N})$$

이고, y 방향으로 분류가 가하는 힘 F_y 는 식 (4・25)로부터

$$F_y=-\rho Qv\sin\beta=-10^3\times0.06\times60\times\sin60°$$
$$=-3117.7(\text{N})$$

이 된다. 따라서, 합력 F 는

$$F=\sqrt{F_x^2+F_y^2}=\sqrt{(1800)^2+(-3117.7)^2}=3600(\text{N})$$

이다.

[2] 움직이는 곡면판에 충돌하는 분류

그림 4.9와 같이 밀도 ρ, 유량 Q, 속도 v 인 분류가 $u(<v)$ 의 속도인 분류방향으로 움직이고 있는 하나의 곡면판을 따라 유입하여 각도 β 의 방향으로 유출한다고 하자. 여기서 검사면을 노즐에 고정할 경우에는, 곡면판이 검사면 내를 움직이기 때문에 검사면 내의 흐름을 비정상류로 볼 수 있지만, 움직이는 곡면판을 포

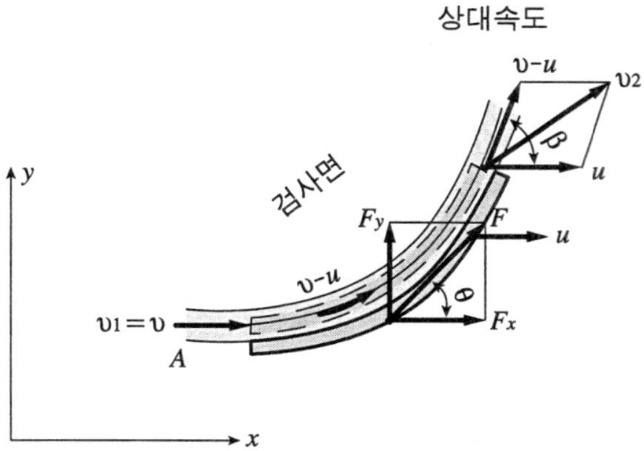

그림 4.9 움직이는 곡면판

함하여 검사면을 정할 경우에는 검사면에 관해서 유체의 흐름은 정상류가 된다.

곡면판을 따라 흐르는 유체의 흐름은 자유표면이므로 압력은 일정하며, 또한 유체의 흐름에 따르는 마찰손실이 없다면 분류와 곡면판과의 상대속도는 $(v-u)$ 로 곡면판의 입구나 출구에서의 속도는 같게 된다. 따라서, 분류가 움직이는 곡면판에 가하는 힘의 x 방향 성분 F_x 는

$$-F_x = \rho Q'(v-u)\cos\beta - \rho Q'(v-u)$$

$$\therefore F_x = \rho Q'(v-u)(1-\cos\beta)$$

$$= \rho A(v-u)^2(1-\cos\beta) \qquad (4\cdot 26)$$

가 되고, 여기서

$$Q' = A(v-u) = (v-u)Q/v$$

이다. 또한, y 방향 성분 F_y 는

$$-F_y = \rho Q'(v-u)\sin\beta - 0$$

$$\therefore F_y = -\rho A(v-u)^2 \sin\beta \qquad (4\cdot 27)$$

로 표시된다. 그리고 분류가 곡면판에 작용하는 동력 P 는

$$P = F_x u = \rho A(v-u)^2(1-\cos\beta)u \qquad (4\cdot 28)$$

이다.

예제4.5

그림 4.9에서 유량 $Q=115\ l/s$, 속도 $v=12.5\text{m/s}$의 분류가 $u=9.2\text{m/s}$의 속도인 분류방향으로 움직이고 있는 곡면판을 따라 유입하여 $\beta=60°$의 방향으로 유출한다. 이 때, 곡면판에 작용하는 힘의 x, y 방향 성분 F_x, F_y 와 분류가 곡면판에 작용하는 동력 P 를 구하라.

풀이

x 방향 성분의 힘 F_x 는 식 (4・26)으로부터

$$\begin{aligned} F_x &= \rho A(v-u)^2(1-\cos\beta) \\ &= 10^3 \times (0.115/12.5) \times (12.5-9.2)^2 \times (1-\cos 60°) \\ &= 50.1(\text{N}) \end{aligned}$$

이고, y 방향 성분의 힘 F_y 는 식 (4・27)에서

$$\begin{aligned} F_y &= -\rho A(v-u)^2 \sin\beta \\ &= 10^3 \times (0.115/12.5) \times (12.5-9.2)^2 \times \sin 60° \\ &= -86.8(\text{N}) \end{aligned}$$

이다. 또한, 동력 P 는 식 (4 · 28)에서

$$P = F_x u = 50.1 \times 9.2 = 461\,(\mathrm{J/s}) = 461\,(\mathrm{W})$$

가 된다.

4.3.5 분류의 반작용

제트 비행기나 로켓은 유체를 노즐에서 분출시켜 분출된 분류의 반작용으로 추력(推力)을 얻고 있으며, 이 때 추력의 크기를 계산하기 위해서는 제트 비행기와 함께 움직이는 검사면에 대해 운동량 방정식을 적용하면 된다.

[1] 물탱크의 추력

그림 4.10과 같이 밀도가 ρ 인 물이 표면적이 충분히 큰 물탱크 내 측면에 설치된 단면적 A_2 인 노즐에서 속도 v_2 로 분출되고 있다. 이 때, 분류가 물탱크에 가하는 추력을 구해 보자. 그림과 같이 검사면을 정하면 운동량의 변화는 노즐출구에서만 발생하게 된다. 이 때 추력 F_t 는 운동량 방정식에 의해

$$F_t = \rho Q(v_2 - 0)$$

이 된다. 여기서 분류는 이상유체(ideal fluid)로 노즐을 통한 마찰손실이 없다고 하면 $Q = A_2 v_2$ 이고, 노즐출구의 분류속도 v_2 는 토리첼리의 원리에 의해

$$v_2 = \sqrt{2gh}$$

이다. 따라서, 윗식은

$$F_t = \rho Q v_2 = \rho A_2\, v_2^{\,2} = 2A_2 \rho g h \qquad (4 \cdot 29)$$

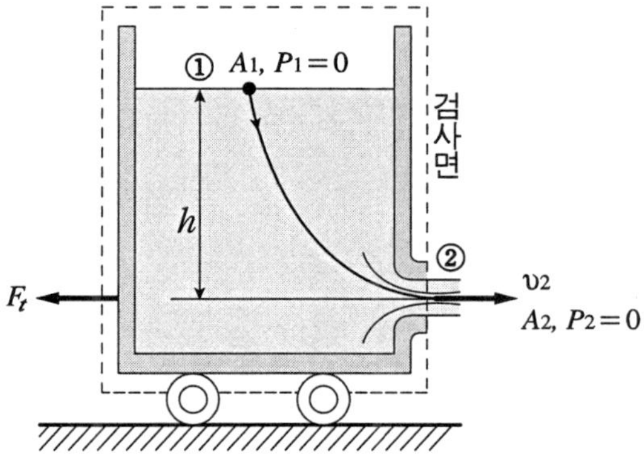

그림 4.10 분류의 추력

가 된다. 즉, 물탱크는 분류에 의하여 노즐 단면적에 작용하는 유체 정압력에 의한 힘 $A_2\rho gh$ 의 2배의 크기의 힘을 분류의 반대방향으로 받게 되는 것이므로, 그림과 같이 물탱크에 바퀴를 달아 준다면 물탱크는 분류방향과 반대방향으로 움직이게 된다.

예제4.6

그림 4.10에서 수면으로부터의 깊이 $h=7\text{m}$의 위치에 노즐을 설치한 물탱크를 그 자리에 정지시키기 위해서는 얼마의 힘이 필요한가? 단, 유량은 $2\text{m}^3/\text{s}$이다.

풀이

노즐출구의 속도 v 는 토리첼리의 원리로부터

$$v=\sqrt{2gh}=\sqrt{2\times 9.8\times 7}=11.7(\text{m/s})$$

이고, 물탱크가 앞으로 전진하려는 힘은 분류의 추력에 의한 것이므로, 물탱크를 정지시키기 위해서는 최소한 추력과 같은 크기의 힘이 가해져야 된다. 따라서, 식 (4·29)에서

$$F_t = \rho Q v = 1000 \times 2 \times 11.7 = 2.34 \times 10^4 (\mathrm{N})$$

가 된다.

[2] 로켓의 추력

로켓은 그림 4.11과 같이 용기 속에서 연료와 산소를 연소시킬 때 발생하는 연소가스를 노즐을 통하여 분출시켜 그 반작용으로 추력 F_t 를 얻는다. 이 추력 F_t 는

$$F_t = m_2 v_2 + (p_2 - p_0) A_2 \tag{4·30}$$

로 나타낼 수 있으며, 속도 u 의 로켓에 대한 상대속도 v_2 를 사용함으로써 로켓속도와 무관한 형태로 된다. 여기서 m_2 는 연소가스의 질량유량, p_2 는 노즐출구의 압력, p_0 는 대기압, A_2 는 노즐출구의 단면적이다.

또한, 로켓이 수직방향으로 상승하는 경우의 운동 방정식은 공기저항을 무시하고 뉴턴의 제2운동 법칙을 적용하면

$$m \frac{du}{dt} = F_t - mg \tag{4·31}$$

로 표시되며, 여기서 추력 F_t 는 압력, 즉 고도에 따라 변화한다. 그리고 질량유량 m 은 로켓의 전체 질량으로 연료 및 산소의 연소속도에 따라 변화하므로 연소속도의 함수가 된다.

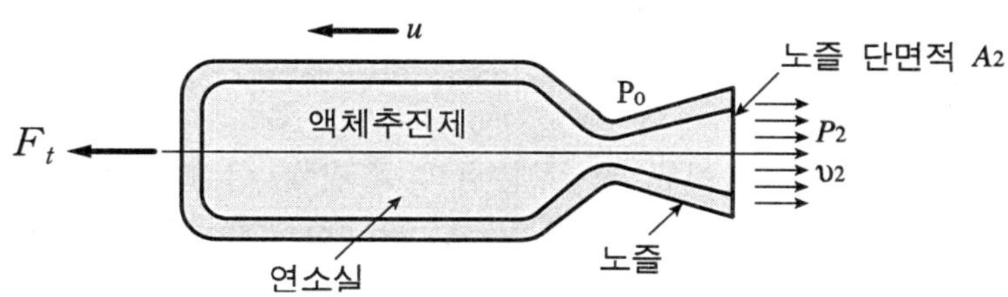

그림 4.11 로켓의 추력

예제4.7

그림 4.12와 같이 최초의 질량 $m_1=400\text{kg}$의 소형로켓이 수직으로 지지되어 있다. 점화 후 연료가 $m_2=5\text{kg/s}$의 비율로 연소하여 대기 중에 분사될 때, 로켓에 대한 상대적인 분사속도가 $v_2=1.5\text{km/s}$이다. 로켓의 최초의 가속도 a 를 구하라. 그리고 공기저항을 무시한다면, 10초 후의 로켓속도는 얼마인가?

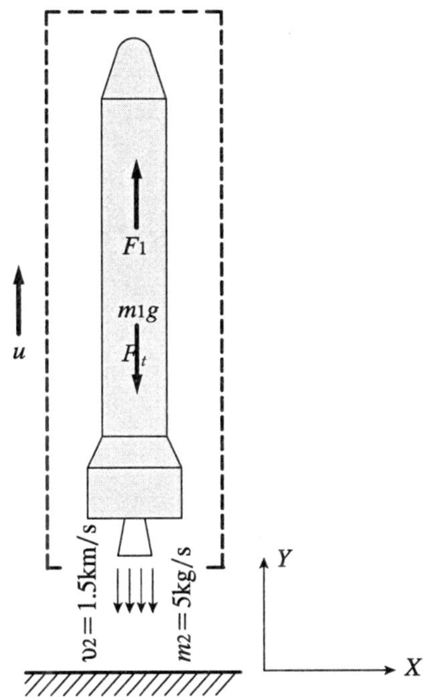

그림 4.12 수직상승하는 로켓의 추력

풀이

움직이고 있는 로켓을 포함한 검사면을 취한다. 좌표계 x, y 에 있어서 y 방향의 운동량 방정식 및 뉴턴의 제2운동 법칙을 적용하면 식 (4·30)으로부터

$$(m_1 - m_2 \cdot t)a = F_t - (m_1 - m_2 \cdot t)g = m_2 v_2 - (m_1 - m_2 \cdot t)g$$

이고, 따라서

$$a = \frac{m_2 \cdot v_2}{m_1 - m_2 \cdot t} - g \qquad (1)$$

이다. (1) 식에서 $t=0$일 때

$$a = \frac{5 \times 1500}{400 - 5 \times 0} - 9.8 = 8.95(\mathrm{m/s^2})$$

정지좌표 X, Y에 대한 속도 u인 로켓의 가속도는 $a = du/dt$이므로, 이것을 (1)식에 대입하여 적분하면

$$\begin{aligned} u &= \int du = \int \left(\frac{m_2 \cdot v_2}{m_1 - m_2 \cdot t} - g \right) dt \\ &= -v_2 \ln(m_1 - m_2 \cdot t) - gt + C \qquad (2) \end{aligned}$$

이다. 여기서, $t=0$ 일 때 $u=0$ 의 경계조건을 대입하면,

$$C = v_2 \ln m_1$$

이 되므로, 이것을 (2) 식에 대입하면

$$u = v_2 \ln \left(\frac{m_1}{m_1 - m_2 \cdot t} \right) - gt \qquad (3)$$

이다. 따라서, 10초 후의 로켓의 속도 u 는 (3) 식에서

$$u = 1500\times \ln\left(\frac{400}{400-5\times 10}\right) - 9.8\times 10 = 102\,(\mathrm{m/s})$$

가 된다.

4.3.6 프로펠러의 이론

프로펠러 또는 풍차를 통과하는 유체의 흐름을 **반류**(拌流; slip stream)라고 부르며, 이 반류와 상하류 단면으로 둘러싸인 검사면에 운동량 방정식, 베르누이의 식을 적용하면 그들의 작동특성을 나타내는 몇 가지 식을 유도할 수 있다.

항공기, 선박 등에 이용되는 프로펠러는 유체에 운동량의 변화를 부여함으로써 추력을 얻는 장치이다. 그림 4.13과 같이 프로펠러의 반류에서의 유체의 흐름은 반류의 입규 1에서 압력 p_1 , 속도 v_1 의 균일한 흐름이다.

연속 방정식, 베르누이의 식으로부터 반류는 프로펠러의 경계에 접근함과 동시에 가속되어 속도는 v 로 증가되고 압력은 p_2 로 감소된다. 또한 프로펠러의 경계 내에서 압력은 급격히 p_3 로 증가하지만 반류의 속도 v 는 거의 변화하지 않는다. 프로펠러의 경계를 지나면 반류경계의 단면적이 축소되면서 가속되고, 반류의 출구 4에서 속도는 v_4 로 되며 압력 p_4 는 p_1 과 같게 된다. 단면 ①, ② 및 단면 ③, ④ 사이에 각각 이상유체에 대한 베르누이의 식을 적용하면

$$p_1 = \frac{\rho}{2}\ v_1^{\,2} = p_2 + \frac{\rho}{2}\ v_2^{\,2}$$

$$p_3 = \frac{\rho}{2}\ v_3^{\,2} = p_4 + \frac{\rho}{2}\ v_4^{\,2}$$

이 된다. 식의 좌변, 우변을 각각 더하고 $p_1 = p_4$ 의 관계를 적용하여 프로펠러의 경계에서의 압력차 $(p_3 - p_2)$ 에 대하여 정리하면,

$$\Delta p = p_3 - p_2 = \frac{1}{2}\rho(\ v_4^{\,2} - \ v_1^{\,2}) \qquad (4\cdot 32)$$

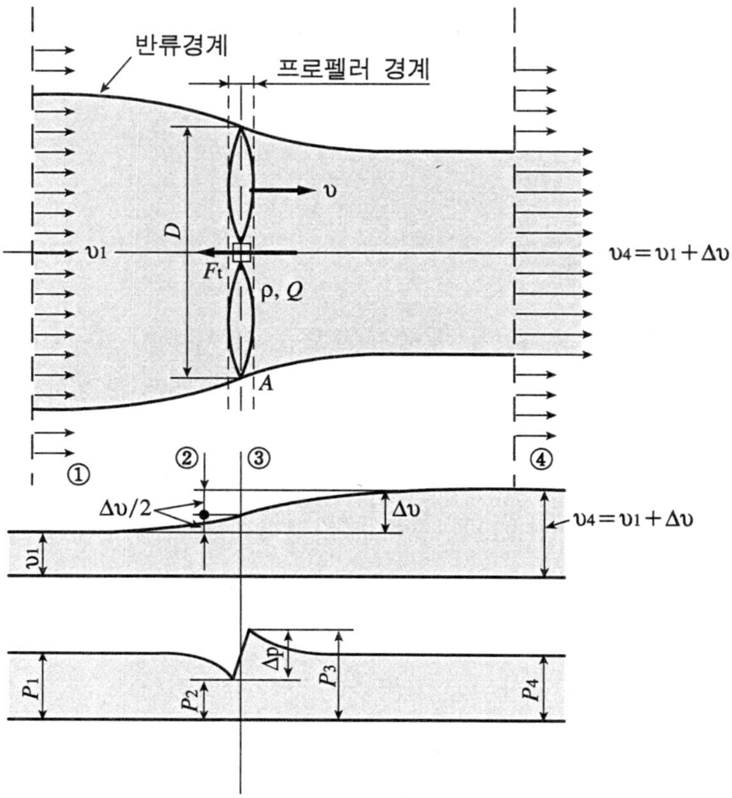

그림 4.13 프로펠러와 반류

이다. 프로펠러의 회전면의 단면적을 A 라고 할 때, 프로펠러의 회전면에 작용하는 추력, 즉 프로펠러가 유체에 가하는 힘 F_t 는

$$F_t = \Delta p \cdot A = \frac{1}{2}\rho(v_4^2 - v_1^2) \qquad (4 \cdot 33)$$

이다. 또한 F_t 는 프로펠러의 반류 및 단면 ①, ②로 둘러싸인 검사면에 운동량 방정식을 적용하면

$$F_t = -F = \rho Q(v_4 - v_1) = \rho A v(v_4 - v_1) \qquad (4 \cdot 34)$$

으로 나타낼 수 있다. Q 는 단위시간에 프로펠러를 통과하는 유체의 유량이다. 따라서, 식 (4・32) 및 식 (4・33)으로부터 프로펠러를 통과하는 유체의 속도 v 는

$$v=\frac{(v_4+v_1)}{2} \qquad (4\cdot 35)$$

이 된다. 그리고 프로펠러가 F_t 에 의해서 속도 v_1 으로 정지유체 속을 전진한다고 생각하면, 프로펠러의 단위 시간당의 유효 에너지, 즉 유효동력 P 는 다음과 같다.

$$P=F_t\cdot v_1=\rho Q(v_4-v_1)v_1 \qquad (4\cdot 36)$$

또한, 유체(流體)를 v_1 에서 v_2 로 증속하기 위해서 프로펠러에 주어진 단위 시간당의 에너지, 즉 단위질량의 유체에 주어진 에너지와 유체의 질량의 곱인 동력 P_0 는, 유체가 단면 ①, ④를 통과할 때의 비속도 에너지가 각각 $\frac{v_1^2}{2}$, $\frac{v_4^2}{2}$ 이고, 비압력 에너지는 $\frac{p_1}{\rho}=\frac{p_4}{\rho}$ 이므로

$$P_0=\frac{1}{2}\rho Q(\ u_4^2-\ u_1^2) \qquad (4\cdot 37)$$

이 된다. 따라서, 프로펠러의 이론효율은

$$\eta=\frac{P}{P_0}=\frac{\rho Q(v_4-v_1)v_1}{\rho Q(\ v_4^2-\ v_1^2)/2}=\frac{2v_1}{v_4+v_1}=\frac{v_1}{v}$$

으로 얻어진다. 이 식은 마찰, 와류발생(渦流發生) 등의 손실을 무시한 이상적인 효율이며, 실제의 프로펠러 효율은 약 85% 정도이다.

4.4 각운동량의 법칙

정상류의 유체흐름에서 질량 m 의 유체입자가 그림 4.14와 같이 곡선 s 를 따라 운동할 때, 임의의 z 축에 대한 운동량의 모멘트, 즉 각운동량(angular momentum)은 회전 반지름 r 와 직각인 원주방향의 속도성분을 v_θ 라고 할 때 $mv_\theta r$ 로 정의된다. 이 각운동량의 시간적 변화는 z 축을 중심으로 하여 유체에 주어지는 회전력 T 로서

$$T = d(mv_\theta r)/dt \qquad (4 \cdot 38)$$

로 표시되고, 이 식을 **각운동량의 법칙**(law of angular momentum) 혹은 **운동량 모멘트의 원리**라고 한다.

그림 4.14에서 v_r 는 반지름 방향 속도성분, v_θ 는 원주방향 속도성분, v_z 는 축방향 속도성분이다. 이 원리를 선호류에 적용해 보자. 그림 4.15와 같이 유체는 원점 O를 중심으로 선회하면서 유출하고 있는 정상류이다. 반지름 r_1, r_2 사이에

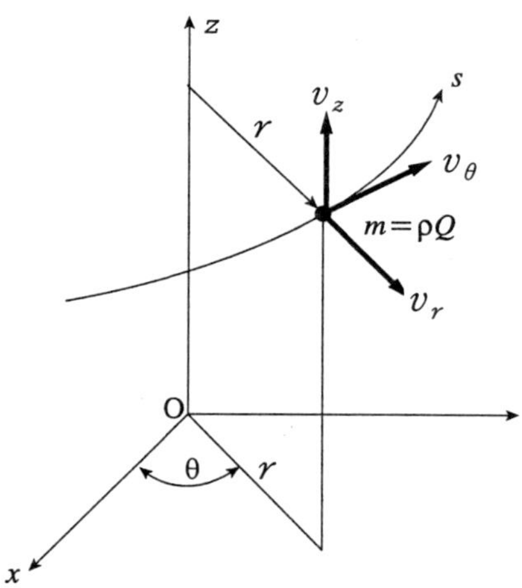

그림 4.14 각운동량

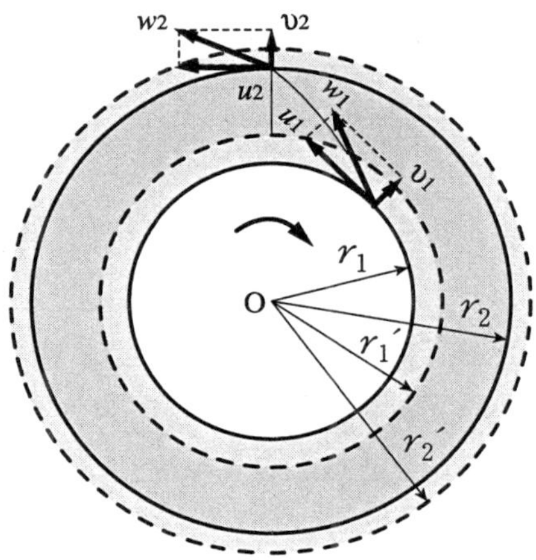

그림 4.15 선회류

있는 유체에 대하여, 점 O를 중심으로 이 사이에 있는 유체에 의해 발생하는 일정한 모멘트를 T 라고 하자. 반지름 r_1, r_2 사이에 있는 유체가 시간 dt 후에 반지름 r_1', r_2'사이로 이동되었다고 할 때, 각각 반지름 방향 속도성분 v_1, v_2 에 의하여 r_1 에서는 반지름 방향으로 v_1dt 만큼 진행하고, r_2 에서는 v_2dt 만큼 진행한 결과가 된다.

따라서, 시간 dt 사이에 변화한 운동량 모멘트는 식 (4・38)에 의해

$$T = \frac{(\rho_2 2\pi r_2 v_2 dt)u_2 r_2 - (\rho_2 2\pi r_1 v_1 dt)u_1 r_1}{dt}$$

이 되고, 여기서 ρ_1, ρ_2 는 각각 반지름 r_1, r_2 에서의 밀도, u_1, u_2 는 반지름 r_1, r_2 에서의 원주방향 속도성분이다. 또한, r_1, r_2 를 통한 유량을 Q_1, Q_2 라고 하면 $Q_1 = 2\pi r_1 v_1$, $Q_2 = 2\pi r_2 v_2$ 이므로, 윗식에 대입하여 정리하면,

$$T = \rho_2 Q_2 u_2 r_2 - \rho_1 Q_1 u_1 r_1 \tag{4・39}$$

이다. 연속 방정식 $\rho Q = \rho_1 Q_1 = \rho_2 Q_2$ 가 성립할 경우

$$T = \rho Q(u_2 r_2 - u_1 r_1) \qquad (4 \cdot 40)$$

으로 표시된다. 이 식은 원심펌프 등 유체기계의 회전차를 통과하는 유체의 토크를 나타내는 기본식이다.

연 습 문 제

4.1 그림 4.16과 같이 관의 끝에 노즐이 설치되어 있을 때. 유체가 노즐의 관벽에 가하는 힘을 구하라. 단, 유체는 비중 0.85의 기름이며, 관 내의 계기압력은 $3kg_f/cm^2$, 마찰손실은 무시한다.

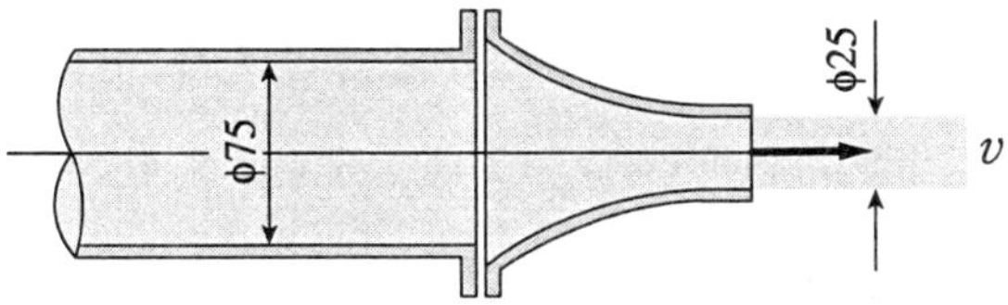

그림 4.16 노즐에서의 유동

답 1038.9N

4.2 유량 50 l/s, 속도 15m/s의 물분류가 고정평판에 60°의 각도로 충돌할 때 분류가 평판에 수직으로 가하는 힘은 얼마인가?

답 649.7N

4.3 그림 4.8에 나타낸 곡면판에 지름 d=40mm의 노즐로부터 속도 v=30m/s의 물분류가 충돌하고 있다. β=50°일 때 곡면판에 가하는 힘을 구하라.

답 F_x=403.7N, F_y=866.3N, F=955.7N

4.4 지름 1.83m의 프로펠러로 동력(動力) 184kW를 내는 비행기가 밀도 0.9124kg/m^3의 대기 중을 67.1m/s의 속도로 비행하고 있다. 프로펠러의 회

전면에서의 공기의 속도 v, 유량 Q, 프로펠러의 추력 F_t, 유효동력 P, 프로펠러 효율 η 를 구하라.

답 $v=74.1\text{m/s}$, $Q=195\text{m}^3\text{/s}$, $F_t=2.49\text{kN}$, $P=167\text{kW}$, $\eta=90.8\%$

4.5 그림 4.5에서 유량 9.8 l/s, 속도 10m/s의 2차원 물분류가 $\alpha=60°$로 고정평판에 충돌한다. 분류가 평판에 가하는 흐름방향의 힘 F_t 는 얼마인가? 또한, 상하로 나누어지는 유량비 (Q_1/Q_2)를 구하라. 단, 유체흐름의 마찰손실은 무시한다.

답 $F_x=73.5\text{N}$, $Q_1/Q_2=3$

4.6 지상에서 연료와 산소를 6.90kg/s의 비율로 연소시켜 로켓에 대한 상대적 분출속도가 982m/s인 로켓이 있다. 어느 순간, 이 로켓의 엔진에 의해 1.84MW의 동력이 얻어졌다고 하면 그 때의 로켓속도는 얼마인가?

답 $u=271\text{m/s}$

4.7 그림 4.9에서 지름 38mm, 속도 10.7m/s의 글리세린(glycerin)의 분류가 3.05m/s의 속도로 분류방향으로 움직이고 있는 곡면판을 따라 유입하여 $\beta=80°$의 방향으로 유출한다. 분류가 곡면판에 가하는 힘을 구하라. 단, 글리세린의 밀도는 1264kg/m^{3}이고 곡면판에서의 마찰손실은 없다.

답 $F_x=69.3\text{N}$, $F_y=-82.6\text{N}$, $F=108\text{N}$

4.8 그림 4.17과 같은 차량에 단면적 6cm^2의 노즐을 가진 물탱크와 $\beta=60°$의 방향으로 곡면판이 설치되어 있다. 물탱크 속에는 물이 채워져 있고 수위는 일정하게 유지된다. 분류의 속도가 10m/s일 때 이 차량을 정지시키기 위해 ab에 걸리는 장력은 얼마인가?

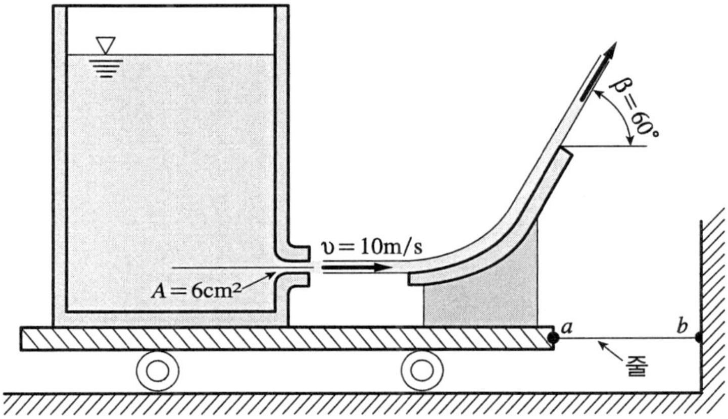

그림 4.17 탱크차의 한 예

답 $F=30\text{N}$

5

유체의 흐름

유체가 흐르는 관로계에서 마찰에 의한 에너지 손실이 얼마나 될 것인지를 알기 위해서는 먼저 유체흐름의 형태를 알아야 한다. 왜냐하면, 에너지 손실은 유체흐름이 층류이냐 난류이냐에 따라 그 계산이 달라지기 때문이다. 일반적으로 **층류**라 함은 유체흐름이 속도가 느리고 그 흐름이 질서정연한데 반해, **난류**는 급격히 흐르고 무질서한 흐름이다. 유체흐름은 유속, 관로의 크기, 유체의 밀도 및 점성으로 나타내지는 중요한 변수인 무차원의 레이놀즈수(Reynolds number)의 크기에 따라 정해진다.

본 장에서는 층류와 난류흐름의 형태, 레이놀즈수의 정의, 층류인지 난류인지를 알 수 있는 레이놀즈수의 한계값, 원형관내 유체흐름의 레이놀즈수의 계산, 비원형관로를 원형관로와 동일하게 취급하는 데 사용되는 수력 반지름, 층류 및 난류에 대한 속도분포, 그리고 난류에서 생기는 층류 경계층 등을 배우게 된다.

5.1 레이놀즈의 실험

흐르고 있는 유체를 해석하는 데는 유체흐름이 어떠한 상태인가를 아는 것이 중요하다. 실제 유체의 흐름을 보면 두 가지의 서로 다른 흐름상태를 나타낸다. 다시 말해서 어떤 조건에서 유체는 규칙적으로 층을 이루며 흐르는데, 이는 유량조절 밸브를 열면서 유체흐름을 조절함으로서 볼 수 있다. 이런 종류의 유체흐름을 **층류**(laminar flow)라고 한다. 반면에, 어떤 조건에서는 유체입자가 서로 격렬하게 뒤섞이면서 무질서한 흐름을 보이게 되는데 이런 흐름을 **난류**(turbulent flow)라고 한다.

레이놀즈는 그림 5.1과 같이 가늘고 곧은 투명 유리관(안지름이 약 12mm)을 투명유리로 만든 물탱크 속에 설치하고, 그 유리관 속으로 유색액을 담은 용기로부터 가는 관을 통해 유색액이 흐르도록 장치하여 층류와 난류를 구분하는 실험을 하였다. 유리관의 끝에는 밸브를 부착하여 유량을 조절할 수 있도록 하였고, 유색액 용기의 출구측에도 밸브를 달아 유색액량을 조절하면서 흐름을 관찰하였다.

유리관의 끝에 달린 밸브가 완전히 잠긴 상태에서 조금씩 열면, 물이 흐르면서 유색액도 같은 속도로 흐르게 되는데, 마치 일직선을 그리는 것같이 보인다. 밸브를 좀더 열되 유색액의 모양이 일직선〔그림 5.1의 (a)참조〕을 유지할 때까지 연다. 이 상태에서 밸브를 좀더 열면 유량이 증가하면서 유속이 증가하여 일직선의 유색액이 흔들리기 시작한다〔그림 5.1의 (b) 참조〕. 더욱, 밸브를 열면 더 이상 일직선의 유색액을 볼 수 없게 되고 유체입자들이 서로 뒤섞여 분산된다〔그림 5.1의 (c)참조〕. 레이놀즈는 이 실험을 통하여 그림 5.1의 (a)와 같은 유체흐름을 **층류**, (b)의 흐름을 **천이**, (c)의 유체흐름을 **난류**라고 하였고 이를 **레이놀즈 실험**이라 한다.

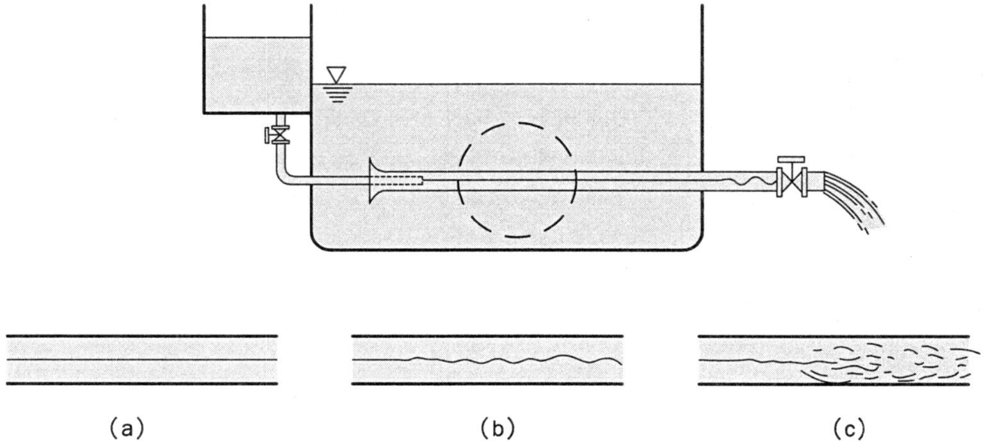

그림 5.1 레이놀즈 실험

이와 같은 유체흐름은 유체의 종류, 유속 그리고 관의 안지름에 따라 달라지는 것을 알았고, 또한 밸브를 연 상태에서 다시 잠그면 흐름은 원상태로 되돌아가는 것도 볼 수 있었다.

5.2 레이놀즈수

유체흐름의 특성, 특히 에너지 손실의 경우 다음 장에서 언급되겠지만, 유체흐름이 층류이냐 난류이냐에 따라 뚜렷하게 달라진다. 그러므로, 실제의 경우 불투명한 관 내의 유체흐름을 직접 관찰하는 것을 불가능하지만, 실제로 흐름을 보지 않고서도 흐름의 종류를 판별할 수 있는 방법을 알아야 한다. 원형관 내의 유체흐름의 특성은 네 가지의 변수, 즉 유체밀도 ρ, 유체의 점성 μ, 관의 안지름 D, 그리고 유체의 평균속도 v 에 따라 달라진다는 것을 실험적으로 볼 수 있고 해석적으로 증명되었다. 레이놀즈(Osborne Reynolds)는 최초로 레이놀즈수라고 하는 무차원수의 크기를 알면 그 유체흐름이 층류인지 난류인지를 판별할 수 있는 방법을 제창하였다.

식 (5 · 1)은 레이놀즈수(Reynolds number)의 기본정의를 나타내고 있다.

$$Re = \frac{\rho v D}{\mu} = \frac{vD}{\nu} \tag{5 · 1}$$

레이놀즈수는 유체역학과 열전달에 관한 문제를 다룰 때 유용한 여러 무차원수 중의 하나로, 차원해석(dimensional analysis)이라는 방법이 무차원수를 정하는 데 사용된다. **레이놀즈수**는 점성력에 대한 유체의 요소에 작용하는 관성력의 비이다. **관성력**은 뉴턴의 제2운동 법칙 $F = ma$ 로부터 구해지고, **점성력**은 전단응력과 면적의 곱과 관계가 있다.

레이놀즈수가 큰 유체흐름은 전형적으로 높은 속도 또는 낮은 점성으로 난류가 되기 쉽다. 반면에 점성이 크거나 낮은 속도로 움직이는 그러한 유체는 레이놀즈수가 작고 층류가 되기 쉽다. 그러면, 주어진 유체흐름이 층류인지 난류인지를 판별하기 위한 수치적 자료를 언급하기로 한다.

관(管) 내의 유체흐름에서 레이놀즈수가 2000보다 작으면 층류이고, 또한 4000보다 크면 흐름은 난류인 것으로 알려져 있다. 레이놀즈수 2000과 4000 사이의 범위에서는 어떤 유체흐름인지를 판별하기가 불가능하다. 그러므로 이 범위를 임계영역(critical region)이라고 한다. 일반적으로 대부분의 유체흐름은 층류영역 내에 있거나 난류영역 내에 있으므로 불확실한 이 임계영역은 큰 문제가 되지 않는다.

외부의 영향을 조심스럽게 최소화함으로써 50,000이나 되는 큰 레이놀즈수의 경우에도 층류(層流)로 유지하는 것이 가능하다. 그러나 레이놀즈수가 4000보다 크면, 유선에 가하는 조그만 영향이라도 유체흐름을 갑자기 층류에서 난류로 바꾸게 한다. 이런 이유로 식 (5 · 2)의 관계가 성립된다.

$Re < 2000$이면 유체흐름은 층류 (5 · 2)

$Re > 4000$이면 유체흐름은 난류

그리고 원관내 유체흐름이 아닌 평판상의 유체흐름의 경우 레이놀즈수를 $Re = \frac{\rho v L}{\mu}$ 로 정의하는데 이를 국부 레이놀즈수(local Reynolds number)라 하고, 이 때 L 은 평판의 입구에서 어떤 점까지의 거리이다. 또한, 유체흐름의 층류에서 난류로 또는 난류에서 층류로 바뀌기 시작하는 상태에서의 유속을 **임계속도**(critical velocity)라고 하는데, 전자의 경우를 **상임계 속도**(upper critical velocity), 후자의 경우를 **하임계 속도**(lower critical velocity)라고 한다. 하임계 속도에서의 레이놀즈수를 **하임계 레이놀즈수**(lower critical Reynolds number)라 하고, 일반적으로 임계 레이놀즈수 R_{ec}라고 하는 것은 이것을 뜻한다.

임계 레이놀즈수는 원관내(圓官內) 유체흐름의 경우 임계 레이놀즈수가 $R_{ec}=2000$, 평행평판 사이의 유체흐름의 경우 $R_{ec}=1000$, 자유표면을 갖는 개수로 흐름의 경우 $R_{ec}=500$, 구 둘레의 유체흐름의 경우 $R_{ec}=1$이다. 유체흐름은 유로(流路)가 점차 축소되는 경우 흐름이 안정되는 경향이 있으나, 반대로 점차 확대되는 경우에는 흐름이 불안정하게 되어 와류(渦流)를 일으키기 쉽다. 따라서, 임계 레이놀즈수는 경계의 모양에 따라 변하므로 단면적이 고르지 못한 유로에서는 그 때마다 실험으로 임계 레이놀즈수를 구할 수밖에 없다.

예제5.1

25℃ 글리세린이 안지름이 150mm인 원형관에서 3.5m/s의 평균속도로 흐르는 경우 유체흐름은 층류인지, 난류인지를 판별하라. 단, 글리세린의 밀도 및 점성은 각각 $\rho=1258\text{kg/m}^3$, $\mu=9.60\times10^{-1}\text{Pa}\cdot\text{s}$이다.

풀이

식 (5 · 1)로부터

$$Re = \frac{\rho v D}{\mu} = \frac{1258 \times 3.5 \times 0.15}{9.60 \times 10^{-1}} = 687 < 2000$$

이므로, 흐름은 층류이다.

예제5.2

10℃의 물을 안지름 20mm인 원관을 통해 흐르게 하는 경우, 유체흐름이 층류가 되기 위해서는 속도를 얼마로 하여야 하는가? 단, 10℃ 물의 동점성 계수는 $\nu = 1.307 \times 10^{-6} m^2/s$이다.

풀이

식 (5・1) 및 조건 (5・2)로부터 유체흐름이 층류가 되기 위해서는

$$Re = \frac{vD}{\nu} < 2000$$

$$v < \frac{2000 \times \nu}{D} = \frac{2000 \times 1.307 \times 10^{-6}}{0.02} = 0.1307 (m/s)$$

이어야 한다.

그러므로 유속을 13.07cm/s 이하로 하여야 유체흐름은 층류가 된다.

5.3 속도분포

지금까지 언급된 속도는 연속 방정식 $Q = Av$ 로부터 구해진 평균속도를 뜻한다. 그러나 어떤 경우에는 유선 내의 어떤 점에서의 속도를 정해야 할 경우가 있다. 속도의 크기는 관내 어떤 단면에서 결코 균일하지 않고, 그림 5.2에서 보는 바와 같이 속도는 흐름의 형태, 단면상의 위치에 따라 달라진다. 정지상태의 고체경계와 접하는 유체의 속도가 0이지만, 유체흐름이 어떤 경우이든 최대속도는 관의 중심

에서 생긴다. **난류**의 경우 유체 입자가 불규칙적으로 운동하여 심하게 뒤섞이기 때문에 입자 사이에 운동량 전달이 있어 층류의 경우보다 더욱 균일한 속도분포를 일으킨다. 반면에 **층류**는 본질적으로 유체의 층들로 이루어지기 때문에 입자들 사이의 운동량 전달은 더 작고 속도분포는 포물선 모양이 된다.

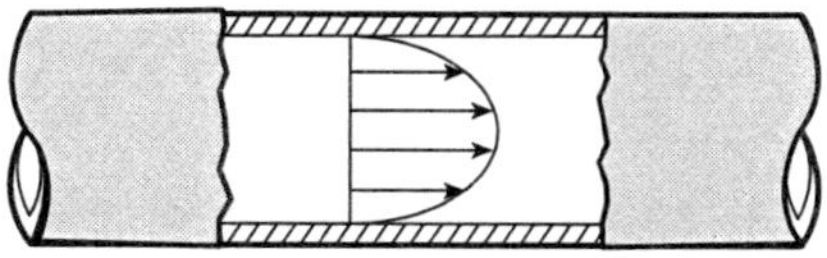

(a) 층 류

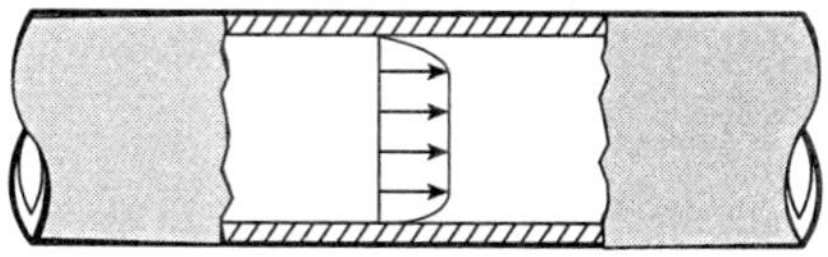

(b) 난 류

그림 5.2 관내 유체흐름의 속도분포

그림 5.2(b)와 같이 유체흐름이 대체로 난류이더라도 속도가 대단히 작은 관벽 가까이에는 얇은 유체층이 있고, 거기서의 흐름은 실제적으로 층류이다. 이것을 **경계층**(boundary layer)이라고 한다. 경계층의 실제 두께와 경계층 내의 속도분포는 유체의 열전달을 해석하거나 유체 속에 잠긴 물체에 작용하는 항력을 구하는 데 대단히 중요하다.

층류에서는 속도분포가 규칙적이기 때문에 유로 내의 어떤 점에서의 국부속도에 대한 방정식을 정의할 수 있다. 만약, 반지름 r 에서의 국부속도를 u 라고 하면 최대 반지름 r_0 와 평균속도 v 는

$$u = 2v\left\{1 - \left(\frac{r}{r_0}\right)^2\right\} \tag{5·3}$$

의 관계가 있다.

예제 5.3

예제 5.1의 자료를 이용하여 관벽에서 관의 중심까지 15mm씩 증가할 때 속도 분포상의 점을 계산하라. 또, 반지름 r 에 대한 속도 u 의 자료를 그래프로 그려라.

그리고 그래프상에 평균속도를 나타내어라.

풀이

예제 5.1로부터 레이놀즈수가 687이므로 층류이다. 평균속도는 3.5m/s로 주어졌고, 그 때 최대 반지름은

$$r_0 = \frac{D}{2} = \frac{150}{2} = 75(\text{mm})$$

이다. 반지름 r=75mm인 관벽에서는 r/r_0=1이고 식 (5·3)으로부터 속도는 u=0이다. 이것은 고체경계에 있는 유체의 속도가 그 경계의 속도와 같다는 결과와 일치한다.

반지름 r=60mm에서

$$u = 2\times 3.5\left\{1 - \left(\frac{60}{75}\right)^2\right\} = 2.52(\text{m/s})$$

이므로, 같은 방법으로 계속하면 [표 5.1]을 구할 수 있다.

[표 5.1] 속도 분포

r(mm)	r/r_0	u(m/s)
75	1	0(관벽에서)
60	0.8	2.52
45	0.6	4.48
30	0.4	5.88
15	0.2	6.72
0	0.0	7.00(관 중심에서)

이상으로부터 관 중심에서의 최대속도는 평균속도의 2배임을 알 수 있고, 반지름 r 에 대한 속도 u 를 그래프로 나타내면 그림 5.3과 같다. 아울러, 평균속도 3.5m/s가 일어나는 곳은 식 (5·3)으로부터

$$3.5 = 2\times 3.5\left\{1-\left(\frac{r}{r_0}\right)^2\right\}$$

$$r = 0.707r_0 = 0.7071\times 75 = 53.03(\text{mm})$$

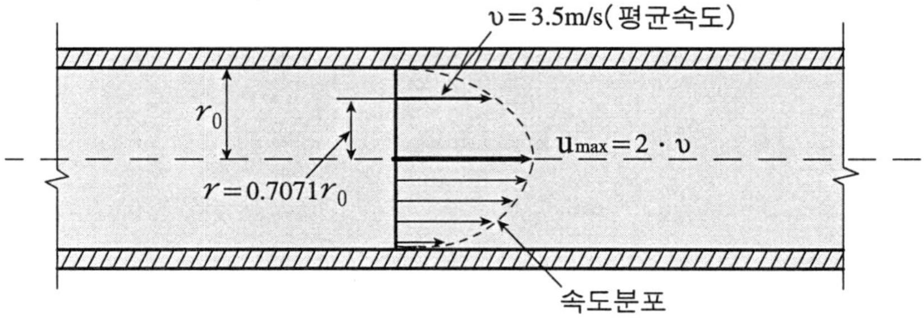

그림 5.3

이다.

난류흐름에서의 어떤 점에 대한 국부속도를 계산할 때는 마찰계수 f를 알아야 하는데, 이에 관해서는 다음 장에서 더 논하기로 한다.

5.3.1 평행평판 사이의 층류

그림 5.4와 같이 평행한 두 평판 사이에 점성유체가 정상류, 층류로 흐른다고 하자. 이러한 유체흐름의 속도분포는 유체의 미소부분에 힘의 평형 방정식을 적용함으로써 유도할 수 있다.

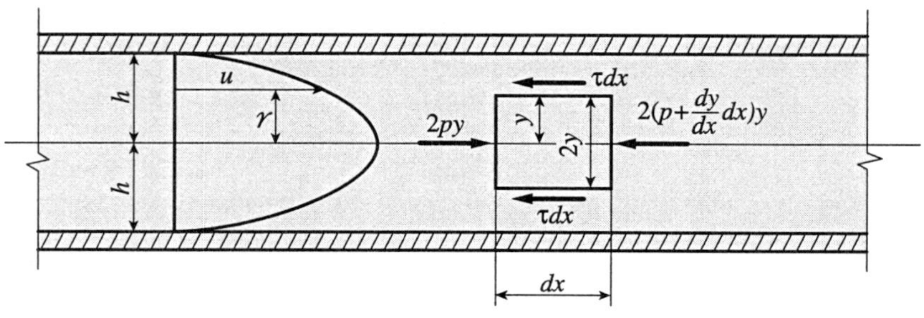

그림 5.4 평행평판 사이의 층류

평행평판 사이의 간격을 $2h$, 유체의 미소부분을 평판 사이의 중심에 잡아 중심으로부터 두께 y, 흐름방향의 길이 dx, 점성효과에 의한 전단응력을 τ 라고 하고, 유체의 미소부분에 대해 힘의 평형식을 세워 정리하면

$$2py-2\left(p+\frac{dp}{dx}dx\right)y-2\tau dx=0$$

$$\tau=-\frac{dp}{dx}y \qquad (5\cdot 4)$$

가 된다. 또한, 뉴턴의 점성법칙으로부터

$$\tau=-\mu\frac{du}{dy}$$

이므로, 두 식을 이용하여 τ 를 소거시키면

$$\frac{du}{dy}=\frac{1}{\mu}\frac{dp}{dx}y$$

이다. 윗식 중의 dp/dx 는 흐름방향의 속도 기울기이며, y 와 무관하고 따라서 상수로 놓고 적분하면

$$\int du=\frac{1}{\mu}\frac{dp}{dx}\int ydy+C$$

$$u=\frac{1}{2\mu}\frac{dp}{dx}y^2+C$$

이다. 여기서 $y=\pm h$ 일 때 $u=0$ 의 경계조건을 대입하면

$$c=\frac{1}{2\mu}\frac{dp}{dx}h^2$$

이다. 이것을 윗식에 대입시키면

$$u=\frac{1}{2\mu}\frac{dp}{dx}(h^2-y^2) \qquad (5 \cdot 5)$$

으로 표시된다. 그러므로, 두 평행평판 사이의 속도분포는 포물선을 이루고, 흐름방향의 압력 기울기는 $dp/dx<0$이다. 최대속도 $U=u_{\max}$ 는 $y=0$ 인 위치에서 존재하므로

$$U=-\frac{dp}{dx}\frac{h^2}{2\mu} \qquad (5 \cdot 6)$$

이 된다. 그리고, 유량 Q 는 흐름과 수직방향의 두께 dy , 단위 길이의 폭을 가지는 미소단면 $dA(=1\times dy)$ 를 통과하는 유량이 $dQ=udy$ 이므로, 전단면적에 걸쳐 적분하면

$$\begin{aligned} Q&=\int_{-h}^{+h}udy=-\frac{dp}{dx}\frac{1}{2\mu}\int_{-h}^{+h}(h^2-y^2)dy \\ &=-\frac{dp}{dx}\frac{2h^3}{3\mu} \qquad (5 \cdot 7) \end{aligned}$$

이다. 또한, 평균속도를 v 라고 하면, $Q=Av$ 이므로

$$v=\frac{Q}{A}=-\frac{dp}{dx}\frac{h^2}{3\mu}$$

이 되며, 따라서

$$v=\frac{2}{3}U$$

로 표시된다. 이 식에 의하면 평균속도 v 는 최대속도 U 의 2/3에 해당한다. 또

한, 평판의 길이 l 에 대한 압력강하가 Δp 일 때

$$-\frac{dp}{dx}=\frac{\Delta p}{l}$$

라고 놓을 수 있으므로, 이것을 식 (5・7)에 대입하면 다음과 같다.

$$\Delta p=\frac{3}{2}\frac{\mu Ql}{h^3} \tag{5・8}$$

예제5.4

그림 5.4와 같이 두 평판이 간격 0.1mm를 두고 수평으로 놓여 있다. 평판의 폭은 50mm, 길이는 100mm이다. 이 평판 사이를 동점성 계수 ν=0.01cm²/s의 유체가 흐르고 있을 때, 길이 100mm 사이의 압력강하가 1.0at.이면 유량 Q 와 유체의 평균속도 v 는 얼마인가?

풀이

$$\mu=\rho\nu=\frac{\gamma}{g}\nu=\frac{1000}{9.8}\times0.01\times10^{-4}=1.02\times10^{-8}\,(\mathrm{kg_f}\cdot\mathrm{s/cm^2})$$

식 (5・8)로부터

$$Q=\frac{2\times1\times(0.005)^3}{3\times1.02\times10^{-8}\times10}=4.08(\mathrm{cm^3/s})$$

단면적 $A=5\times0.01=0.05(\mathrm{cm^2})$이므로, 평균속도는

$$v=\frac{Q}{A}=\frac{4.02}{0.05}=81.6(\mathrm{cm/s})$$

5.3.2 원관 속의 층류

그림 5.5와 같이 수평원관 속에 비압축성 점성유체가 층류를 이루며 정상류로 흐르고 있다고 하자. 지름 d 인 원관축을 중심으로 하여 같은 반지름 r 의 상하의 속도 u 는 같으며, 관의 축을 중심으로 대칭을 이룬다. 이 때 속도 u 의 분포는 다음과 같이 유도할 수 있다.

미소 길이 dx 인 유체의 미소부분에서의 힘의 평형조건으로부터

$$\tau = -\frac{dp}{dx}\frac{r}{2} \tag{5・9}$$

가 된다. 그림의 중앙부분은 전단응력 τ 의 분포를 나타낸 것으로 축대칭의 분포를 갖는다. 전단응력 τ 는 반지름 $r=0$ 인 원관축에서 0이고, r 이 증가됨에 따라 직선상으로 증가되어 반지름 $r=R$ 인 관벽에서 최대값 τ_0 가 된다. 수평원관 내의 유체흐름에서는 위치 에너지와 운동 에너지는 일정하고 압력 에너지는 흐름방향으로 감소하므로 dp/dx 의 값은 음(-)이 된다.

뉴턴의 점성법칙으로부터 그림 5.5의 원관에서는 반지름 r 가 증가할 때 속도 u 가 감소하므로

$$\tau = \mu\frac{du}{dy} = -\mu\frac{du}{dr}$$

가 되고, 이것을 식 (5・9)에 대입하여 정리하면,

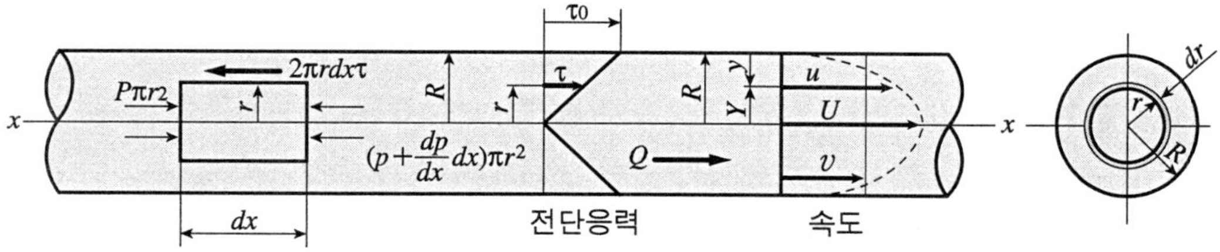

그림 5.5 원관 속의 층류

$$\frac{du}{dr}=\frac{1}{2\mu}\frac{dp}{dx}r$$

가 된다. 여기서 dp/dx 는 흐름방향에 대한 압력 기울기로서 반지름 r 의 함수가 아니므로, 윗식을 반지름 r 에 관해서 적분하면,

$$u=\frac{1}{4\mu}\frac{dp}{dx}r^2+C$$

이다.

여기서 C 는 적분상수로 반지름 $r=R$ 에서 속도 $u=0$ 의 경계조건을 이용하면

$$C=-\frac{1}{4\mu}\frac{dp}{dx}R^2$$

이다. 따라서, 원관 내의 층류의 속도분포는

$$u=-\frac{1}{4\mu}\frac{dp}{dx}(R^2-r^2) \qquad (5 \cdot 10)$$

으로 표시된다. 그림의 우측은 속도 u 의 분포를 나타낸 것으로, u 는 반지름 $r=0$, $r=R$ 사이에서 포물선의 분포를 가진다. 원관 속의 평균유속 v는 그림 5.5의 우측에 표시한 미소 환상면적을 통과하는 미소유량을 전단면적에 대해 적분해서 단면 내의 전체 유량 Q 를 구하고, 다시 유량 Q 를 관의 단면적으로 나누면 구할 수 있다. 즉

$$v=\frac{Q}{\pi R^2}=\frac{1}{\pi R^2}\int_0^R(2\pi r dr)u$$

이다. 그리고 식 (5 · 10)을 윗식에 대입하여 정리하면

$$v = -\frac{1}{4\mu}\frac{dp}{dx}\frac{1}{\pi R^2}\int_0^R 2\pi r(R^2 - r^2)dr$$
$$= -\frac{1}{8\mu}\frac{dp}{dx}R^2 \qquad (5 \cdot 11)$$

따라서, 유량 Q 는

$$Q = Av = -\frac{\pi R^4}{8\mu}\frac{dp}{dx} \qquad (5 \cdot 12)$$

이다. 또한, 관의 길이 l 에 대한 압력강하를 Δp 라고 하면

$$-\frac{dp}{dx} = \frac{\Delta p}{l}$$

로 놓을 수 있으므로, 이것을 식 (5 · 12)에 대입하면

$$Q = \frac{\Delta p \pi R^4}{8\mu l} = \frac{\Delta p \pi d^4}{128\mu l} \qquad (5 \cdot 13)$$

로 표시된다.

또한, 속도 u 는 반지름 $r=0$ 의 관축에서 최대속도 U 가 되므로

$$U = -\frac{1}{4\mu}\frac{dp}{dx}R^2 \qquad (5 \cdot 14)$$

이다. 따라서, 평균속도 v 와의 관계는 식 (5 · 11) 및 식 (5 · 14)로부터

$$v = \frac{1}{2}U \qquad (5 \cdot 15)$$

로 나타낼 수 있다. 이 식에 의하면 관 내의 유체의 평균속도 v 는 최대속도 U

의 1/2에 해당한다.

또, 식 (5·13)을 변형하면 압력강하 Δp 는

$$\Delta p = \frac{128\mu l Q}{\pi d^4} \tag{5·16}$$

로 표시된다.

특히, 윗식 (5·13) 및 식 (5·16)은 하겐-푸아죄유(Hagen-Poiseuille)에 의해 동시에 실험적인 방법으로 구해졌기 때문에 **하겐-푸아죄유의 식**이라고 한다.

예제5.5

안지름 50mm, 길이 30m의 수평한 원관 내에서 비중 0.865의 윤활유가 유량 1.24 l/s 로 송유되고 있다. 관로의 압력강하가 215.6kPa일 때, 이 윤활유의 점성은 얼마인가?

풀이

윤활유의 흐름을 층류라고 가정하면 식 (5·16)으로부터

$$\mu = \frac{\Delta p \pi d^4}{128 l Q} = \frac{215.6\times10^3\times\pi\times0.05^4}{128\times30\times1.24\times10^{-3}}$$
$$= 0.889(\mathrm{Pa\cdot s}) = 0.889(\mathrm{P})$$

층류로 가정한 것이 올바른지를 확인하기 위해 레이놀즈수를 구하면

$$Re = \frac{vd}{\nu} = \frac{4Q\rho}{\pi d\mu} = \frac{4\times1.24\times10^{-3}\times0.865\times10^3}{\pi\times0.05\times0.889}$$
$$= 30.7 < 2000$$

이므로, 가정한 바와 같이 층류에 대한 식 (5·16)에 의해 구한 μ 값은 틀림이 없다.

예제5.6

그림 5.6과 같이 원형관로가 30°로 경사지게 놓여 있다. 관로에는 비중량 $\gamma=800\text{kg}_f/\text{m}^3$, 점성계수 $\mu=0.4P$ 의 기름이 흐르고 있을 때 기름의 흐름방향 및 유량 Q 를 구하라.

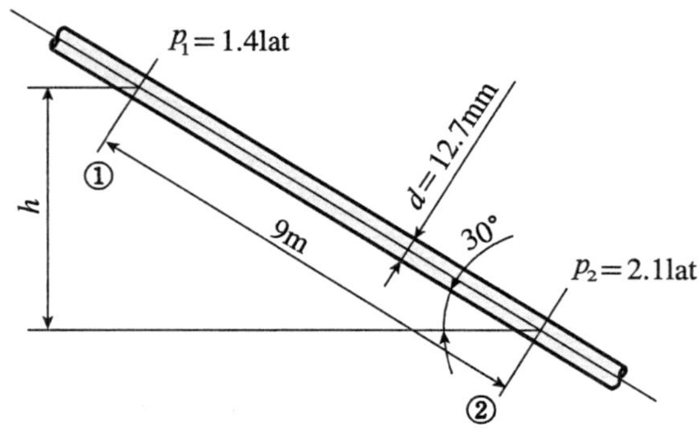

그림 5.6 경사관에서의 유체흐름

풀이

단면 ①과 단면 ②사이의 압력차는

$$\Delta p=(p_1+\gamma h)-p_2=(p_1+\gamma l\sin 30°)-p_2$$
$$=1.41\times10^4+800\times4.5-2.11\times10^4=-3400(\text{kg}_f/\text{m}^2)$$

이므로, 기름은 상향으로 흐른다. 또한,

$$\mu=\frac{0.40}{98}=0.408\times10^{-2}\ (\text{kg}_f\cdot\text{s/m}^2)$$

이므로, 유량 Q 는 식 (5 · 13)으로부터

$$Q = \frac{\pi \times 3400 \times 0.0127^4}{128 \times 0.408 \times 10^{-2} \times 9} = 5.9 \times 10^{-5}\,(\mathrm{m^3/s})$$

이다.

5.4 수력 반지름

레이놀즈수를 계산하기 위한 지금까지의 모든 방정식과 예제는 완전한 원형관 내의 유체흐름에 한정하였으며, 이 경우에 유로의 특성치수는 안지름이었다. 그러나, 많은 실질적인 유체역학 문제는 비원형 단면을 갖는 흐름을 포함하고 있다.

비원형 단면은 꽉차 흐르는 밀폐된 도관이거나 한 면이 국부적으로 대기에 노출되어 자유표면을 갖는 경우이다. 다음 장에서 언급되는 에너지 손실의 해석에 있어서 원형관이나 꽉차 흐르는 밀폐된 비원형 단면의 경우 대단히 비슷하기 때문에, 여기서는 꽉차 흐르는 단면만 다루도록 하겠다.

대표적인 밀폐된 비원형 단면의 경우를 그림 5.7에서 볼 수 있다. 나타낸 단면은 각각 (a)가 동체와 관으로 된 열교환기(shell and tube E/X), 그림 5.7(b)와 (c)는 공기 분배용 덕트, 그리고 (d)는 기계내 유로를 나타내고 있다.

비원형 단면의 특성치수는 **수력 반지름** R_h 라고 부르고, 단면의 접수둘레 길이(wetted perimrter) p 에 대한 유선의 단면적 A 의 비로 정의된다.

즉,

$$R_h = \frac{A}{p} \tag{5·17}$$

로 표시된다.

수력 반지름 R_h 의 계산에서 **접수둘레 길이**는 유체(流體)와 실제로 접하는 단면의 가장자리의 길이의 합으로 정의된다. 단, 면적 A 와 접수둘레 길이 p 는 각 단면의 모양에 따라 그림 5.7에 나타내고 있다. 점선은 접수 주변을 이루는 경계에 인접한 부분을 나타낸다.

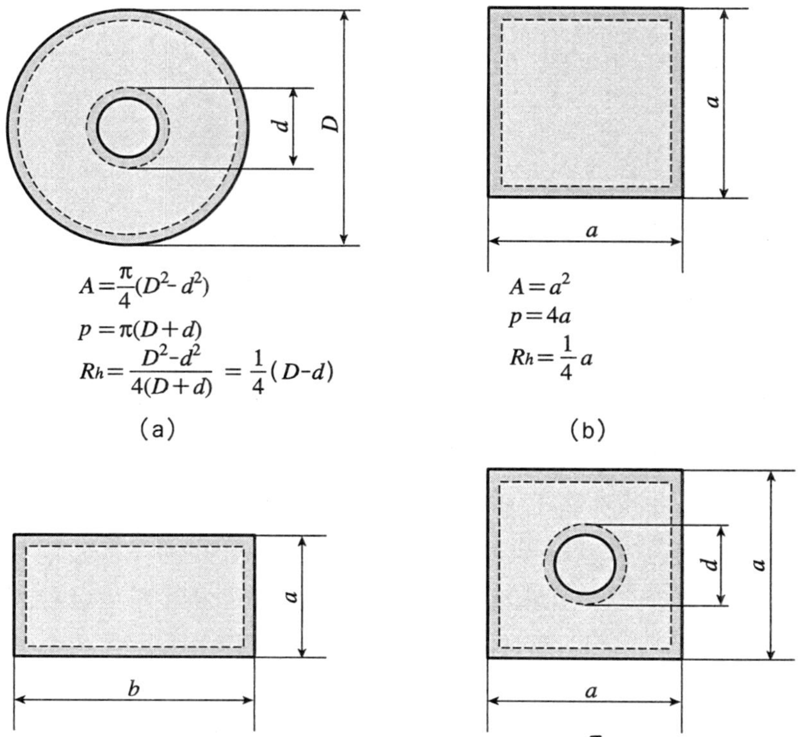

$$A=\frac{\pi}{4}(D^2-d^2)$$
$$p=\pi(D+d)$$
$$R_h=\frac{D^2-d^2}{4(D+d)}=\frac{1}{4}(D-d)$$

(a)

$$A=a^2$$
$$p=4a$$
$$R_h=\frac{1}{4}a$$

(b)

$$A=ab$$
$$p=2(a+b)$$
$$R_h=\frac{ab}{2(a+b)}$$

(c)

$$A=a^2-\frac{\pi}{4}d^2$$
$$p=4a+\pi d$$
$$R_h=\frac{a^2-\frac{\pi}{4}d^2}{4a+\pi d}$$

(d)

그림 5.7 밀폐된 비원형 단면의 예

예제5.7

그림 5.7의 (d)에서 정사각형의 각 변의 치수가 100mm이고, 관의 바깥 지름이 50mm일 때 수력 반지름을 구하라.

풀이

유체가 통과하는 단면적 A 및 접수둘레 길이 p 는 각각

$$A = a^2 - \frac{\pi}{4}d^2 = (0.1)^2 - \frac{\pi}{4}(0.05)^2 = 0.008(\mathrm{m}^2)$$
$$p = 4a + \pi d = 4(0.1) + \pi(0.05) = 0.6(\mathrm{m})$$

이므로, 수력 반지름 R_h 는

$$R_h = \frac{A}{p} = \frac{0.008}{0.6} = 0.013(\mathrm{m})$$

이다.

비원형 단면의 유체흐름에 대한 레이놀즈수는 원형관에 사용된 것과 매우 비슷한 방법으로 계산된다. 식 (5・1)에서 유일한 변화는 지름 D 를 수력 반지름의 4배인 $4R_h$ 로 대체하는 것이다. 즉,

$$Re = \frac{\rho v D}{\mu} = \frac{\rho v(4R_h)}{\mu} = \frac{v(4R_h)}{\nu} \tag{5・18}$$

이고, 이것은 원관에 대한 수력 반지름을 계산함으로써 설명이 가능하다.

$$R_h = \frac{A}{p} = \frac{\frac{\pi}{4}D^2}{\pi D} = \frac{D}{4}$$
$$D = 4R_h$$

그러므로, $4R_h$ 는 원관의 안지름 D 에 해당한다. 따라서, 유추하여 비원형 단면의 특성치수로서 수력 반지름의 4배인 $4R_h$ 가 적절하다. 이렇게 하는 것이 단면이 원형단면과 크게 다르지 않는 종횡비를 갖는 한 바람직한 결과를 낳게 된다. 이와 같은 관계에 있어서 **종횡비**는 단면의 높이에 대한 단면의 폭의 비이고, 원형단면의 경우 종횡비가 1이다. 그림 5.7에 있는 모든 예는 합리적인 종횡비를 갖는다.

바람직하지 않는 종횡비를 갖는 형태의 한 예는 폭이 높이의 4배 이상이 되는 사

각형이다. 그와 같은 형태의 경우 수력 반지름의 높이의 대략 $\frac{1}{2}$이다. 그림 5.7(a)에 나타낸 모양과 비슷한 어떤 원형의 형태는 두 관 사이의 공간이 작으면 큰 종횡비를 갖게 된다.

예제5.8

그림 5.7(d)의 단면(a=10cm, d=5cm)을 통해 25℃ 에틸렌글리콜이 0.16m^3/s의 유량으로 흐를 때 레이놀즈수를 구하라. 단, 25℃ 에틸렌글리콜의 점성계수는 $\mu=1.62\times10^{-2}$Pa · s, 밀도는 ρ=1100kg/m^3이다.

풀이

예제 5.7에서 수력 반지름은 R_h=0.013m이고, 평균속도 v 는 $Q=Av$ 에서

$$v=\frac{Q}{A}=\frac{0.16}{0.008}=20(\text{m/s})$$

이므로, 레이놀즈수는

$$Re=\frac{\rho v(4R_h)}{\mu}=\frac{1100\times20\times4\times0.013}{1.62\times10^{-2}}$$
$$=70,617=7.06\times10^4$$

이다.

5.5 수정계수

유체흐름에 대한 문제를 간단하게 취급하기 위해서 보통 1차원 흐름으로 간주하는 경우가 많다. 이 때, 단면에서의 유체의 속도로서 평균속도를 사용하게 되며,

단면 전체에 대해 일정하다고 가정하는 것이다. 여기서는 앞장에서 유체의 운동량과 운동 에너지를 취급할 때, 단면 내의 각 점에서 속도분포를 가지고 있음에도 불구하고 평균속도를 사용함으로써 발생하는 오차에 관한 수정계수를 살펴보기로 한다.

5.5.1 운동량 수정계수

그림 5.8과 같이 포물선의 속도분포를 가지는 원관 내의 유체흐름에서, 임의의 단면 A 의 운동량 $\sum F$ 는 속도분포 u를 사용하여 단면적 dA 에서의 유체가 가지는 운동량을 전단면에 대해 적분하면, 다음과 같이 구할 수 있다.

$$\sum F = \rho \int u^2 dA$$

그러나 이 식은 관로 내의 속도분포를 모르는 경우에는 적분이 불가능하다. 따라서, 편의상 임의의 단면 A 에서의 운동량을 평균속도 v 로 사용하여 계산하고, 운동량 수정계수 β 로 보정해 주는 방법을 취하면,

$$\rho \int u^2 dA = \beta \rho v^2 A$$

로 표시할 수 있다. 이 식을 정리하면

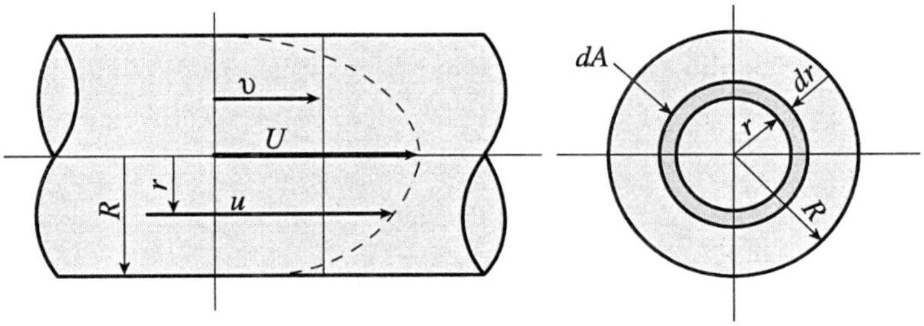

그림 5.8 관내의 속도분포

$$\beta = \frac{1}{A}\int\left(\frac{u}{v}\right)^2 dA \qquad (5\cdot19)$$

가 된다. 이 때 β 를 **운동량 수정계수**라고 한다.

이 식에서 β 의 값은 유체흐름이 층류라고 할 때 윗식 (5・10) 및 (5・15)로부터

$$\begin{aligned}\beta &= \frac{1}{\pi R^2}\int_0^R\left[\frac{U(R^2-r^2/R^2}{U/2}\right]^2(2\pi r dr)\\ &= \frac{8}{R^6}\left(\frac{1}{2}R^6-\frac{1}{2}R^6+\frac{1}{6}R^6\right)\\ &= 4/3 = 1.33\end{aligned}$$

이 된다. 또한, 난류의 경우는 β=1.01~1.05의 값을 갖는다.

5.5.2 운동 에너지 수정계수

제 3장에서 베르누이 방정식을 세우는데 유체흐름은 1차원 흐름으로, 속도수두는 임의의 단면에서의 평균속도 v 를 사용하였다. 그림 5.8과 같이 실제유체가 원관 속을 흐르는 경우에는 포물선 속도분포를 가지므로, 정확한 속도수두를 계산하려면 속도분포 u를 이용해야 한다. 그러나, 운동량의 경우에서와 같이 평균속도 v 를 사용하고, 수정계수 α 로 보정해 주는 방법을 취함으로써 일일이 $\frac{u^2}{2g}$의 값으로 전단면에 대하여 적분해야 하는 불편을 줄일 수 있다.

임의의 단면에서 유체가 가지는 운동 에너지 E_k 는 속도분포 u 를 이용하여 미소 단면적 dA 의 운동 에너지를 전단면에 대해 적분하여 구할 수 있다.

즉,

$$E_k = \gamma\int_0^R \frac{u^2}{2g}\,u dA = \gamma\int_0^R \frac{u^3}{2g}\,dA$$

이고, 여기서 $\gamma u dA$ 는 단면 dA 를 단위시간에 통과하는 유체의 중량이다. 이

식과 평균속도 v 를 사용한 결과와 운동 에너지 수정계수 α 를 사용하여

$$\gamma \int_0^R \frac{u^2}{2g} dA = \alpha \frac{v^2}{2g} \gamma v A$$

로 표시할 수 있다. 따라서, 운동 에너지 수정계수 α 는

$$\alpha = \frac{1}{A} \int_A \left(\frac{u}{v} \right)^3 dA \qquad (5 \cdot 20)$$

가 된다. α 의 값은 운동량의 경우와 같은 방법으로 계산하면 층류의 경우는 $\alpha = 2$가 되며, 난류의 경우는 약 1.01~1.10의 값을 갖지만 정밀을 요하지 않는 경우는 보통 1로 놓게 된다.

5.6 종속도

정지하고 있는 물체를 낙하시키면 중력에 의해 가속되어 낙하속도가 점차 증가하지만, 어느 정도 시간이 지나면 항력(drag)과 부력(buoyancy)에 의하여 낙하속도가 일정한 등속운동을 하게 된다. 이와 같이 최종적으로 가속도가 0인 속도를 **종속도**(terminal velocity)라고 한다.

스토크스(Stokes)는 점성계수 μ 인 무한히 넓은 유체 속에서, 일정속도 v 로 운동하는 지름이 d 인 구(球) 둘레의 흐름이 층류를 이룰 때, 구가 받는 항력 D 를 식 (5・21)과 같이 나타내었다.

$$D = 3\pi d \mu v \qquad (5 \cdot 21)$$

이 식을 **스토크스의 식**이라고 하며, 기본적으로 레이놀즈수가 작은 층류의 경우에만 적용된다.

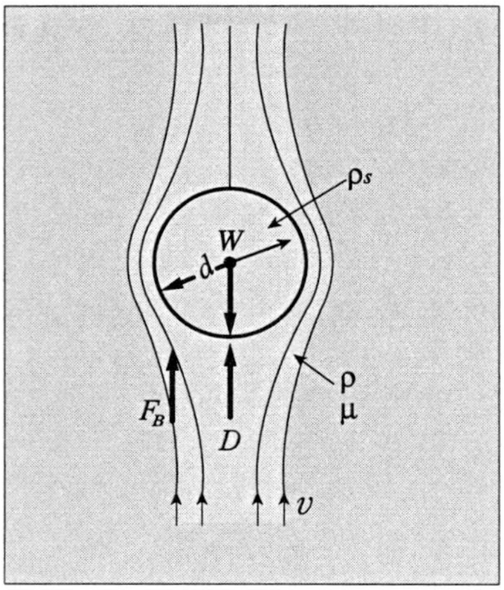

그림 5.9 구 둘레의 흐름

그림 5.9와 같이 정지하고 있는 밀도 ρ 의 유체 속에, 밀도 ρ_s 인 재질로 된 지름 d 의 작은 구를 낙하시켰더니, 얼마 후 종속도 v 를 유지하며 등속으로 낙하하고 있다. 이 때, 구가 가지는 가속도는 0이므로, 구에 작용하는 힘의 합은 0으로써 평형을 이루게 된다. 즉, 물체의 중량은 저항 D 와 부력 F_B 의 합이므로

$$W = D + F_B$$

$$\frac{\pi}{6} d^3 \rho_s g = 3\pi d\mu v + \frac{\pi}{6} d^3 \rho g$$

로 표시된다.

따라서, 구의 종속도 v 는

$$v = \frac{d^2(\rho_s - \rho)g}{18\mu} \qquad (5 \cdot 22)$$

로 표시된다. 이 식은 공기 중의 물방울이나 물 속의 기포 등 유체 속에서의 고체입자의 운동의 경우나 혹은 공장의 집진, 매연제거 등 분체공학에 이용되는 중요한 식이다.

연 습 문 제

5.1 30℃의 물이 안지름 10cm의 원관 속을 속도 12m/s로 흐를 때 레이놀즈수는 얼마인가? 단, 30℃인 물의 동점성계수는 $8.03 \times 10^{-7} m^2/s$이다.

답 1.49×10^6

5.2 안지름이 80cm인 수평의 원관을 통해 물이 층류로 흐르고 있다. 관의 중심에서 최대속도가 0.2m/s라고 하면 1일 급수량은 얼마인가?

답 $4340.7m^3$

5.3 비중이 1.26인 30 ℃글리세린이 100mm 원형관을 통해 $0.06m^3/s$의 유량으로 흐르고 있다. 유동상태는 층류인가 난류인가? 단, 30℃ 글리세린의 점성계수는 7.2×10^{-1} Pa · s이다.

답 층류

5.4 70℃ 물이 안지름 50mm인 수평의 원형관을 통해 난류로 흐르게 하기 위한 물의 최소속도를 구하라. 70℃ 물의 동점성 계수는 $4.11 \times 10^{-7} m^2/s$이다.

답 0.016m/s

5.5 45℃인 연료기름이 안지름 100mm의 원관에서 층류로 흐르기 위한 최대유량을 계산하라. 단, 45℃ 연료기름의 비중은 s=0.895이고, 점성은 $\mu=4.0\times10^{-2}$ Pa · s이다.

답 0.00702m^3/s

5.6 지름 150mm, sch. 80의 관 내로 유체가 층류로 흐를 때, 관 내의 유체의 평균속도를 측정하기 위해 프로브를 사용하고자 한다. 관의 외벽면에서 프로브를 안으로 얼마나 삽입해야 하는가? 단, 지름150mm, sch. 80관의 바깥 지름은 168.3mm이며, 벽 두께는 10.97m, 그리고 안지름은 146.3mm이다.

답 32.43mm

5.7 수평의 원관에서 비압축성 유체가 층류로 흐를 때, 관축으로부터 반지름 r인 위치에서 속도 u와 최대속도 U와의 관계식을 유도하라.

답 $u=U\left(1-\frac{r^2}{R^2}\right)$

5.8 비중량이 γ=12.5N/m^3이고 점성이 $\mu=2.0\times10^{-5}$ Pa · s인 공기가 그림 5.10과 같은 통로로 150m^3/h의 유량으로 흐르고 있다. 레이놀즈수를 구하라.

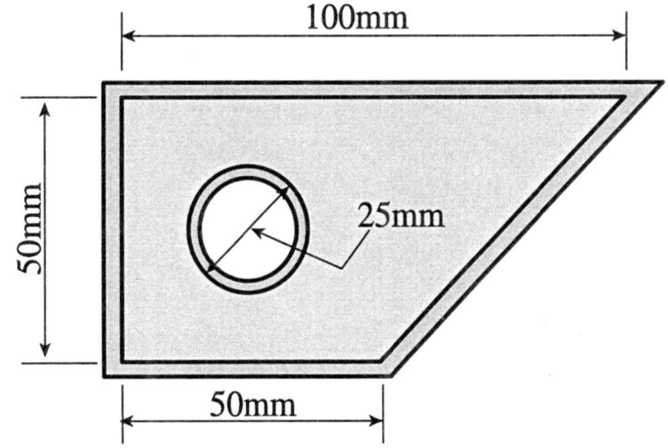

그림 5.10 비원형 단면에서의 유체흐름

답 3.04×10^4

5.9 비중량 γ, 점성계수 μ 인 유체 속에서 자유낙하하는 구의 최종속도 v 를 구하는 관계식을 유도하라. 단, 구의 반지름 r, 비중량은 γ_s 이다.

답 $v = \frac{2}{9}\frac{r^2}{\mu}(\gamma_s - \gamma)$

5.10 비중 1.92, 지름 1 μm의 구가 비중량 1.225kgf/m^3, 점성계수 1.807×10^{-4}Pa·s인 공기 중에서 자유낙하하고 있다. 이 때 구의 종속도는 얼마인가?

답 0.058×10^{-3}m/s

6
관마찰 손실

유체가 관이나 덕트 내를 흐르면 유체의 내부마찰로 인하여 에너지 손실이 생긴다. 이 에너지 손실은 유체 흐름계의 두 지점 사이에서 압력감소를 일으킨다. 그로 인하여 펌프가 사용되고 있고, 따라서 그와 같은 에너지 손실의 크기를 계산하는 것은 매우 중요하다.

본 장에서는 관마찰 손실을 계산하는 데 사용되는 다시 방정식, 마찰계수, 거칠기, 무디선도를 이용한 난류시 마찰계수 구하기, 원관내 층류나 난류시 에너지 손실의 크기계산, 실험식을 사용한 마찰계수 크기의 계산, 그리고 비원형 단면의 관에 대한 마찰계수와 에너지 손실의 계산 등을 배우기로 한다.

6.1 다시 방정식

일반적으로 에너지 방정식은 그림 6.1에서 알 수 있는 바와 같이

$$\frac{p_1}{\gamma}+\frac{v_1^2}{2g}+z_1=h_L+\frac{p_2}{\gamma}+\frac{{v_2}^2}{2g}+z_2$$

로 표시되고, 여기서 h_L 은 유체 흐름계에서의 에너지 손실이다. 에너지 손실의 한 인자는 흐르는 유체의 마찰에 기인한다. 마찰은 관내 유체흐름의 경우 유체흐름의 속도수두 $\frac{v^2}{2g}$ 과 유선의 지름에 대한 길이의 비에 비례한다. 이것은 수학적으로 **다시 방정식**(Darcy's equation)으로 표시된다.

$$h_L=f\cdot\frac{L}{D}\cdot\frac{v^2}{2g}$$

여기서 h_L 은 마찰에 의한 에너지 손실로 단위는 m 이고, L 은 유선의 길이로 단위는 m, D 는 관의 지름으로 단위는 m , v 는 흐름의 평균속도로 단위는 m/s, 그리고 f 는 무차원수로 마찰계수이다. 다시 방정식은 관내 유체흐름의 형태에 상관없이, 긴 직원형관에서의 유체의 마찰에 의한 에너지 손실을 계산하는 데 사용되

고, 유체흐름에 따른 차이는 무차원 마찰계수 f 값을 구하는데 영향을 미친다.

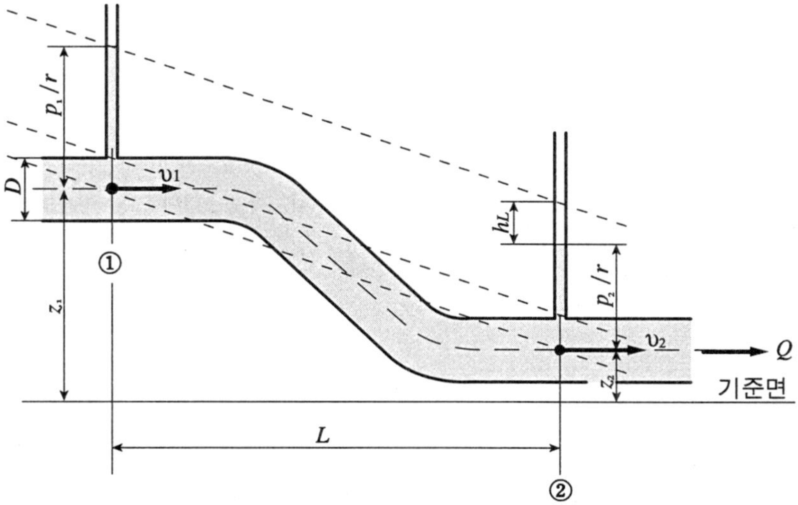

그림 6.1 에너지 방정식

6.2 유체흐름에서의 마찰손실

관내 유체흐름이 층류일 경우, 앞장에서 언급한 바와 같이 유체는 여러층으로 포개져 있는 것처럼 하여 흐른다. 이 때 유체의 점성에 의하여 전단응력이 유체의 층 사이에서 생긴다. 이 전단응력으로 발생되는 마찰력을 이겨내고 유체가 흐르기 위해서는, 유체가 가지고 있는 에너지 중 일부가 손실된다. 층류는 매우 규칙적이고 질서정연하므로 에너지 손실과 측정가능한 유체 흐름계의 변수들과 관계를 유도할 수 있다. 이것이 **하겐·푸아죄유 방정식**(Hagen Poiseuille equation)이다.

$$h_L = \frac{32\mu L v}{\gamma D^2} \qquad (6 \cdot 2)$$

이 식은 직원형관 내에 흐르는 유체가 길이 L 만큼 흘러갈 때 에너지 손실, 즉 단위중량의 유체가 잃는 에너지로 관의 크기 D, 유체의 비중량 γ, 점성 μ, 그리고 유체의 평균속도 v에 따라 달라진다는 것을 나타낸다. 이 식은 뉴턴의 점성법칙으로도 옳다는 것이 실험적으로 입증되었다. 아울러, 층류에서의 에너지 손실은 관 내벽의 표면조건의 영향을 전혀 받지 않으며, 유체의 점성에 의한 마찰손실이 에너지 손실의 크기를 지배하고 있다는 것을 식 (6・2)로부터 알 수 있다.

하겐·푸아죄유 방정식은 단지 레이놀즈수 $Re < 2000$의 층류에 대해서만 유효하다. 반면에 다시 방정식은 층류, 난류에 관계없이 사용할 수 있으므로, 하겐·푸아죄유 방정식을 이용하여 층류의 유체흐름에 대한 마찰손실을 계산하는 데 필요한 마찰계수를 구할 수 있다. 즉, 식 (6・1)과 식 (6・2)를 등식으로 두면

$$h_L = f\frac{L}{D}\frac{v^2}{2g} = \frac{32\mu Lv}{\gamma D^2}$$

에서

$$f = \frac{64}{\left(\dfrac{\rho vD}{\mu}\right)} = \frac{64}{Re} \qquad (6 \cdot 3)$$

이다.

이상을 요약하면, 직원형관내 층류의 유체흐름에서 마찰로 인한 에너지 손실은, 하겐·푸아죄유 방정식인 식 (6・2)와 다시 방정식인 식 (6・1)로부터 계산할 수 있으며, 이 때 마찰계수는 $f = \dfrac{64}{Re}$ 로 표시된다.

예제6.1

온도가 25℃인 글리세린이 평균속도 4m/s로 안지름 150mm의 관을 통하여 길이 30m를 흐른다면 에너지 손실은 얼마인가? 단, 25℃ 글리세린의 밀도 및 점성(粘性)은 각각 $\rho = 1258 \text{kg/m}^3$, $\mu = 9.60 \times 10^{-1} \text{Pa} \cdot \text{s}$ 이다.

풀이

우선 유체흐름을 판별하면

$$Re = \frac{\rho v D}{\mu} = \frac{1258 \times 4 \times 0.15}{9.60 \times 10^{-1}} = 786 < 2000$$

이므로 층류이다. 그러므로, 다시 방정식으로부터 에너지 손실은

$$h_L = f \cdot \frac{L}{D} \cdot \frac{v^2}{2g}$$

으로 표시되고, 여기서 마찰계수는 $f = \frac{64}{Re} = \frac{64}{786}$ 이므로 에너지 손실은

$$h_L = \frac{64}{786} \times \frac{30}{0.15} \times \frac{(4)^2}{2 \times 9.8} = 13.3(\mathrm{m})$$

이다. 즉, 단위중량의 글리세린이 30m만큼 흐르면 13.3m의 에너지 손실이 일어난다는 것을 뜻한다.

6.3 난류에서의 마찰손실

직원형관 내의 유체흐름이 층류일 때 마찰에 의한 에너지 손실을 계산하는데는 다시 방정식을 사용하는 것이 가장 편리하다. 그러나 난류는 규칙적인 예측가능한 흐름을 갖지 않기 때문에 층류의 경우처럼 간단히 계산하여 마찰계수 f 를 정할 수가 없다. 왜냐하면, 난류는 무질서하고 끊임없이 흐름방향 등이 변하기 때문이다. 따라서, 마찰계수 f 를 정하기 위해선 실험값에 의존할 수밖에 없다.

무차원수인 마찰계수 f 는 2개의 다른 무차원수인 관내 유체흐름에 대한 레이놀즈수와 상대 거칠기에 따라 달라진다는 것을 실험적으로 알 수 있다. 상대 거칠기(relative roughness)는 관벽면의 거칠기(절대 거칠기) ε 에 대한 관의 안지름 D

의 비이다.

그림 6.2는 울퉁불퉁한 관벽표면의 거칠기를 확대하여 나타낸 것으로, 거칠기 ε 은 표면의 최대 높이에 해당한다. 참고로 시중에 판매되고 있는 재질별 상업관에 대한 벽면 거칠기 ε 의 설계값을 [표 6.1]에 나타내고 있다. 이들 값은 상업용 새 관에 대한 평균값들로서 다소의 차이는 있다. 이들 관이 얼마간 사용된 후에 벽면 상에 생기는 침전물, 또는 부식, 침식 등에 의하여 벽면 거칠기는 변한다.

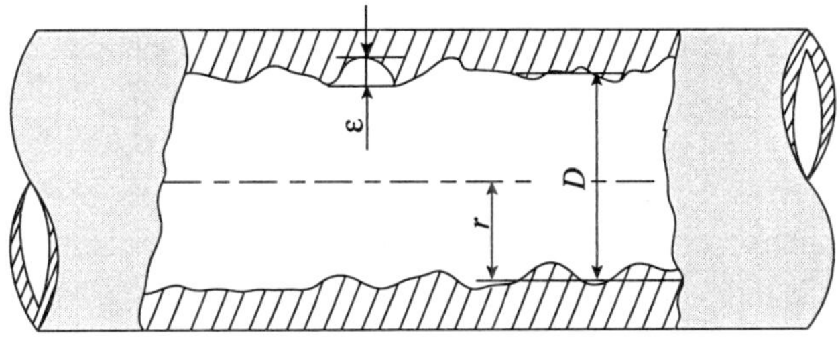

그림 6.2 관벽면 거칠기

[표 6·1] 관벽면 거칠기

재 질	거칠기, ε(m)
유리, 플라스틱	매끈함
구리, 놋쇠, 납(관)	1.5×10^{-6}
주철(비피복)	2.4×10^{-4}
주철(아스팔트 피복)	1.2×10^{-4}
상업강 또는 용접강	4.6×10^{-5}
연 철	4.6×10^{-5}
리 벳 강	1.8×10^{-3}
콘크리트	1.2×10^{-3}

마찰계수 f 를 구하는데 가장 널리 사용되는 방법 중의 하나는 그림 6.3의 무디 선도(Moody diagram)를 들 수 있다. 선도는 상대 거칠기 D/ε 에 따른 일련의 변수(變數)들의 곡선으로, 레이놀즈수 Re 에 대한 마찰계수 f 를 나타내고 있다. 이들 곡선은 미국의 기술자인 Lewis F. Moody(1880~1953)에 의하여 상업용 관에 대한 실험자료로 만들어졌다.

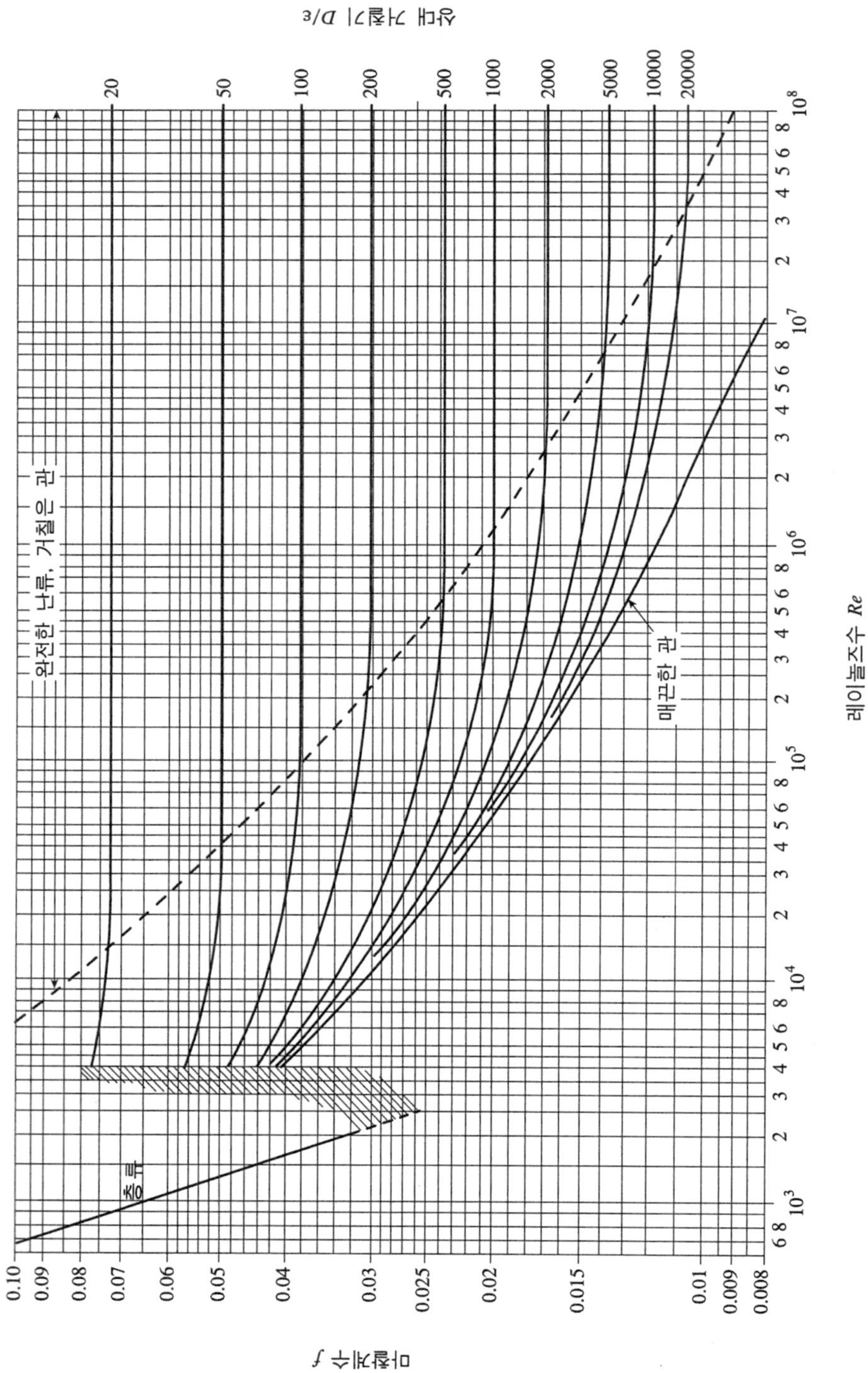
상대 거칠기 D/ε
20
50
100
200
500
1000
2000
5000
10000
20000
완전한 난류, 거칠은 관
층류
매끈한 관
마찰계수 f
0.10
0.09
0.08
0.07
0.06
0.05
0.04
0.03
0.025
0.02
0.015
0.01
0.009
0.008
레이놀즈수 Re
10^3
10^4
10^5
10^6
10^7
10^8

그림3 무디 선도

선도상에는 넓은 범위의 레이놀즈수 Re 에 따른 마찰계수 f 를 대수눈금상에 그려져 있다. 즉, 선도상의 왼쪽은 레이놀즈수 2000 이하의 층류에 대하여 $f=64/Re$ 의 관계를 나타내는 직선으로 나타내어져 있고, 레이놀즈수 $2000 < Re < 4000$의 경우는 층류와 난류 사이의 임계영역으로 유체흐름을 예측할 수 없으므로 어떤 곡선도 그려져 있지 않다. 그리고 레이놀즈수 4000 이상의 경우 상대 거칠기 D/ε 의 값에 따라 여러 곡선군이 그려져 있고, 이들로부터는 다음의 몇 가지 중요한 사항을 관측할 수 있다.

1. 주어진 유체흐름에 대한 레이놀즈수의 경우, 상대 거칠기 D/ε 가 증가할수록 마찰계수 f 는 감소한다.
2. 주어진 어떤 상대 거칠기 D/ε 의 경우 마찰계수 f는 완전 난류영역에 이를 때까지 레이놀즈수 Re 가 증가할수록 감소한다.
3. 완전 난류영역에서는 레이놀즈수 Re 는 마찰계수에 아무런 영향도 미치지 않는다.
4. 상대 거칠기 D/ε 가 증가할수록 완전 난류영역이 시작되는 레이놀즈수 Re 의 값 또한 증가한다.

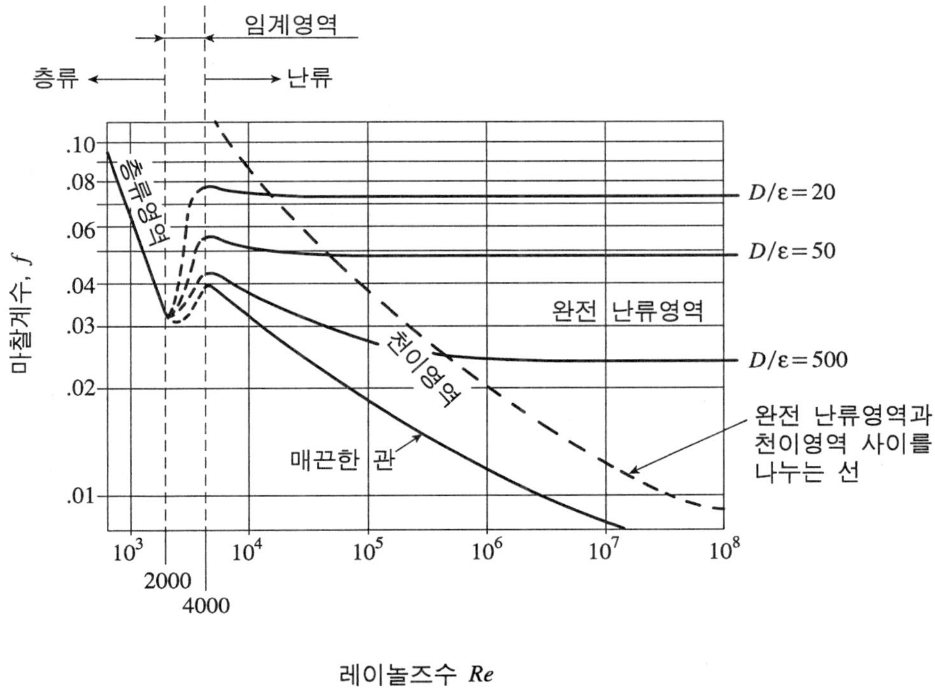

그림 6.4 무디 선도의 개략도

그림 6.4는 여러 영역이 구분된 무디 선도의 개략도이다. 그림의 왼쪽에 있는 층류영역은 이미 언급되었고, 선도를 가로질러 아래쪽으로 그려진 점선의 오른쪽은 완전 난류영역이다. 난류의 경우 가장 낮은 마찰계수는 매끈한 관선으로 표시된다. 매끈한 관과 완전 난류영역의 시작을 나타내는 선 사이는 천이영역(transition zone)이다. 여기에 여러 개의 상대 거칠기 D/ε 곡선이 그어져 있고, 여기서 마찰계수를 정확히 구하기 위해서는 주의를 기울여야 한다. 예를 들면, 상대 거칠기 500에 대한 마찰계수의 값은 레이놀즈수 $Re=4000$의 0.0420에서 완전 난류영역이 시작되는 레이놀즈 $Re=6.0\times10^5$의 0.0240까지 감소한다는 것을 알 수 있다.

레이놀즈수 2000에서 4000 사이의 임계영역(critical zone)은 이 범위 내에서 유체흐름의 형태가 예측되지 않기 때문에 가능하면 피해야 한다. 점선은 마찰계수가 상대 거칠기의 값에 따라 어떻게 변하는가를 나타내고 있다. 관벽 거칠기가 큰, 그리하여 상대 거칠기 D/ε의 값이 작은 경우는, 마찰계수의 증가가 유체흐름이 층류에서 난류로 바뀔 때 크다.

예를 들면, 상대 거칠기 $D/\varepsilon=20$인 관내 유체흐름의 경우, 층류영역의 끝인 레이놀즈수 $Re=2000$의 0.032에서 난류영역이 시작하는 레이놀즈수 $Re=4000$의 약 0.077까지 240%가 증가한다. 게다가 이것이 일어나는 레이놀즈수의 값은 예측되지 않는다. 그리고 에너지 손실이 마찰계수에 직접 비례하기 때문에 그와 같은 크기의 변화는 중요하다.

상대 거칠기는 D/ε 로 정의되기 때문에 높은 상대 거칠기는 낮은 ε 값, 즉 매끈한 관을 나타낸다. 사실 '매끈한 관'으로 되어 있는 곡선은 상대 거칠기가 매우 큰, 즉 낮은 거칠기를 갖는 유리와 같은 그러한 물질에 사용된다.

6.3.1 무디 선도의 이용

무디 선도는 난류에 대한 마찰계수 f를 구하는데 도움이 되는데, 이 때 레이놀즈수 Re 와 상대 거칠기 D/ε 의 값을 알고 있어야 한다. 즉, 난류의 경우 마찰계수 f 를 정하는데 필요한 기본자료로는 관의 안지름, 관의 재질과 유속, 그리고 유체의 종류 및 온도이고, 그것으로부터 점성을 알 수 있다. 예제 6.2는 마찰계수 f 를 찾는 방법을 설명하고 있다.

예제6.2

온도가 70℃인 물이 안지름 25mm인 비피복된 주철관(鑄鐵管)속을 9m/s로 흐른다고 하면 마찰계수 f 는 얼마인가? 단, 70℃ 물의 동점성 계수는 $\nu=4.11\times10^{-7}\mathrm{m}^2/\mathrm{s}$이다.

풀이

우선, 유체흐름을 판별하면

$$Re=\frac{vD}{\nu}=\frac{9\times0.025}{4.11\times10^{-7}}=5.47\times10^5>4000$$

이므로 흐름은 난류이다.

난류의 경우 마찰계수 f 를 구하기 위해서는 상대 거칠기 D/ε 를 먼저 구해야 한다. [표 6.1]에서 비피복 주철관의 경우 거칠기가 $\varepsilon=2.4\times10^{-4}\mathrm{m}$이므로, 상대 거칠기는

$$D/\varepsilon=\frac{0.025}{2.4\times10^{-4}}=104$$

이다. 그림 6.3에서 레이놀즈수 $Re=5.47\times10^5$ 및 상대 거칠기 $D/\varepsilon=104$일 때의 마찰계수 f 값을 구하면 $f=0.039$이다.

6.4 마찰계수에 관한 방정식

그림 6.3의 무디 선도는 손계산으로 마찰계수를 구하는 데 편리하고 대단히 정확한 방법이다. 그러나 계산을 컴퓨터나 프로그램이 가능한 계산기로 마찰계수를 계산하고자 할 경우에는 마찰계수에 관한 방정식을 구할 필요가 있다.

무디에 의해 선도에 사용된 방정식은 선도의 3개의 다른 영역을 포함하고 있다.

레이놀즈수 2000 이하의 층류영역에서는 마찰계수 f 를 식 (6·3)으로부터 구할 수 있다. 6·2절에서 언급했던 것과 같이 이 관계는 무디 선도의 왼쪽에 직선으로 그어져 있다. 레이놀즈수 2000에서 4000까지의 경우 유체흐름은 임계영역에 해당하고, 마찰계수 f 값을 예측하는 것은 불가능하다. 레이놀즈수 4000 이상의 경우 일반적으로 난류라 부르는 유체흐름이다. 그러나 본질적으로 여기에는 관심이 있는 두 영역이 있다.

우선, 선도의 오른쪽으로 유체흐름은 완전 난류영역에 있다. 마찰계수 f 값은 레이놀즈수에 따라 달라지는 것이 아니라 단지 상대 거칠기 D/ε 에 따라 달라진다. 이 영역에서는 다음 식이 적용된다.

$$\frac{1}{\sqrt{f}} = 2\log 3(3.7D/\varepsilon) \qquad (6 \cdot 4)$$

이 영역의 경계는 일반적으로 무디 선도의 왼편의 위쪽에서 오른편 아래쪽으로 잇는 점선이고, 이 선의 방정식은

$$\frac{1}{\sqrt{f}} = \frac{Re}{200(D/\varepsilon)} \qquad (6 \cdot 5)$$

로 표시된다.

천이영역으로 불리어지는 무디 선도의 세 번째 영역은 완전 난류영역과 '매끈한 관'선의 사이에 위치한다. '매끈한 관' 선은 방정식

$$\frac{1}{\sqrt{f}} = 2\log\left(\frac{Re(\sqrt{f})}{2.51}\right) \qquad (6 \cdot 6)$$

로 표시된다. 이 관은 관벽이 매끈하므로 유체흐름에 어떠한 표면 불규칙함도 없고 마찰계수는 단지 레이놀즈수만의 함수이다. 이에 해당하는 관으로는 유리 및 플라스틱으로 만들어진 관을 들 수 있다. 또한, 일반 황동이나 구리로 만들어진 큰 관은 매끈한 관선에 가까운 상대 거칠기의 값을 갖는다.

천이영역에서의 마찰계수는 레이놀즈수와 상대 거칠기 모두의 함수이다.

콜브룩(C.F.Colebrook)은 천이영역에서 마찰계수에 대한 관계를 다음과 같이 밝혔다.

$$\frac{1}{\sqrt{f}} = -2\log\left(\frac{1}{3.7(D/\varepsilon)} + \frac{2.51}{Re\sqrt{f}}\right) \qquad (6 \cdot 7)$$

식 (6·7)에서 괄호 안의 두 번째 항은 레이놀즈수가 매우 커서 작아지는 경우, 완전 난류 방정식인 식 (6·4)와 비슷하다. 또한, 상대 거칠기 D/ε 의 값이 매우 큰 경우에 괄호 안의 첫째 항은 작아져 방정식은 매끈한 관에 관한 방정식 식 (6·6)으로 간단하게 된다. 그러나 식 (6·7)은 시행 착오법으로 구해야 하므로 마찰계수를 자동으로 계산하는데는 불편하다.

식 (6·8)은 마찰계수를 직접 계산할 수 있는 것으로, 스와미(P.K.Swamee)와 자인(A.K. Jain)에 의해 1976년에 유도된 식이다. 아울러, 이식은 상대 거칠기와 레이놀즈수가 각각 $100 < D/\varepsilon < 1\times10^6$, $5\times10^3 < Re < 1\times10^8$ 의 범위에서 마찰계수가 콜브룩 식인 (6·7)로 구한 값과

$$f = \frac{0.25}{\left\{\log\left(\frac{1}{3.7D/\varepsilon} + \frac{5.74}{Re^{0.9}}\right)\right\}^2} \qquad (6 \cdot 8)$$

±1.0% 내에 있다. 이것은 실질적으로 무디 선도의 완전 난류영역에 해당한다.

이상을 요약하면 레이놀즈수와 상대 거칠기를 알고 있을 때 마찰계수 f 를 계산하기 위해서 층류(層流)의 경우에는 식 (6·3)을, 난류의 경우에는 식 (6·8)을 사용한다는 것을 뜻한다.

예제6.3

유체흐름의 레이놀즈수가 $Re = 1\times10^5$ 이고 상대 거칠기가 2000일 때 마찰계수를 구하라.

풀이

레이놀즈수가 1×10^5이므로 난류에 해당된다. 그러므로 식 (6・8)에서

$$f=\frac{0.25}{\left\{\log\left(\frac{1}{3.7D/\varepsilon}+\frac{5.74}{Re^{0.9}}\right)\right\}^2}$$
$$=\frac{0.25}{\left\{\log\left(\frac{1}{3.7\times2000}+\frac{5.74}{Re^{0.9}}\right)\right\}^2}$$
$$=0.0204$$

이다. 이 값은 무디 선도의 그림 6.3에서 읽은 값과 정확히 일치한다.

6.5 비원형 단면에서의 마찰손실

유체가 흐르는 관단면의 형상이 관의 지름 대신에 수력 반지름으로 나타낼 수 있다면, 마찰손실에 대한 다시 방정식을 원형단면에 사용하는 것처럼 비원형 단면에 대해서도 사용할 수 있다. 수력 반지름의 정의와 계산방법은 이미 제5장에서 나타내었다. 즉, 수력 반지름을 계산한 후 레이놀즈수 $Re=\frac{\rho vD}{\mu}=\frac{vD}{\nu}$ 에서 지름 D 대신에 수력 반지름의 4배, $4R_h$ 를 대입함으로써 레이놀즈수를, 다시 방정식 $h_L=f\frac{L}{D}\cdot\frac{v^2}{2g}$ 에서 역시 지름 D 대신에 $4R_h$ 를 대입함으로써 에너지 손실을, 그리고 상대 거칠기도 D/ε 대신에 $4R_h/\varepsilon$ 로 구할 수 있다.

$$Re=\frac{\rho v(4R_h)}{\mu}=\frac{v(4R_h)}{\nu} \tag{6・9}$$

$$h_L=f\cdot\frac{L}{(4R_h)}\frac{v^2}{2g} \tag{6・10}$$

이 때 마찰계수 f 는 무디 선도로부터 구할 수 있다.

예제6.4

그림 6.5와 같은 단면의 덕트를 통해서 25℃ 에틸렌글리콜이 $0.16 m^3/s$의 유량으로 50m만큼 흘러갈 때 압력강하를 구하라. 정사각단면의 안쪽 치수는 250mm이고, 원형관의 바깥 지름은 150mm이다. 거칠기는 $\varepsilon = 3 \times 10^{-5}$m로 상업용 강관보다는 다소 더 매끈하다. 단, 25℃에틸렌글리콜의 밀도 및 점성은 각각 $\rho = 1100 kg/m^3$, $\mu = 1.62 \times 10^{-2}$ Pa · s이다.

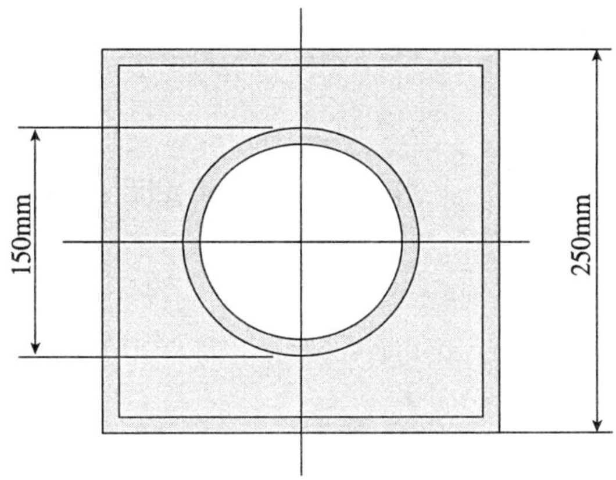

그림 6.5 비원형 단면의 한 예

풀이

주어진 관 길이에서의 압력강하 Δp 를 구하기 위해서는

$$\Delta p = \gamma \cdot h_L$$

에서 에너지 손실(손실수두)을 먼저 구해야 한다.

비원형 단면에서의 에너지 손실은

$$h_L = f \cdot \frac{L}{4R_h} \frac{v^2}{2g}$$

으로부터 구할 수 있고, 여기서 속도, 수력반지름 그리고 마찰계수를 알아야 한다.

$Q = Av$ 에서

$$v = \frac{Q}{A} = \frac{0.16}{0.04483} = 3.57(\mathrm{m/s})$$

$$A = 0.25^2 - \frac{\pi}{4}(0.15)^2 = 0.04483(\mathrm{m}^2)$$

$$R_h = \frac{A}{p} = \frac{0.04483}{0.25\times4 + \pi(0.15)} = 0.0305(\mathrm{m})$$

그리고 마찰계수 f를 구하기 위해서 레이놀즈수 및 상대 거칠기를 알아야 한다. 따라서

$$Re = \frac{\rho v(4R_h)}{\mu} = \frac{1100\times3.57\times4\times0.0305}{1.62\times10^{-2}}$$

$$= 2.96\times10^4 > 4000$$

$$\frac{D}{\varepsilon} = \frac{4R_h}{\varepsilon} = \frac{4\times0.0305}{3\times10^{-5}} = 4067$$

이다. 레이놀즈수 $Re = 2.96\times10^4$, 상대 거칠기 $4R_h/\varepsilon = 4067$일 때 마찰계수 f 는 무디 선도로부터

$$f = 0.0245$$

임을 알게 된다. 그러므로, 50m 떨어진 두 지점 사이에서의 에너지 손실은

$$h_L = f\cdot\frac{L}{4R_h}\frac{v^2}{2g} = 0.0245\times\frac{50}{4(0.0305)}\times\frac{(3.57)^2}{2(9.8)}$$

$$= 6.53(\mathrm{m})$$

이다. 따라서, 두 지점 사이의 압력강하는

$$\Delta p = \gamma h_L = 1100\times9.8\times6.53$$

$$=70,393.4(\text{Pa})$$
$$=70.4(\text{kPa})$$

가 된다.

6.6 난류에서의 속도분포

제5장에서 우리는 층류에서의 속도분포는 어떤 점에서의 국부속도가 식 (5·3)으로부터 간단히 계산되는 포물선 모양이라는 것을 알았다. 여기서 변수는 단지 유체의 평균속도 v 와 관의 반지름 r_0 이었다. 그림 5.3은 유체내 어떤 위치 r 에서의 국부속도의 그래프를 상세히 보여 주고 있다.

난류에서의 속도분포는 층류에서의 포물선 분포와는 상당히 다르다. 그림 6.6에서 알 수 있는 바와 같이 관벽 가까이의 유체속도는 벽면의 0에서 전체적 단면에 걸쳐 거의 균일한 속도분포에 이르기까지 급격히 변한다.

속도분포의 실제 모양은 마찰계수 f 에 따라 달라지고, 마찰계수는 차례로 레이놀즈수 Re 와 관의 상대 거칠기 D/ε 에 따라 변한다. 지배 방정식은

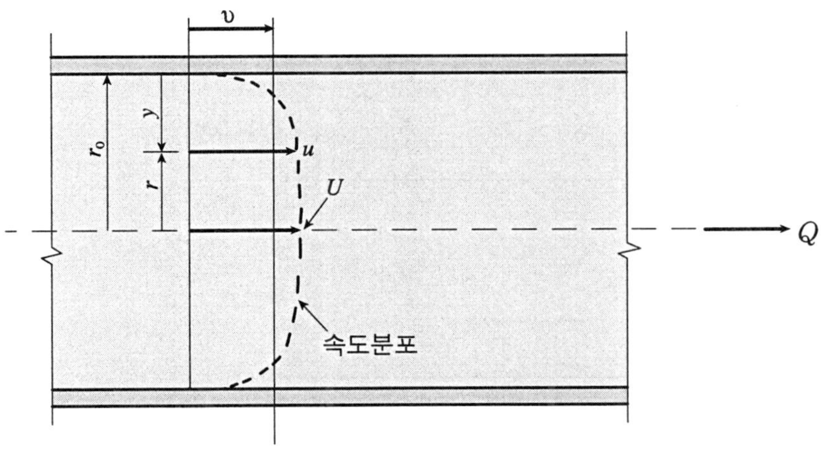

그림 6.6 난류에 대한 일반적인 속도분포의 형태

$$u = v\left\{1 + 1.43\sqrt{f} + 2.15\sqrt{f}\log\left(1 - \frac{r}{r_0}\right)\right\} \tag{6·11}$$

이다.

이 방정식의 변형된 형태는 관벽으로부터의 거리 $y = r_0 - r$ 를 정의함으로써 구해진다. 즉,

$$1 - \frac{r}{r_0} = \frac{r_0 - r}{r_0} = \frac{y}{r_0}$$

이므로, 식 (6 · 11)은

$$u = v\left\{1 + 1.43\sqrt{f} + 2.15\sqrt{f}\log\frac{y}{r_0}\right\} \tag{6·12}$$

로 표현된다. 여기서 식 (6 · 11)과 식 (6 · 12)를 비교할 때 0의 대수함수는 정의

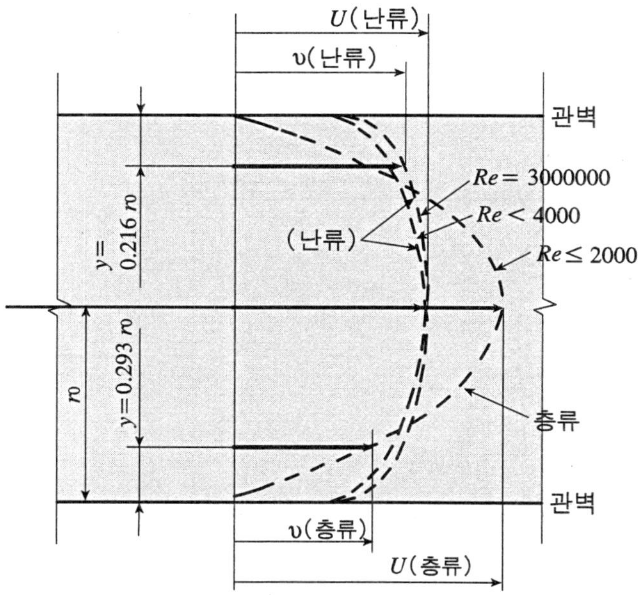

그림 6.7 매끈한 관내 층류와 난류에서의 속도분포

되지 않음을 기억해야 한다. 즉, 반지름 r 가 최대 반지름 r_0 에 가까운 값을 가지지만 그것과 같지는 않다. 단지, y 가 0에 가까워질 수 있을 뿐이다.

최대속도 U 은 관 중심($r=0$ 또는 $y=r_0$)에서 생기며, 따라서 그 값은

$$U = u_{\max} = u(1+1.43\sqrt{f}) \qquad (6 \cdot 13)$$

로부터 계산된다.

그림 6.7은 레이놀즈수의 변화에 따라 층류와 난류에 대한 속도분포를 비교하고 있다.

예제6.5

비중이 0.86인 50℃ 벤젠을 어떤 A지점에서 240m 떨어진 B지점으로 안지름 50mm의 플라스틱관을 통해 이동시키고자 한다. 체적유향이 110 l /min일 때 흐름의 최대속도를 계산하고 속도 분포상의 여러점을 계산하라. 또한, 벽면에서의 거리에 대한 속도를 그래프로 그려라.

단, 50℃ 벤젠의 점성계수는 $\mu=4.2\times10^{-4}$ Pa · s이다.

풀이

유체 흐름을 판별하기 위해서 레이놀즈수를 구하면

관내 유체흐름의 최대속도는 식 (6 · 13)으로부터

$$U = v(1+1.43\sqrt{f})$$

이므로, 평균속도 v 와 마찰계수 f 를 먼저 구해야 최대속도 U 를 구할 수 있다.

$Q=Av$ 에서

$$v = \frac{Q}{A} = \frac{\frac{0.110}{60}}{\frac{\pi}{4}(0.05)^2} = 0.932(\text{m/s})$$

$$Re = \frac{\rho v D}{\mu} = \frac{0.86 \times 1000 \times 0.932 \times 0.05}{4.2 \times 10^{-4}}$$
$$= 9.54 \times 10^4 > 4000$$

이므로 흐름은 난류이다.

또한, 마찰계수 f는 관재질이 플라스틱이므로 관벽이 매끈하여 그림 6.3의 무디 선도상에서 '매끈한 관'의 선을 사용할 수 있다. 즉, 레이놀즈수 $Re = 9.56 \times 10^4$과 '매끈한 관'의 선이 만나는 점에서의 마찰계수 f를 구하면 그 값은 $f = 0.018$이 된다. 그러므로 최대속도는

$$U = v\{1 + 1.43\sqrt{f}) = 0.932(1 + 1.43\sqrt{0.018}\}$$
$$= 1.111(\text{m/s})$$

이 되고, 이것은 관 중심에서의 유체의 속도이다.

그리고, 식 (6 · 12)는 속도 분포상의 점을 정하는 데 사용되고, 관벽($y = 0$)에서의 속도는 0이라는 것을 우리는 이미 알고 있다. 또한, 위치에 따른 속도 변화율은 관 중심의 가까이 보다는 관벽 가까이에서 더 크다. 그러므로, 증분율 0.5mm씩 하여 $y = 0.5$에서 $y = 2.5$mm까지, 그리고 증분을 2.5mm로 하여 $y = 10$mm까지, 끝으로 증분을 5mm로 하여 관 중심까지의 속도분포를 충분히 구할 수 있다.

$y = 1.0$mm 및 $r_0 = 25$mm에서의 속도는 식 (6 · 12)로부터

$$u = v\{1 + 1.43\sqrt{f} + 2.15\sqrt{f}\log(y/r_0)\}$$
$$= 0.934\left\{1 + 1.43\sqrt{0.018} + 2.15\sqrt{0.018}\log\left(\frac{1}{25}\right)\right\}$$
$$= 0.735(\text{m/s})$$

이다. 같은 방법으로 다른 지점에서의 속도 u를 계속하여 계산하면 [표 6.2]와 같은 결과를 얻을 수 있다.

[표 6.2] 속도분포

y(mm)	y/r_0	u(m/s)
0.5	0.02	0.654
1.0	0.04	0.735
1.5	0.06	0.782
2.0	0.08	0.816
2.5	0.10	0.842
5.0	0.20	0.923
7.5	0.30	0.970
10.0	0.40	1.004
15.0	0.60	1.051
20.0	0.80	1.085
25.0	1.00	1.111

그림 6.8은 속도분포가 정상적으로 나타내지는 형태로, 위치 y 에 대한 속도를 그래프로 나타낸 것이다.

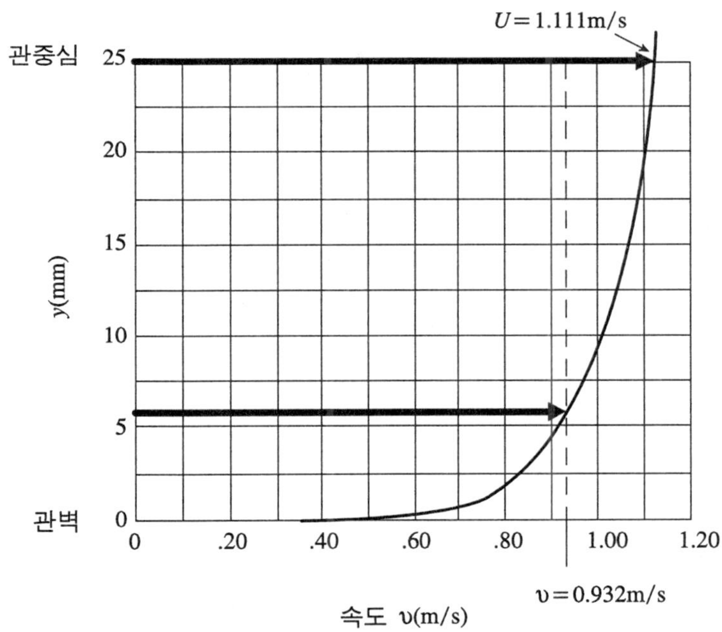

그림 6.8 난류에서의 속도분포(예제 6.5)

연 습 문 제

6.1 비중이 0.86인 0℃ 원유가 0.64m/s 속도로 안지름 24.3mm인 sch. 80의 강관을 통해서 수직으로 60m 아래로 흐르고 있다. 관의 끝과 바닥 사이의 압력차를 계산하라.

답 -471 kPa

6.2 60℃ 벤젠이 20 l /min의 유량으로 안지름 24.3mm, sch. 80의 강관 내를 흐르고 있다. 수평관의 양지점의 거리가 100m일 때 양쪽의 압력차를 구하라. 단, 벤젠의 비중량은 8.62kN/m^3이다.

답 25.2kPa

6.3 비중이 0.93인 온도 10℃의 원유가 그림 6.9에서 볼 수 있는 바와 같이 1200l/min의 유량으로 수송되는 관로는 안지름 146.3mm, sch. 80의 강관이다. 펌프실이 3.2km 떨어져 있을 때(a) 펌프실 사이의 압력강하를 계산하라. (b) 각 펌프의 입구압력을 똑같게 하기 위해서 필요한 마력을 계산하라.

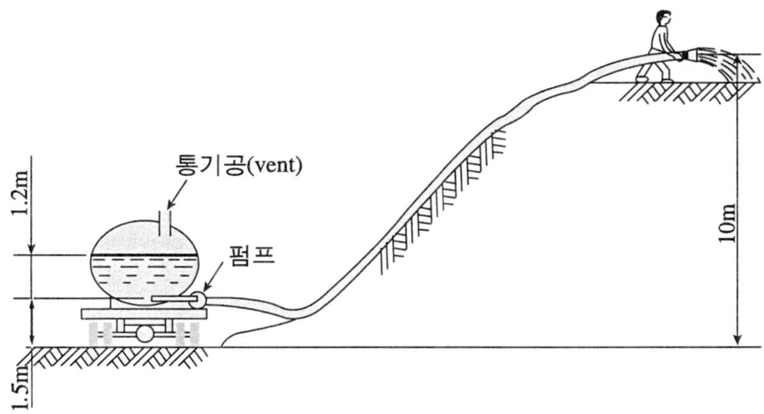

그림 6.9 유조차량

답 (a) 853kPa, (b) 17.1kW

6.4 10℃의 물이 그림 6.10에서 볼 수 있는 바와 같이 탱크에서 관을 통해 900 l/min의 유량으로 흐르고 있다. 점 B 에서의 압력을 계산하라. 단, 마찰에 의한 에너지 손실만 고려하고 다른 손실은 무시하도록 한다.

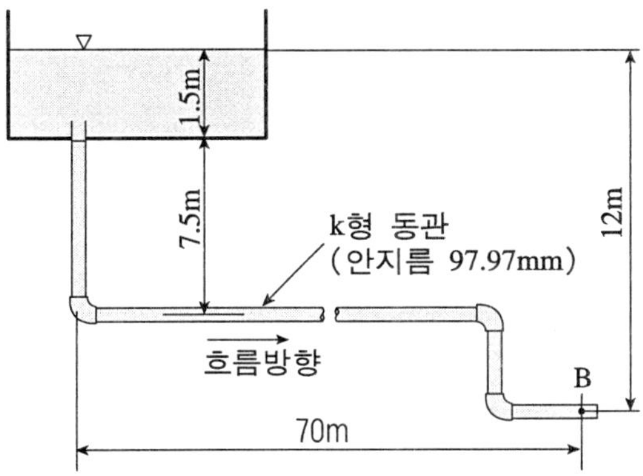

그림 6.10 고가 탱크 배관

답 89.9kPa

6.5 25℃의 글리세린이 안지름 73.84mm인 k 형 직선의 동관을 통해 180 l/min의 유량으로 흐른다. 어떤 지점이 다른 지점보다 0.68m아래에 있을 때, 서로 25.8m 떨어져 있는 두 지점 사이의 압력차를 계산하라.

답 110kPa

6.6 비중이 0.88인 60℃ 벤젠이 안지름 24.3mm, sch. 80의 강관을 통해 20 l/min의 유량으로 흐르고 있다. 마찰계수 방정식을 사용하여 마찰계수를 계산하라.

답 0.0273

6.7 점성이 2.0×10^{-3} Pa · s, 비중 1.10의 액체비료 용액이 안지름 25mm인 매끈한 플라스틱 호스를 통해 95 l/min의 유량으로 흐르고 있다. 마찰계수 방정식을 사용하여 마찰계수를 구하라.

답 0.0213

6.8 온도가 65℃인 물이 10m/s의 속도로 안지름 40.9mm, sch. 40의 강관을 통해 흐르고 있다. 마찰계수 방정식을 사용하여 마찰계수를 정하라.

답 0.0206

6.9 비중이 1.26인 40℃의 글리세린이 그림 6.11과 같이 4각관 밖의 덕트를 통해 수평으로 22.6m까지 흐를 때 압력강하를 계산하라. 단, 덕트의 모든 표면은 동판이다.

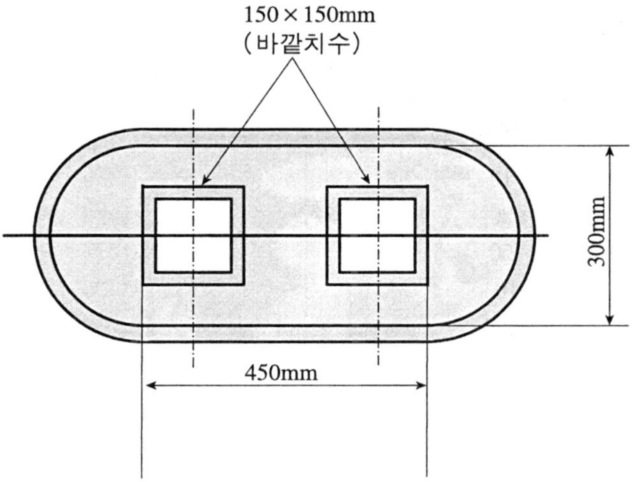

그림 6.11 비원형 단면의 한 예

답 3.02kPa

6.10 75℃의 물이 12.9 l /min의 유량으로 안지름 13.39mm인 k형 동관을 통해 흐른다. 최대속도를 계산하라.

답 1.84m/s

6.11 안지름이 1200mm인 큰 관로에 비중이 0.8이고 110℃의 SAE 10과 비슷한 기름이 흐르고 있다. 레이놀즈수가 $Re=60\times10^4$이 되도록 하는 데 필요한 체적유량을 계산하라. 만약, 관이 깨끗한 강(steel)이면 속도 분포상의 여러 점을 계산하여 그림 6.8에 나타낸 것과 비슷한 방법으로 값들을 그래프로 나타내라.

답 $2.54\ m^3/s$

[표 6.3] 속도분포

y(mm)	u(m/s)
10	0.530
30	0.628
50	0.674
100	0.735
300	0.833
600	0.895(U)

6.12 최대속도를 계산하는 수식을 사용하여 레이놀즈수가 각각 4000, 10^4, 10^5 그리고 10^6일 때 안지름 200mm인 콘크리트관을 통해 흐르는 액체의 경우, 최대속도에 대한 평균속도의 비를 계산하라.

답

[표 6·4] 마찰계수 및 소도비

Re	f	v/U
4×10^3	0.045	0.767
1×10^4	0.040	0.778
1×10^5	0.034	0.791
1×10^6	0.033	0.794

6.13 마찰계수를 계산할 수 있는 식을 사용하여 관을 통해 흐르는 어떤 유체에 대한 마찰계수를 계산할 수 있는 프로그램을 작성해 보자. 프로그램은 레이놀즈수와 상대 거칠기를 계산할 수 있어야 한다. 그러기 위해서는 다음과 같은 과정이 이루어져야 한다.

(a) 레이놀즈수가 $Re < 2000$이면 식 $f=\dfrac{64}{Re}$ 를 사용하여 마찰계수 f를 계산하라.

(b) 만약, 레이놀즈수가 2000 〈 Re 〈 4000의 범위에 있으면 유체흐름은 임계영역에 속해 얻을 수 있는 마찰계수 f 값을 계산할 수 없다. 이 경우 프로그램 사용자에게 메시지를 인쇄하라(예, 임계영역에 해당하므로 마찰계수를 구할 수 없다).

(c) 레이놀즈수가 Re 〉 4000이면 흐름은 난류이다. 관계식을 사용하여 마찰계수 f 를 계산하도록 하라.

7

부차적 손실

유체가 흐르는 관로계는 여러 가지 요소로 이루어지는데, 크게 관로와 관로요소의 두 가지로 나누어진다. 제 6장에서 관로에서의 에너지 손실을 배웠으므로, 이 장에서는 관로요소에서의 에너지 손실에 대한 지식을 습득함으로써 관로에서의 전 에너지 손실을 계산할 수 있게 된다.

따라서, 이 장에서는 관로요소들, 즉 밸브류, 배관요소들과 유로단면의 변화, 및 흐름방향의 변화에 따른 부차적 손실(minor loss)을 다루도록 한다. 그 결과, 부차적 손실원, 저항계수, 유로의 급확대, 관을 나와 탱크에 들어갈 때의 출구손실, 유로의 점차확대, 급확대, 그리고 점차축소, 유체가 탱크에서 나와 관으로 들어갈 때의 입구손실 등의 에너지 손실, 베나(Vena) 수축부, 그리고 밸브, 배관요소 및 벤드에서의 에너지 손실을 계산하는데 사용하는 상당 길이 등을 이해할 수 있게 된다.

7.1 부차적 손실원

단면적이 일정한 직원형관 속의 유체흐름은, 어떤 지점에서 얼마만큼 흐른 뒤 하류에 이르면 유체흐름은 어느 단면에서나 일정하게 되고, 관로의 에너지 손실률도 일정하다는 것을 제6장에서 이미 언급하였다. 그러나 관로계에서 단면적이 급확대 또는 급축소되거나, 점차확대 또는 점차축소되어서 흐름방향이 바뀌는 경우 에너지 손실도 변한다.

관로계에서 관의 입구와 출구, 밸브류, 배관요소들에서의 에너지 손실은 위에서 언급된 에너지 손실의 하나이거나 조합한 경우에 해당한다. 관로계에서의 에너지 손실은 주로 관마찰에 기인하며, 에너지 손실의 대부분을 차지하므로 여기서 생긴 에너지 손실을 **부차적 손실**(minor loss)이라고 한다. 부차적 손실은 유체를 가속시키기 위한 에너지 손실과 유체점성에 의한 손실의 두 가지 형태이고, 이 손실이 전 에너지 손실 중에서 차지하는 비율은 관로계에서 관로 길이가 긴 경우 무시될 정도로 작고, 반대로 짧은 경우에는 대부분을 차지한다.

부차적 손실은 유로상에서 단면의 변화가 있거나 흐름방향이 바뀌거나 유로상에 밸브가 있는 경우처럼 장애물이 있는 곳에서 발생한다. 에너지는 이와 같은 조건 아래에서 훨씬 더 복잡한 물리적 현상에 기인하여 손실된다. 이러한 손실의 크기를 이론적으로 예측하는 것은 복잡해서 보통은 실험자료가 사용된다.

부차적 손실원을 그림 7.1과 같은 관로 속에 장애물이 있는 유체흐름을 통해 알아보도록 하자. 이 경우, 에너지 손실은 보통 속도 크기의 변화나 흐름방향의 변화 때문에 생기는데 이것을 **속도변화** 또는 **형상변화에 의한 에너지 손실**이라 하고, 속도변화가 급격하여 유체입자들의 충돌로 인하여 생기는 손실을 **충돌손실**이라고 한다.

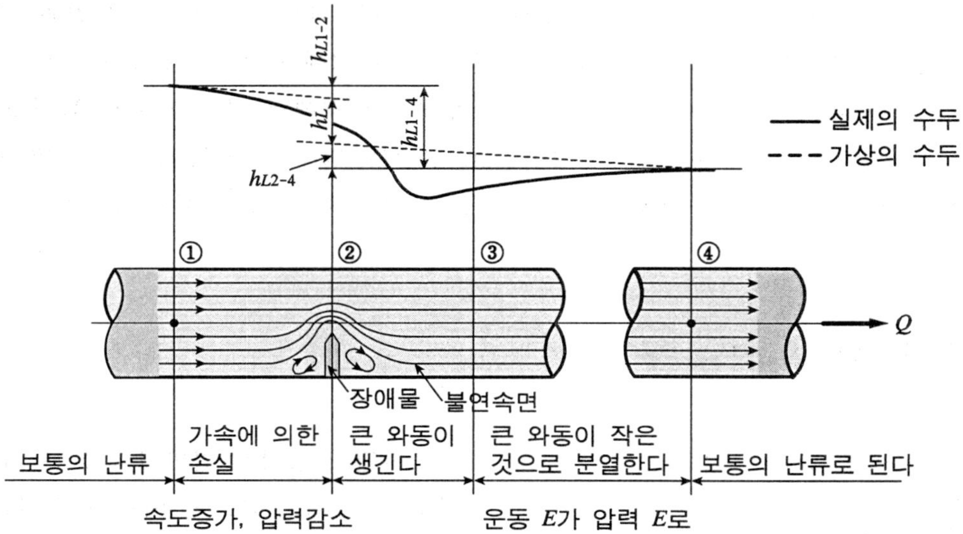

그림 7.1 부차적 손실원

또한, 그림 7.1의 단면 ①, 단면 ② 사이에서 단면 ②에 있는 장애물 때문에 유로의 단면이 좁아지면서 속도는 증가하고 압력은 떨어진다. 다시, 유체가 단면 ②에서 단면 ③으로 흐르면서 운동 에너지는 압력 에너지로 변하여 그림의 실선과 같이 흐름방향으로 압력이 높아진다.

그 결과, 유체흐름은 압력 기울기에 역행하여 흐르기 때문에 흐름은 극히 불안정하게 되고, 아울러 장애물 뒤에서 주흐름은 박리함으로써 큰 와류가 일어난다. 이 와류에 의한 에너지 손실을 **와류손실**(渦流損失; eddy loss)이라고 한다. 이 큰 와류는 다시 단면 ③과 단면 ④ 사이에서 작은 와류로 분열되고, 작은 와류는 점성마찰로 차차 감쇄하여 나중에는 열에너지로 변환하면서 없어진다.

그림 7.1에서 장애물에 의한 유체흐름의 전손실 수두는 h_{L1-4} 가 되고, 이것은

와류손실 h_L 과 유체흐름에 의한 마찰손실 h_{L1-2} 와 h_{L2-4} 의 합이다.

그러므로, 어떤 점에서의 압력수두는 그 점까지의 손실수두와 속도수두에서 압력수두로의 변환분(또는, 그 반대의 변환분)을 대수적으로 더한 것이 되며, 그림에서 실선으로 나타낸 경로를 거친다. 그러나 편의상 손실수두는 그림에서 점선으로 나타낸 것과 같이 단면 ②에 집중하여 생기는 것으로 가정하여 취급한다.

이와 같이 유체가 엘보 속 유체흐름과 같이 흐름방향을 바꾸거나, 유로 단면의 확대 또는 축소 또는 밸브와 같이 유체흐름을 방해하는 장애물이 있는 곳을 통해 흐를 때, 에너지 손실은 유체의 속도수두에 비례한다.

$$h_L = \zeta \frac{v^2}{2g} \qquad (7 \cdot 1)$$

식 (7・1)에서 h_L 은 부차적 손실이고, ζ 는 저항계수(resistance coefficient)로 보통 에너지 손실에 대한 실험값은 저항계수 ζ 에 의하여 보고된다. 그리고 속도 v 는 부차적 손실이 일어나는 부근에서의 관내 유체흐름의 평균속도이다. 유로단면의 확대나 축소의 경우처럼 어떤 경우에는 유체속도보다 더 크다. 어떤 속도도 각 저항계수와 함께 사용되지 않으면 안된다는 것이 가장 중요하다.

저항계수 ζ 의 크기는 에너지 손실을 일으키는 기구의 형상과 때때로 유속에 따라 달라진다. 즉 관내 유체흐름의 레이놀즈수 $Re = \frac{vD}{\nu}$, 장애물의 형상 y/D (y 는 장애물의 크기, D 는 관의 안지름), 그리고 관벽의 상대 거칠기 D/ε 와 관계가 있다. 이것을 함수적으로 나타내면

$$\zeta = f\,(Re,\ y/D,\ D/\varepsilon) \qquad (7 \cdot 2)$$

로 표현할 수 있다. 그러나 배관요소들의 표면마찰에 의한 영향은 작기 때문에 상대 거칠기 D/ε 의 영향은 무시할 수 있다. 또한, 니쿠라드스의 실험결과에 의하면 불규칙한 관로 때문에 큰 와류가 생기고, 유체흐름도 심한 난류가 되므로 저항계수 ζ 는 레이놀즈수와 거의 무관하다. 따라서, 난류흐름의 관로에서의 저항계수 ζ 는, 주로 장애물의 형상 y/D 만에 의하여 정해진다.

다음 절에서 저항계수 ζ를 정하는 과정과 많은 종류의 부차적 손실조건에 대한 에너지 손실을 계산하는 과정을 설명하도록 한다.

7.2 급확대관

그림 7.2와 같이 작은 관에서 큰 관으로 급확대되어 유체가 흐를 때, 유체는 작은 관에서 분류(jet flow)를 이루면서 큰 관으로 흐르고, 분류의 주위엔 비교적 속도가 느린 와류를 일으킨다. 즉, 속도가 빠른 주류(主流)와 느린 와류 사이에는 큰 속도 기울기가 생겨 불연속면에는 강한 전단응력이 발생하고, 유체흐름과 직각인 방향으로 유체의 혼합작용이 생겨 분류는 점차 확산해서 마침내 큰 관의 전단면으로 퍼지게 된다.

그 결과 큰 와류는 차차 작은 와류로 분열되고, 다시 유체가 충분히(관지름의 약 50배 길이) 흐른 뒤의 하류에 이르러 와류는 없어져, 비로소 완전히 발달된 난류로 되돌아가 흐르게 된다.

그림 7.2의 점선으로 둘러싸인 자유물체를 생각해 보자. 유체흐름은 큰 와류에서 작은 와류로 바뀌어 흐르고, 관벽의 마찰력은 와류에 의한 전단력에 비하여 작기 때문에 무시하여 운동량의 원리를 자유물체에 적용하면,

$$p_1 A_1 - p_2 A_2 = \rho Q(v_2 - v_1)$$

이 된다. 또한, 단면 ①과 단면 ②사이의 손실 에너지를 고려하여 베르누이 방정식을 적용하면

$$\frac{p_1}{\gamma} + \frac{{v_1}^2}{2g} = \frac{p_2}{\gamma} + \frac{{v_2}^2}{2g} + h_L$$

로 표시된다.

위의 두 식에서 $\dfrac{p_1 - p_2}{\gamma}$ 에 대해 정리하면

$$\frac{p_1 - p_2}{\gamma} = \frac{Q}{gA_2}(v_2 - v_1) = \frac{v_2^2 - v_1^2}{2g} + h_L$$

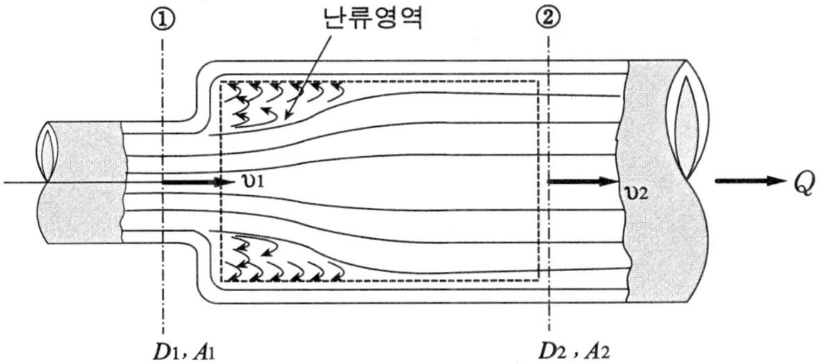

그림 7.2 급확대관

$$h_L = \frac{2v_2(v_2 - v_1)}{2g} - \frac{v_2^2 - v_1^2}{2g} = \frac{(v_2 - v_1)^2}{2g} \tag{7·3}$$

또는

$$h_L = \left(1 - \frac{A_1}{A_2}\right)^2 \frac{v_1^2}{2g} \tag{7·4}$$

으로 나타내진다. 여기서 속도 v_1 은 급확대 직전의 작은 관에서의 유체흐름의 평균속도이다. 식 (7·4)를 식 (7·1)과 비교하면

$$\zeta = \left(1 - \frac{A_1}{A_2}\right)^2 \tag{7·5}$$

이다. 여기서 급확대되는 정도가 크면 클수록 저항계수 ζ 는 1에 가까운 값이 된다. 이와 같은 경우는 큰 탱크에 연결되는 관 또는 대기 중에 방출 되는 관흐름 등에 해당되며, 이 때의 급확대관에서의 손실을 **보다·카르노(Borda Carnot)의 손실** 또는 **출구손실**(exit loss)이라고 한다.

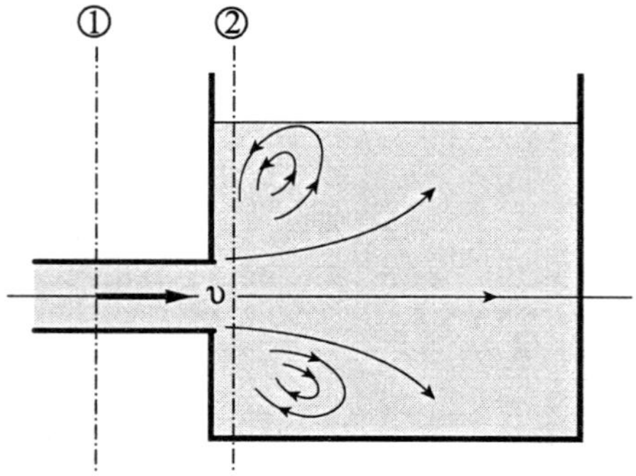

그림 7.3 출구손실

그림 7.3과 같이 관 속의 유체가 큰 탱크로 흘러 들어가는 경우, 입구 측 단면 (A_1)이 출구측 단면 (A_2)에 비해 훨씬 작으므로, 탱크 속에서의 유체의 속도는 거의 0으로 감속된다.

즉, $A_1 \ll A_2$ 이므로 식 (7·5)에서 저항계수 $\zeta=1$ 이 된다. 따라서, 손실수두는 식 (7·4)로부터

$$h_L = \frac{v^2}{2g} \tag{7·6}$$

이다. 이것을 **출구손실**(exit loss)이라고 한다. 식 (7·6)은 관 속의 유체가 가지고 있던 운동 에너지가 속도수두 $\frac{{v_1}^2}{2g}$ 으로 있다가 탱크 속에서 와류로 되고, 뒤이어 와류의 에너지가 전부 열로 변하여 없어진다는 것을 뜻한다.

그림 7.4는 급확대관에서의 저항계수 ζ 를 지름비 D_2/D_1 와 작은 관에서의 유속에 따라 그래프로 나타낸 것으로, 저항계수 ζ 는 두 관의 크기비와 유속의 크기에 따라 달라지는 것을 나타내고 있다. 즉 지름비가 $D_2/D_1=3$이고 관내 평균유속이 12m/s일 때 저항계수는 $\zeta=0.64$임을 알 수 있다.

식 (7·5)에서의 ζ 값은 속도가 $v_1=1.2$m/s일 때 실험값과 잘 일치하는 것을 나타내고 있으며, 좀더 큰 속도에서는 ζ 의 실제값이 이론값보다 좀 작다. 따라서, 유속을 알고 있는 경우에는 가급적이면 실험값을 사용하는 것이 바람직하다.

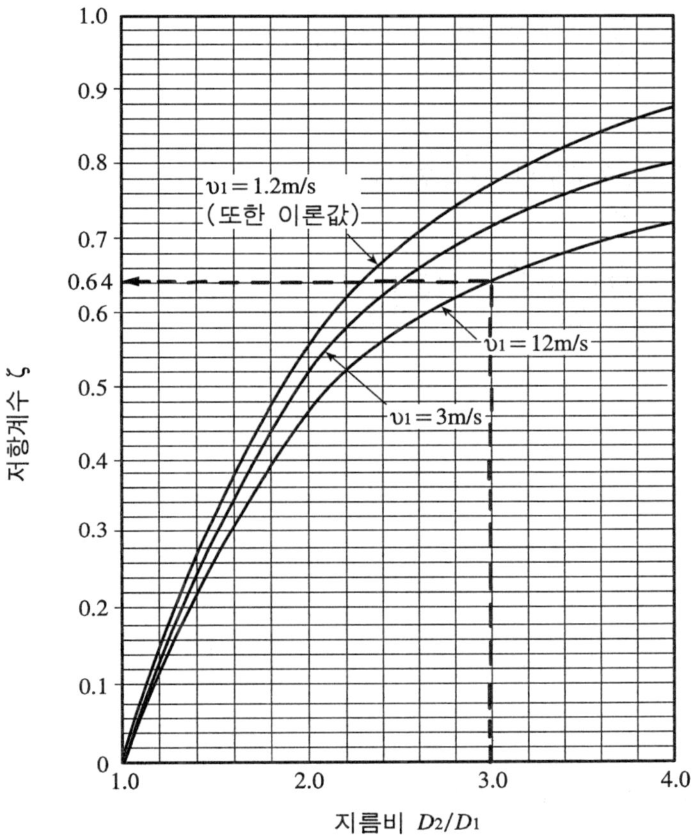

그림 7.4 저항계수 ζ(급확대관)

예제7.1

안지름 250mm인 원관이 안지름 400mm인 원관에 급확대 연결되어 250 l/s의 유량이 흐른다면 손실수두는 얼마인가?

풀이

연속 방정식으로부터 각 원관에서의 평균속도는

$$v_1 = \frac{Q}{A_1} = \frac{0.250}{\frac{\pi}{4}(0.25)^2} = 5.1(\text{m/s})$$

$$v_2 = \frac{Q}{A_2} = \frac{0.250}{\frac{\pi}{4}(0.40)^2} = 2.0(\mathrm{m/s})$$

이다.

따라서, 식 (7・3)으로부터 손실수두는

$$h_L = \frac{(v_1 - v_2)^2}{2g} = \frac{(5.1 - 2.0)^2}{2\times 9.8} = 0.49(\mathrm{m})$$

이다.

예제7.2

안지름 25.27mm의 k형 동관을 통해 100 l /min의 유량으로 물이 탱크로 흘러갈 때 생기는 에너지 손실을 구하여라.

풀이

에너지 손실은 식 (7・6)으로부터

$$h_L = \frac{v^2}{2g} = \frac{(3.32)^2}{2\times 9.8} = 0.56(\mathrm{m})$$

이다. 이 때 평균속도 v 는 $Q = Av$ 에서

$$v = \frac{Q}{A} = \frac{4\times\frac{0.1}{60}}{\pi(0.02527)^2} = 3.32(\mathrm{m/s})$$

이다.

7.3 점차 확대관

그림 7.5와 같이 작은 관이 큰 관으로 단면적이 완만하게 확대되는 점차 확대관의 경우에는 속도 v_1 이 v_2 로 감소하고, 속도수두가 압력수두로 변환하여 하류로 갈수록 압력은 높아진다.

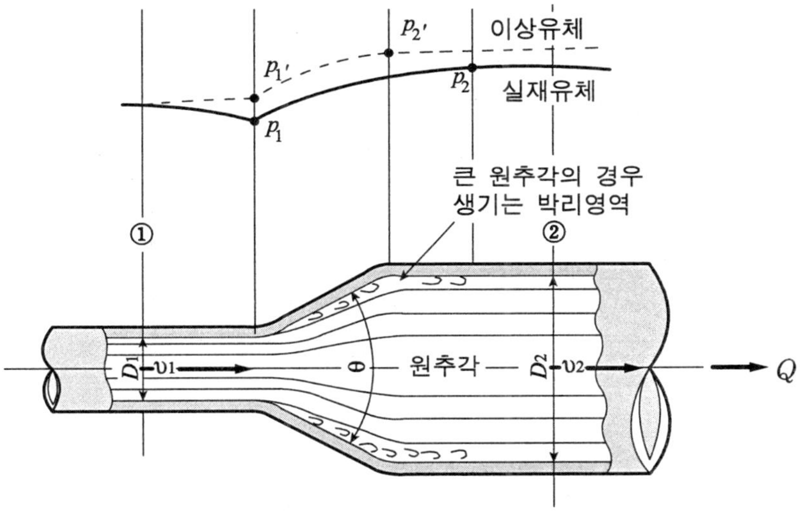

그림 7.5 점차 확대관

그림 7.5는 점차 확대관에서의 에너지 관계를 이상유체와 실제유체에 대하여 각각 나타낸 것이다. 이상유체의 경우 점선으로 나타낸 것과 같이 확대 전의 압력 p_1 이 확대가 끝나는 점에서 최고값 p_2 로 되고, 이 후에는 손실이 생기지 않으므로 압력은 일정하게 된다. 실제유체의 경우 관마찰 손실과 점차확대로 인한 와류발생으로 생기는 와류손실 때문에 압력은 실선으로 표시된 것과 같이 된다. 따라서, 최고압력 p_2 는 와류발생이 확대된 후까지 다소 계속되므로 관확대가 끝난 점에서 조금 하류로 내려간 곳에서 나타난다. 이 후에는 관마찰에 의한 에너지 손실로 재차 조금씩 내려간다.

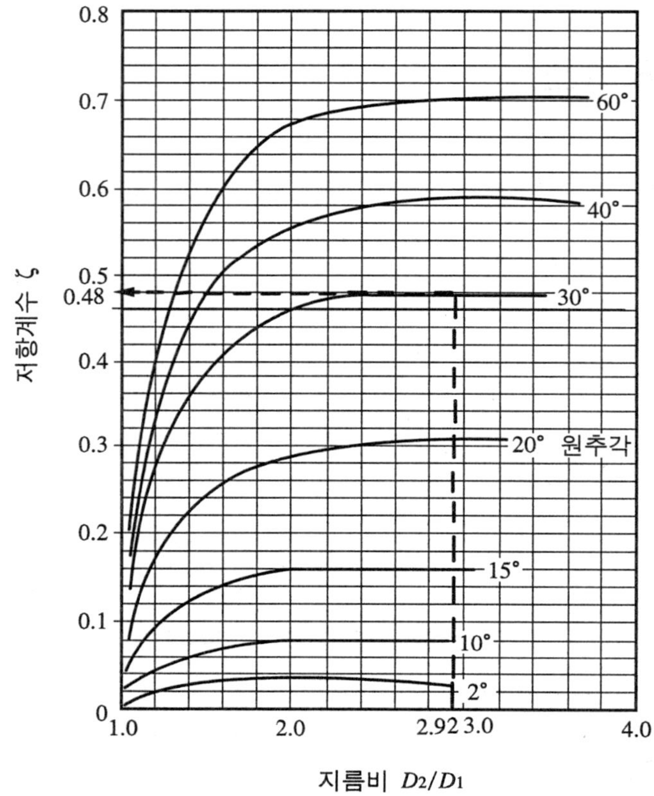

그림 7.6 저항계수 ζ(점차 확대관)

점차 확대관에서의 에너지 손실의 속도수두로 급확대관에서의 손실수두의 ξ 배로 나타내면 식 (7・1)과 식 (7・4)로부터

$$h_L = \xi \frac{(v_1 - v_2)^2}{2g} = \xi \left(1 - \frac{A_1}{A_2}\right)^2 \frac{{v_1}^2}{2g} = \zeta \frac{{v_1}^2}{2g} \tag{7・7}$$

따라서

$$\zeta = \xi \left(1 - \frac{A_1}{A_2}\right) \tag{7・8}$$

이다. 여기서 속도 v_1 은 확대 전의 작은 관 내에서의 유속이고, 저항계수 ζ 의 값은 지름비 D_2/D_1 와 원추각 θ 에 따라 달라진다. 그림 7.6은 원추각 θ 와 지름비 D_2/D_1 에 따른 저항계수 ζ 의 값을 나타내고 있다.

식 (7・7)로부터 계산되는 에너지 손실은 천이가 일어나는 벽에서의 마찰에 의한 손실은 포함하지 않는다. 즉, 상대적으로 가파른 원추각의 경우 천이가 일어나는 길이는 짧으므로 벽에서의 마찰손실은 무시할 수 있다. 그러나, 원추각이 줄어들면 천이가 일어나는 길이는 증가하여 벽마찰 손실은 커서 무시할 수 없다. 따라서, 벽마찰 손실과 확대에 의한 손실을 고려하면 원추각이 약 7°일 때 에너지 손실은 최소가 된다.

점차 확대관에서 깁슨(Gibson)의 실험식은 원추각 θ=7.5~35°의 범위에 대해

$$\xi = 0.011\theta^{1.22} \tag{7・9}$$

으로 주어진다. 점차 확대관의 응용은 팬이나 펌프의 회전차 통로 또는 풍동, 벤투리 미터 등에서 볼 수 있다.

예제7.3

안지름 25.27mm인 k 형 동관에서 원추각 30°인 점차 확대관을 통해 안지름 73.84mm인 k 형 동관으로 100 l /min의 물이 흐를 때 생기는 에너지 손실을 계산하라.

풀이

주어진 조건에서

$$v_1 = \frac{Q}{A_1} = \frac{\dfrac{0.100}{60}}{\dfrac{\pi}{4}(0.02527)^2} = 3.32(\text{m/s})$$

$$\frac{v_1^2}{2g} = \frac{(0.32)^2}{2\times 9.8} = 0.56(\text{m})$$

$$D_2/D_1 = 73.84/25.27 = 2.92$$

이므로, 그림 7.6으로부터 원추각 30°이고 지름비가 D_2/D_1=2.92일 때 저항계수는 ζ=0.48이다.

그러므로 손실수두는

$$h_L = \zeta \frac{v_1^2}{2g} = 0.48\times 0.56 = 0.27(\text{m})$$

이다. 급확대일 때의 에너지 손실 0.44mm와 비교하면 원추각이 30°인 점차 확대관이 사용될 때 급확대관에 비해 약 38.6%의 에너지 손실이 감소된다.

7.4 급축소관

그림 7.7에 나타낸 바와 같이 큰 관에서 작은 관으로 단면적이 갑자기 축소되는 경우에 에너지가 어떻게 손실되는가는 매우 복잡하다. 급축소되는 모서리에서 유체흐름은 박리되어 A_1 인 유관의 단면적이 A_c 로 축소되었다가 다시 A_2 로 확대된다.

따라서, 단면적이 A_1 에서 A_c 로 축소될 때 압력수두의 일부분은 속도수두로 변화되어 축소부에서의 속도는 v_c 로 된다. 이 때, 에너지 변환은 안정적이며 얼마간의 와류가 발생할 뿐이고 그 손실은 작다. 또한, 유관의 단면적이 A_c 에서 A_2 로의 확대가 일어나는 경우, 속도수두가 압력수두로 바뀌는 과정으로 유선은 감속하고, 관을 가득 채워 흐르기 위해서는 다시 팽창하여야 한다. 수축으로 인한 난류와 뒤이은 팽창이 에너지 손실을 일으키므로 손실은 단면적이 A_1 에서 A_c 로 축소되는 과정에서보다 훨씬 크다. 이 때 단면적이 최소가 되는 단면 A_c 를 베나 수축부(Vena contracta)라고 한다.

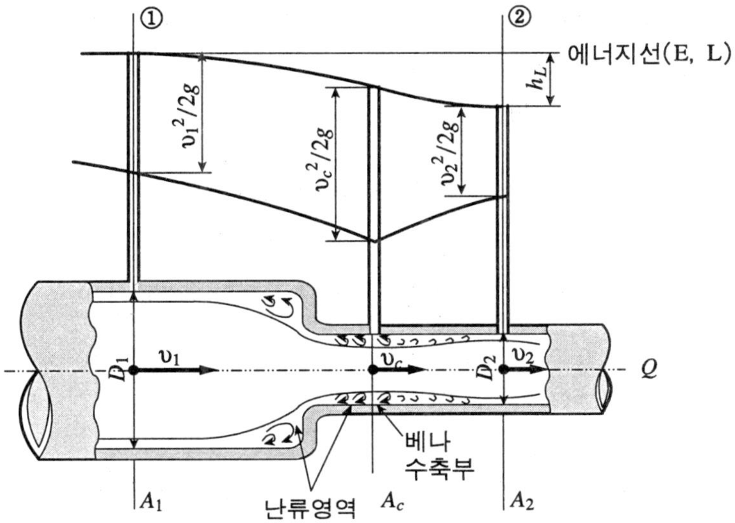

그림 7.7 급축소관

그림 7.7의 단면적 A_c 에서 A_2 로 확대되는 곳에서의 손실 h_L 에 대하여 식 (7 · 7)을 적용하면

$$h_L = \left(1 - \frac{A_c}{A_2}\right)^2 \frac{v_c^{\ 2}}{2g}$$

이 되고, 면적비 $A_c/A_2 = C_c$ 라고 두면 연속 방정식으로부터 $Q = A_c v_c = A_2 v_2$ 에서 $v_c = v_2/C_c$ 이므로

$$h_L = (1 - C_c)^2 \left(\frac{1}{C}\right) \frac{v_2^{\ 2}}{2g} = \left(\frac{1}{C_c} - 1\right)^2 \frac{v_2^{\ 2}}{2g} = \zeta \frac{v_2^{\ 2}}{2g} \qquad (7 \cdot 10)$$

$$\zeta = \left(\frac{1}{C_c} - 1\right)^2$$

으로 표시된다. 여기서 v_2 는 수축이 일어나는 하류의 작은 관에서의 유속이고,

C_c 는 수축계수(coefficient of contraction), 저항계수 ζ는 두 관의 크기비와 유속에 따라 달라진다. 독일의 바이스바흐(Weisbach)는 물을 사용하여 수축계수에 대한 실험결과를 [표 7.1]에 나타내고 있다.

[표 7·1] 급축소관에서의 수축계수

A_2/A_1	0.1	0.2	0.2	0.4	0.5	0.6	0.7	0.8	0.9	1.0
C_c	0.61	0.62	0.63	0.65	0.67	0.70	0.73	0.77	0.84	1.00
$\zeta=\left(\frac{1}{C_c}-1\right)^2$	0.41	0.38	0.34	0.29	0.24	0.18	0.14	0.089	0.036	0

그림 7.8은 저항계수 ζ 가 안지름비 D_1/D_2 과 작은 관에서의 평균유속 v_2 에 따라 어떻게 변하는가를 나타내고 있다. 즉, 안지름비 D_1/D_2 이 약 1.6 이하에서는 속도가 클수록 저항계수도 큰 반면에, 안지름비가 약 1.6 이상일 경우에는 오히려 속도가 작을수록 저항계수 ζ 는 더 크다는 것을 알 수 있다.

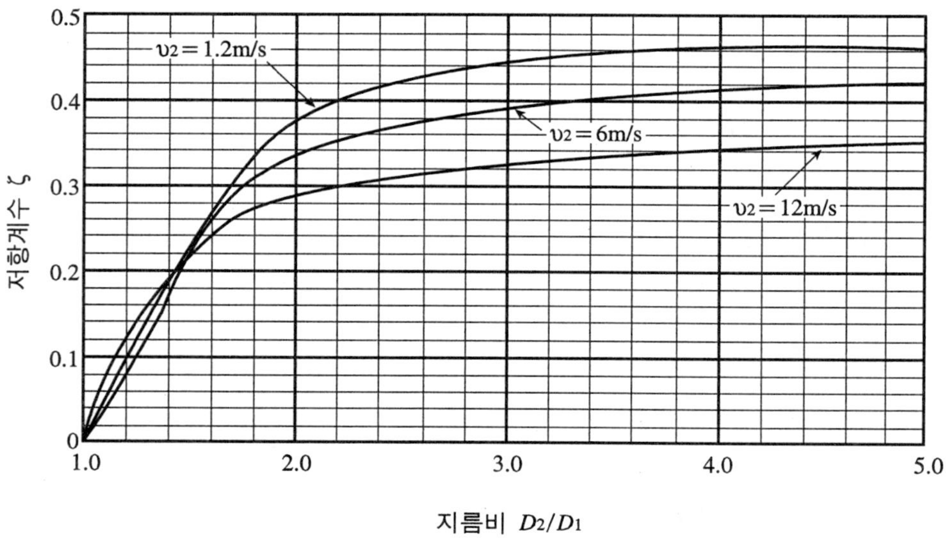

그림 7.8 저항계수 ζ(급축소관)

예제7.4

안지름이 450mm인 관과 300mm인 관을 연결하여 안지름이 큰 관에서 작은 관으로 매초 230 l 의 유량으로 흐르고 있다. 급축소 연결부에서의 손실수두를 구하라.

풀이

급축소관에서의 손실수두는 식 (7 · 10)으로부터

$$h_L = \left(\frac{1}{C_c} - 1\right)^2 \frac{{v_2}^2}{2g}$$

이다. 여기서 수축계수 C_c 는 $A_2/A_1 = (300/450)^2 = 0.444$이므로, [표 7.1]을 사용하여 보간법으로 구하면 $C_c = 0.66$이다. 또한, 저항계수 ζ 는

$$\zeta = \left(\frac{1}{C_c} - 1\right)^2 = \left(\frac{1}{0.66} - 1\right)^2 = 0.265$$

이다. 또한, 작은 관에서의 유속 v_2 는 연속 방정식으로부터

$$v_2 = \frac{Q}{A_2} = \frac{4 \times 0.230}{\pi (0.3)^2} = 3.26 (\mathrm{m/s})$$

이다. 따라서, 손실수두 h_L 은

$$h_L = \zeta \frac{v_2^2}{2g} = 0.265 \times \frac{(3.26)^2}{2 \times 9.8} = 0.144 (\mathrm{m})$$

이다.

7.5 점차 축소관

그림 7.9와 같은 점차 축소관에서의 에너지 손실은 급축소를 좀 완만하게 축소함으로써 대체로 감소하고, 각 θ 를 원추각이라고 한다.

그림 7.10은 여러 가지 **원추각** θ 에 대해 지름비 D_1/D_2 에 따른 저항계수 ζ를 나타내고 있다. 에너지 손실은 식 (7·10)으로부터 계산이 가능하고, 저항계수는 수축 후 작은 관에서의 속도수두에 기인한다. 이 자료들은 레이놀즈수가 $Re>1.0\times10^5$ 인 경우에 해당한다. 원추각이 15° 이상 40°까지는 저항계수가 $\zeta=0.05$ 이하의 매우 작은 값을, 원추각이 50° 이상 60°이하인 경우에는 저항계수 ζ 가 0.08보다 작다.

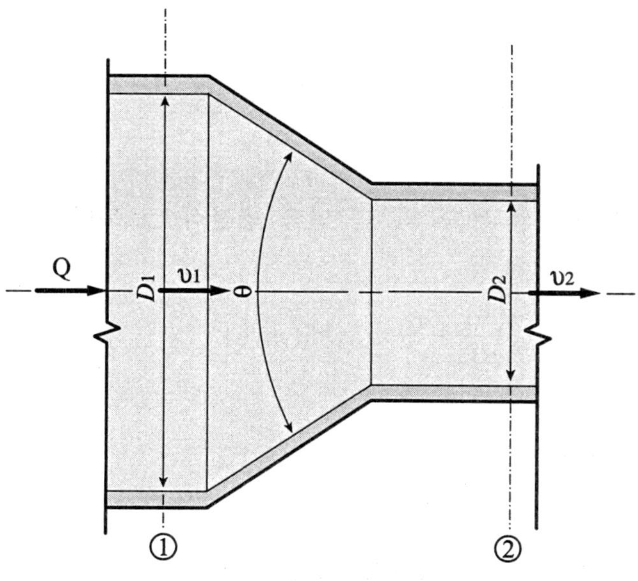

그림 7.9 점차 축소관

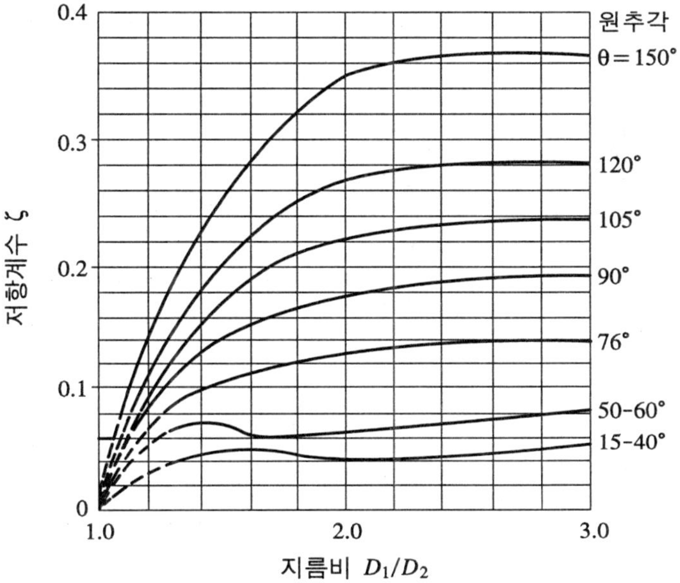

그림 7.10 저항계수 ζ(급축소관)

그림 7.11에서 볼 수 있는 바와 같이 점차축소의 원추각이 15° 미만으로 감소하면 저항계수는 실질적으로 증가한다. 그 이유는 유체흐름의 박리로 생기는 국부난류와 관마찰의 영향을 포함하기 때문이다. 더 작은 원추각의 경우 두 지름 사이의 천이가 매우 길고 그것이 마찰손실을 증가시킨다.

그림 7.12와 같이 더 작은 관과 연결하기 위해서 원추천이의 끝을 둥글게 함으로써 그림 7.10에서의 값 미만으로 저항계수를 줄일 수 있다. 예를 들면, 원추각(圓錐角) 120°인 점차 축소관에서 작은 관이 연결되는 끝을 단지 $0.05D_2$ 의 반지름으로 둥글게 함으로서, 저항계수 ζ의 값은 둥글게 하지 않은 경우의 $\zeta=0.27$에서 $\zeta=0.10$으로 줄일 수 있다.

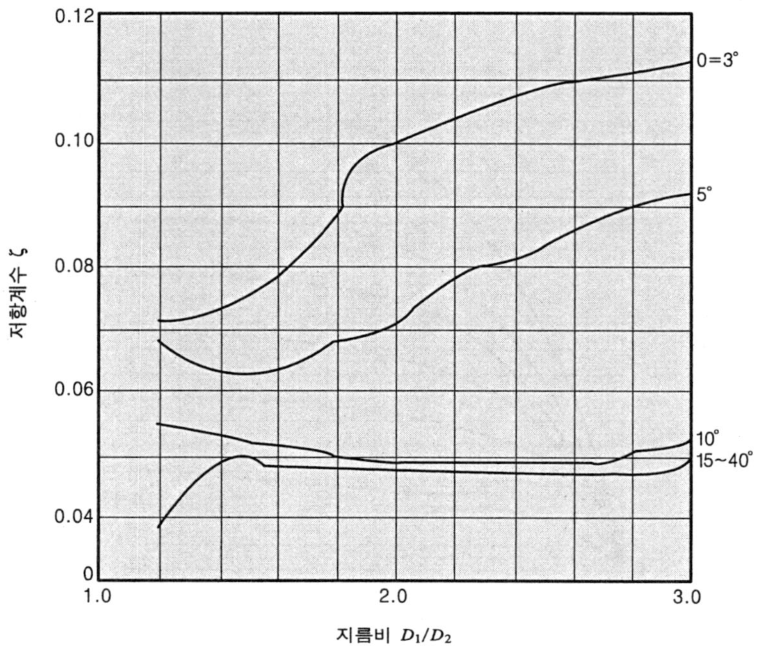

그림 7.11 저항계수 ζ(점차 축소관)

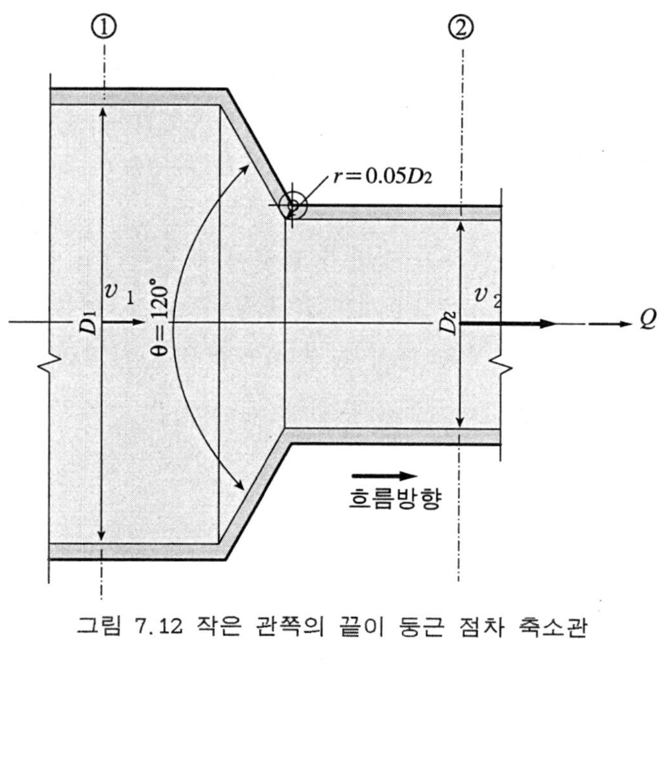

그림 7.12 작은 관쪽의 끝이 둥근 점차 축소관

7.6 입구손실

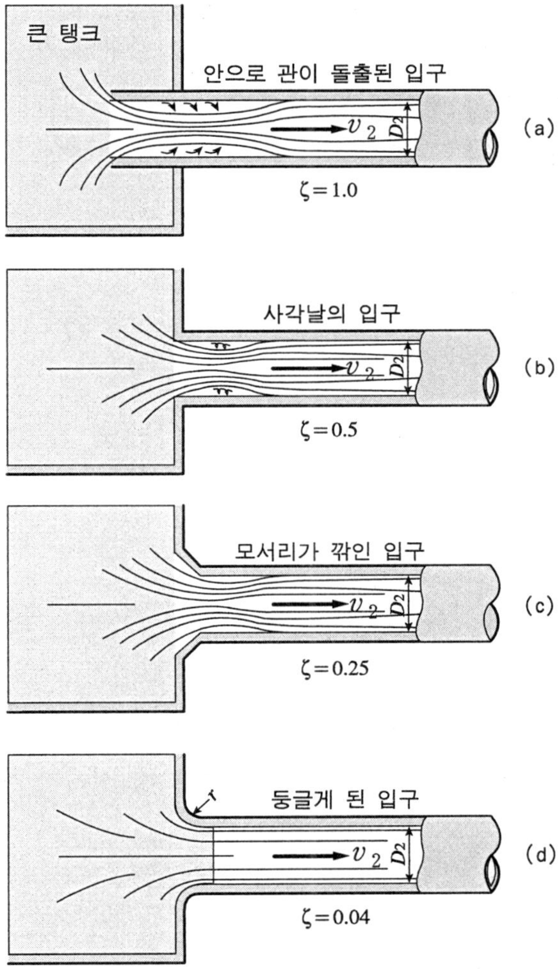

r/D_2	ζ
0	0.50
0.02	0.28
0.04	0.24
0.06	0.15
0.10	0.09
>0.15	0.04(잘 둥글게 된)

그림 7.13 입구 저항계수

유체가 비교적 큰 용기나 탱크에서 관 속으로 흘러갈 때는 특별한 축소의 경우가 발생한다. 유체는 탱크에서 나올 때 무시할 정도의 작은 속도에서 관속의 유속으로 가속되고, 가속이 얼마나 일어나느냐에 따라 에너지 손실의 양이 정해진다. 그러므로 입구 저항계수의 값은 입구의 형상에 따라 달라진다.

그림 7.13은 4개의 다른 입구 모양과 각 경우에 대한 저항계수 ζ 값을 나타내고 있다. 유선(流線)은 관 속으로의 유체흐름을 나타내고 있고, 관에서의 베나 수축부의 형상과 관계 있는 난류가 에너지 손실의 주요원인임을 표시하고 있다. 그 가운데서 안쪽으로 돌출해 있는 관의 경우가 에너지 손실이 가장 심하고 이 때, 저항계수 ζ의 값으로는 보통 $\zeta=1.0$으로 주어진다. 또한, $\gamma/D_2>0.15$ 인 입구가 잘 둥글게 된 경우 어떠한 경우에도 베나 수축부가 생기지 않고, 에너지 손실은 대단히 작으며 저항계수는 $\zeta=0.04$의 값을 사용한다.

따라서, 입구에서의 에너지 손실은

$$h_L=\zeta\frac{{v_2}^2}{2g} \tag{7·11}$$

으로 나타낼 수 있고, 여기서 저항계수 ζ는 그림 7.13으로부터 구하며, 속도 v_2는 관속에서의 유체속도이다.

예제7.5

탱크 속의 물이 100 l/min의 유량으로 (a) 안쪽으로 돌출해 있는 관, 그리고 (b) 잘 둥글게 된 관을 통하여 안지름 25.27mm안 k 형 동관으로 흐를 때 생기는 에너지 손실을 구하라.

풀이

(a) $D_2=25.27\text{mm}$, $A_2=5.017\times10^{-4}\text{m}^2$이므로

$$v_2=\frac{4\times\frac{0.1}{60}}{\pi(0.02527)}=3.32(\text{m/s})$$

$$\therefore\frac{{v_2}^2}{2g}=\frac{(3.32)^2}{2\times9.8}=0.56(\text{m})$$

탱크의 안쪽으로 돌출해 있는 관의 경우, 그림 7.13으로부터 저항계수 $\zeta=1.0$이므로 입구손실은

$$h_L=\zeta\frac{{v_2}^2}{2g}=1.0\times0.56=0.56(\mathrm{m})$$

이다.

그림 7.13의 (b)와 같은 방법으로 잘 둥글게 된 관의 경우 저항계수가 그림 7.13으로부터 $\zeta=0.04$이므로, 입구손실은

$$h_L=\zeta\frac{{v_2}^2}{2g}=0.04\times0.56=0.02(\mathrm{m})$$

이다.

7.7 밸브와 배관요소

유체가 흐르는 관로계에서는 많은 종류의 밸브류와 배관요소들이 사양과 설치에 따라, 여러 회사들에게 만들어져 공급되고 있다. 유량조절에 사용되는 밸브류에는 그림 7.14에서 볼 수 있는 바와 같이 글로브 밸브(globe valve), 게이트 밸브(gate valve), 앵글 밸브(angle valve), 버터 플라이 밸브 (butterfly valve) 그리고 여러 종류의 체크 밸브(check valve)들이 많이 있다. 유체흐름의 경로를 정하고 흐름경로의 크기를 바꾸기도 하는 배관요소들에는 그림 7.15에서 볼 수 있는 바와 같이 여러 형상의 엘보(elbow), 티(tee), 리듀셔(reducer), 노즐(nozzle), 그리고 오리피스(orifice) 등이 있다.

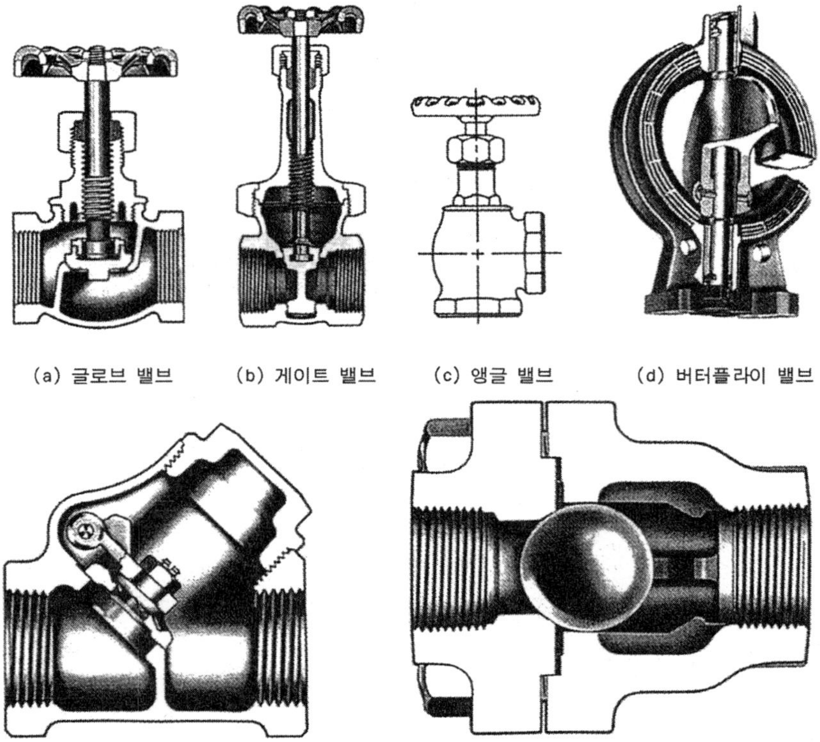

(a) 글로브 밸브 (b) 게이트 밸브 (c) 앵글 밸브 (d) 버터플라이 밸브

(e) 체크 밸브(스윙형) (f) 체크 밸브(볼형)

그림 7.14 밸브류

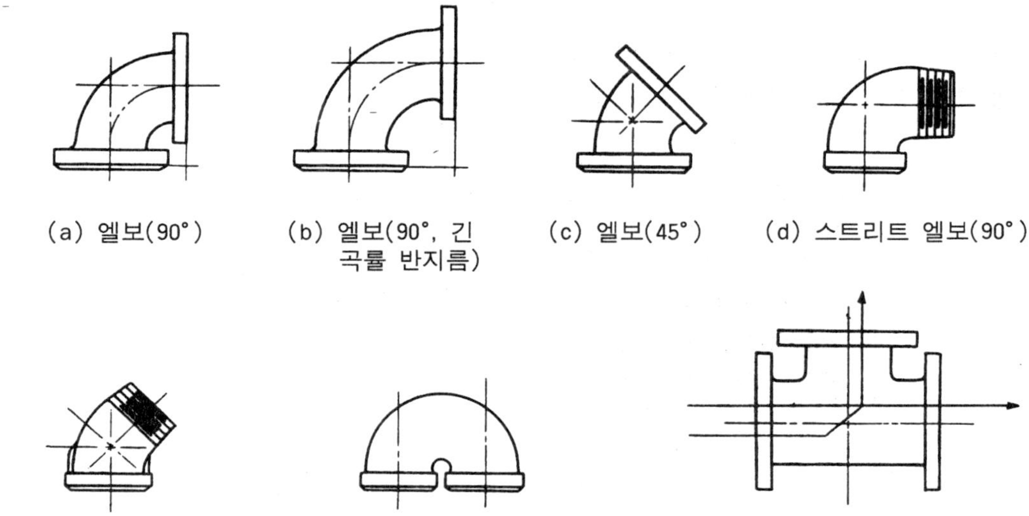

(a) 엘보(90°) (b) 엘보(90°, 긴 곡률 반지름) (c) 엘보(45°) (d) 스트리트 엘보(90°)

(e) 스트리트 엘보(45°) (f) 밴드(180°) (g) 티

그림 7.15 배관요소

저항은 밸브류의 경우 밸브의 형상에 따라 달라지기 때문에 선정된 특수형태와 크기에 대한 저항자료를 정하는 것은 중요한다. 또한, 밸브류 제조 업체들은 다른 형태의 자료를 많이 제시해야 한다.

유체가 밸브나 배관요소를 흘러갈 때 생기는 에너지 손실은 이미 언급한 부차적 손실에 사용된 것처럼 식 (7·1)로부터 계산된다. 그러나 저항계수 ζ 의 값은

$$\zeta = \frac{Le}{D} f \qquad (7 \cdot 12)$$

로 나타내진다. 여기서 Le/D 를 **상당 길이비**이라 하고 [표 7.2]에 제시하고 있으며, 주어진 밸브나 배관요소의 형태의 경우 일정하다. 또한, Le를 **상당 길이**라 하고, 밸브에서의 저항과 같고 호칭 지름이 같은 직관의 길이이다. D 는 관의 실제 안지름이고, f 는 밸브나 배관요소가 연결되는 관에서의 마찰계수로 완전 난류영역, 그림 6.2의 무디 선도상에서 마찰계수가 레이놀즈수와 상관이 없는 맨 오른쪽

영역에 있다. 일반적으로 선도를 가로질러 대각선으로 잇는 점선은 완전 난류영역과 천이영역으로 나눈다.

[표 7·2] 상당 길이비 Le/D로 나타낸 밸브와 배관요소에서의 저항

밸브 및 배관요소의 종류	상당 길이비(Le/D)
글로브 밸브-완전개방	340
앵글 밸브 -완전개방	150
게이트밸브-완전개방	8
-3/4 개방	35
-1/2 개방	160
-1/4 개방	900
체크 밸브 -스윙형	100
체크 밸브 -볼형	150
버터플라이 밸브-완전개방	45
90° 표준엘보	30
90° 곡률 반지름이 긴 엘보	20
90° 스트리트 엘보	50
45° 표준엘보	16
45° 스트리트 엘보	26
밀폐 180° 엘보	50
표준티 -주관 방향흐름	20
-가지관 방향흐름	60

마찰계수 f의 값은 관과 밸브의 크기에 따라 달라지고, 저항계수 ζ를 또한 변하게 한다. [표 7.3]은 표준치수의 새로운, 깨끗한 상업용 강관에 대한 마찰계수 f의 값을 나타낸다.

[표 7·3] 새로운, 깨끗한 상업용 강관에 대한 완전 난류영역에서의 마찰계수

호칭관 치수(mm)	마찰계수(f)	호칭관 치수(mm)	마찰계수(f)
15	0.027	100	0.017
20	0.025	125	0.016
25	0.023	150	0.015
32	0.022	200～250	0.014
40	0.021	300～400	0.013
50	0.019	45～˜600	0.012
65,60	0.018		

관로계에서의 에너지 손실을 구할 때 어떤 설계자는 밸브에 대한 관의 상당 길이를 계산하여 관의 실제 길이에 더한다. 식 (7 · 12)로부터 상당 길이 Le 는

$$Le = \zeta \cdot D/f \qquad (7 \cdot 13)$$

로 나타낼 수 있다. 그러나 이것은 관 내의 유체흐름이 단지 완전 난류영역에 있을 때만 유효하다.

예제7.6

호칭치수가 150mm, sch. 40의 강관에 설치되어 있는 글로브 밸브가 완전히 열린 상태에서의 저항계수 ζ 값을 구하라.

풀이

글로브 밸브가 완전히 열린 상태에서의 상당 길이비 Le/D 가 [표 7.2]로부터 340이고, 호칭치수 150mm 관의 경우 마찰계수 f 가 [표 7.3]으로부터 f=0.015이므로 저항계수 ζ 는

$$\zeta = (Le/D)f = 340 \times 0.015 = 5.10$$

이다. 또한, 호칭치수 150mm의 경우 안지름이 D=154.1mm이므로 상당길이는

$$Le = \zeta \cdot D/f = \frac{5.10 \times 0.1541}{0.015}$$
$$= 52.4(\mathrm{m})$$

이다.

[표 7.2]의 대표적인 밸브와 배관요소의 물리적 형상은 그림 7.14와 그림 7.15에 나타내고 있다. 상당 길이비 Le/D 와 그에 따른 에너지 손실의 크기는 기구를 통해 흐르는 유로의 복잡성에 따라 달라진다.

앵글 밸브의 내부구조는 유체가 시트를 통해 직접 흐르다가 밸브를 떠날 때는 90°로 회전하는 것을 제외하고는 글로브 밸브와 비슷하다. 게이트 밸브에서 밸브가 열릴 때 게이트는 유선에서 올라간다. 완전히 열릴 때 대단히 미소한 장애가 있다. 체크 밸브의 기능은 유체흐름을 단지 한 방향으로만 가능하게 한다.

어떤 경우 특히, 유압장치에서의 제어밸브에 관하여는 에너지 손실에 관한 자료가 없다. 대신에 유체가 일정유량으로 밸브를 통해 흐를 때 압력강하의 크기에 관한 자료는 있다.

예제7.7

호칭 지름 100mm, sch. 40 강관상에 설치된 완전 개방상태의 글로브 밸브에서의 압력강하를 계산하라. 단, 관 속의 유체(流體)는 비중이 0.87인 기름이고 유량은 1600LPM이다.

풀이

압력강하를 구하기 위해서 글로브 밸브의 입구측과 출구측에 에너지방정식을 적용하면

$$\frac{p_1}{\gamma} + \frac{{v_1}^2}{2g} + z_1 = \frac{p_2}{\gamma} + \frac{{v_2}^2}{2g} + z_2 + h_L$$

이고, 여기서 h_L 은 오직 밸브에 의한 부차적 손실이다. 압력차 $(p_1 - p_2)$ 는

$$p_1 - p_2 = \gamma\left\{\frac{{v_2}^2 - {v_1}^2}{2g} + (z_2 - z_1) + h_L\right\}$$

이다. 여기서 $z_1 = z_2$ 그리고 $v_1 = v_2$ 이므로 압력차는

$$p_1 - p_2 = \gamma h_L$$

로 표시된다. 밸브에서의 손실수두 h_L은 식 (7・1)로부터

$$h_L = \zeta\frac{v^2}{2g} = f \times \frac{Le}{D} \times \frac{v^2}{2g}$$

이다. 그리고 v 는 100mm 관(管)에서의 평균속도이고, 관의 경우 안지름은 D= 102.3mm, 단면적은 A=8.213×10^{-3} m^2 이므로 평균속도 v 는

$$v = \frac{Q}{A} = \frac{4\times\frac{1.6}{60}}{\pi(0.1023)^2} = 3.246(\text{m/s})$$

이다. [표 7.3]에서 100mm 관의 마찰계수는 f=0.017이고, 글로브 밸브에 대한 상당 길이비는 [표 7.2]로부터 Le/D=340이므로

$$h_L = f\frac{Le}{D}\frac{v^2}{2g} = 0.017\times 340\times\frac{(3.246)^2}{2\times 9.8}$$
$$= 3.11(\text{m})$$

이다. 따라서 압력강하는

$$\Delta p = p_1 - p_2 = \gamma h_L = s\gamma_w h_L = 0.87 \times 9800 \times 3.11$$
$$= 26.5(\text{kPa})$$

가 된다.

7.8 곡 관

상업용 엘보를 설치하는 것보다 파이프나 관을 구부려 사용하는 것이 더욱 편리한 경우가 현장에서는 종종 있고, 이 때 구부러진 관을 **곡관**(bend)이라고 한다. 곡관에서의 에너지 손실은 관의 안지름 D에 대한 곡률 반지름 r의 비에 따라 마찰에 의한 손실, 2차 흐름에 의한 손실, 그리고 유체흐름의 박리에 의한 손실이 달라지기 때문에 변한다.

7.8.1 2차 흐름

그림 7.16과 같이 정지상태의 원통형 용기 속에 유체를 넣고 용기를 회전시켰을 때 반지름 r 인 점의 속도를 v, 압력을 p_1, 그리고 반지름 $(r+dr)$ 인 점에서의 압력을 $(p+dp)$ 라고 하면, 밀도가 ρ 인 유체에 작용하는 원심력과 압력 기울기에 의한 힘과의 평형으로부터

$$\frac{dp}{dr} = \rho \frac{v^2}{r} \tag{7・14}$$

의 식을 얻는다. 이 때 주류(主流)의 유선은 그림의 평면도에서의 점선과 같이 동심원이 된다. 그러나 같은 반지름상에 있는 유체라 하더라도 바닥에 가까운 $A-A'$층의 원주속도 v_A 는 밑면의 영향을 받아 이 층보다 위에 있는 $B-B'$층의 원주속도 v_B 보다 작아진다. 한편, $B-B'$ 층면의 압력은 그대로 $A-A'$층면에 전달되므로, 반지름이 같은 곳에서는 압력도 같지 않으면 안 된다.

그런데 원주속도는 $v_A < v_B$ 이므로 $A-A'$ 층면의 흐름의 곡률 반지름 r_A 는 $B-B'$ 층면의 곡률 반지름 r_B 보다 작지 않으면 안 된다. 즉, $r_A < r_B$ 로 되고 $B-B'$ 층면의 유선이 점선과 같은 원이 되면 $A-A'$ 층면의 유선의 곡률 반지름이 이것보다 작은 실선과 같이 되고, 그것은 중심을 향하는 나선흐름이 된다. 이 반지름 방향의 흐름을 **2차 흐름**(secondary flow)이라고 한다.

예를 들면, 세탁 후 물을 둥글게 돌리면 비누때가 중심으로 모인다든지, 굽어 흐르는 하천에서 굽은 안쪽의 밑바닥은 얕고 바깥쪽의 하천바닥은 깊게 파인 것 등이 모두 2차 흐름에 의한 현상이다.

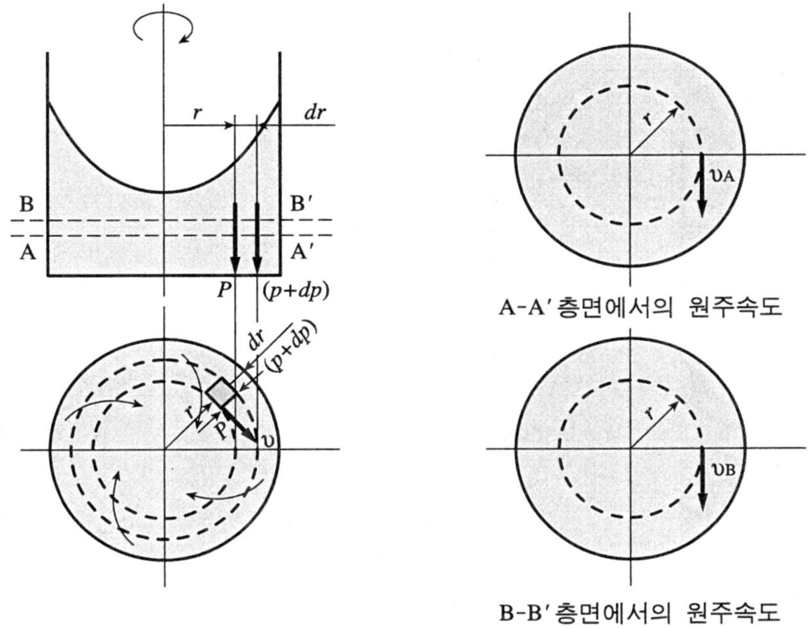

그림 7.16 2차 흐름

7.8.2 에너지 손실

그림 7.17은 곡관 속의 2차 흐름과 관벽에서의 압력분포를 나타낸 것이다. 이 2차 흐름과 주류가 합해져 곡관 속의 흐름은 2쌍의 나선운동을 이룬다. 또한, 선회

류에 의한 원심력으로 곡관의 안쪽은 압력이 낮게, 바깥쪽은 높게, 안팎 벽면에서의 압력은 만곡이 끝난 직선관로로 어느 만큼 흘러간 뒤의 하류에서 비로소 일치한다.

곡관의 안쪽에서는 곡관의 가운데 단면 A-B까지는 흐름방향으로 압력이 강하고 흐름이 안정하나, 단면 A-B를 지나면 압력 기울기가 $dp/dx>0$ 이 되어 경계층이 벽면에서 박리하여 그림에서 나타낸 바와 같이 와류가 일어난다. 이것과 반대로, 곡관의 바깥쪽에서는 중앙선 A-B에 이를 때까지 압력 기울기가 $dp/dx>0$이 되어 와류를 형성하다가, A-B선을 지나면 압력 기울기가 $dp/dx<0$이 되어 흐름은 비교적 안정하게 된다.

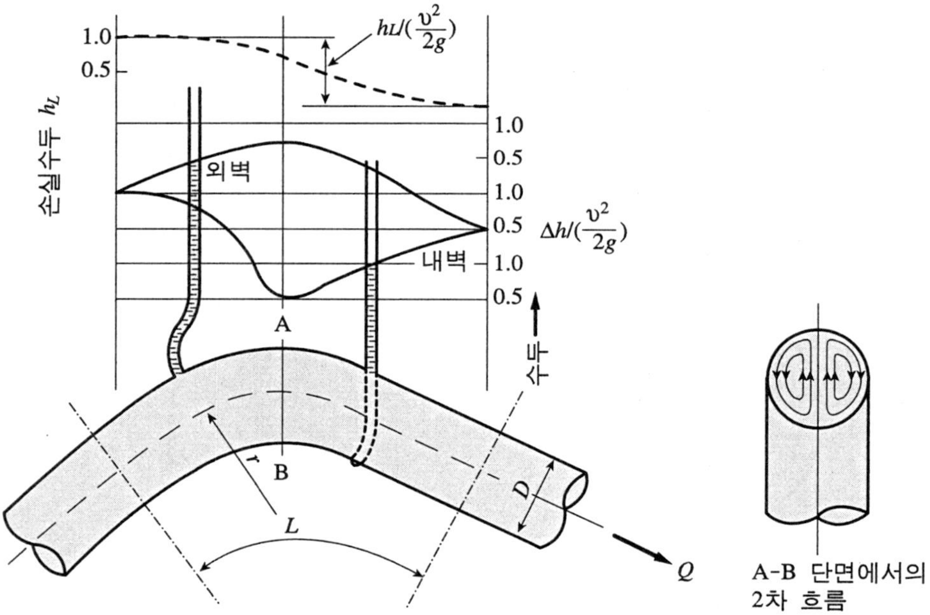

그림 7.17 곡관(90°)에서의 2차 흐름

따라서, 곡관에서의 유체흐름에 의한 에너지 손실은 이미 언급된 바와 같이 표면마찰에 의한 손실과 2차 흐름에 의한 손실, 그리고 유체흐름의 박리에 의한 와류발생에 기인한 손실 등의 합으로 생각할 수 있다. 이것을 수식으로 나타내면

$$h_L = \zeta_b \frac{v^2}{2g} = \left(\zeta + f\frac{L}{D}\right)\frac{v^2}{2g} \tag{7·15}$$

과 같다. 여기서 ζ_b 는 곡관에서의 전저항 계수, ζ 는 유체흐름이 굽는 것에 의한 저항계수 (곡관 저항계수)로 2차 흐름에 의한 손실과 유체흐름의 박리에 의한 와류 발생에 기인한 손실의 합, f 는 관의 마찰계수, L 은 곡관에서의 만곡부의 중심선의 길이이다.

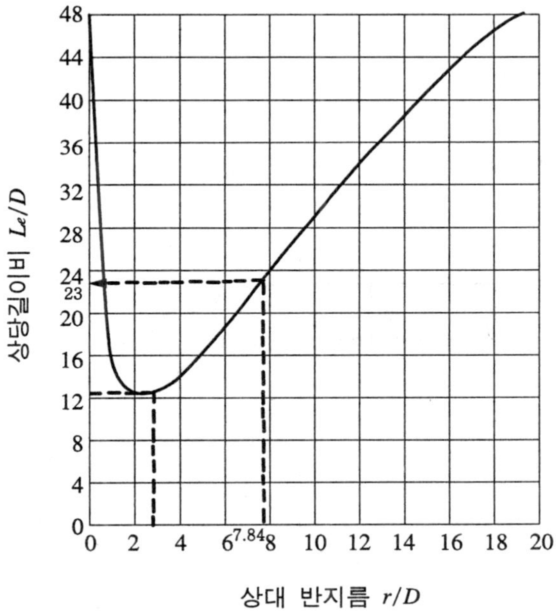

그림 7.18 90°곡관에서의 저항

그림 7.18은 상대 반지름 r/D 에 따른 상당 길이비 Le/D 의 값의 변화를 나타내고 있다. 즉, 상대 반지름 r/D 가 약 3일 때 최소저항이 생긴다는 것을 그림으로부터 알 수 있다. 저항이 상당 길이비 Le/D 로 주어지므로 식 (7·12)를 사용하여 저항계수를 계산할 수 있다. 그림 7.18에서 나타낸 저항은 곡관저항과 곡관에서 관의 길이에 의한 저하을 모두 포함한다.

상대 반지름 r/D 를 계산할 때 r 는 파이프나 관의 중심선에 대한 반지름으로 정의되고, 이를 **평균 곡률 반지름**(mean radius)이라고 한다. 즉, 그림 7.19에서 R_0 가 곡관의 바깥쪽을 따른 곡률 반지름이라 하면, R_i 는 곡관의 안쪽을 따른 곡률 반지름이고 D_0 는 파이프나 관의 바깥 지름이다.

따라서

$$r = R_i + D_0/2$$
$$r = R_0 - D_0/2$$
$$r = R_0 + R_i/2$$

의 관계가 성립한다.

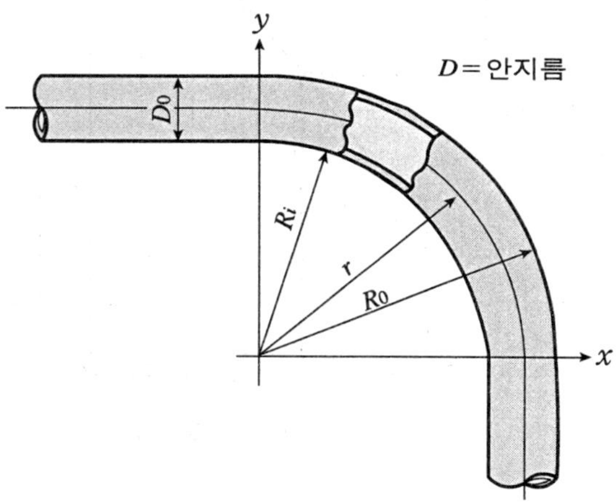

그림 7.19 90°곡관

예제7.8

액체 프로판의 분배 시스템이 벽 두께 2.11mm, 호칭 지름 32mm의 강관으로 이루어져 있다. 그 관을 시스템 내의 다른 장치에 연결하는데는 여러 개의 90° 곡관이 필요한다. 설계상에서 각 곡관(曲管)에서의 안쪽 곡률 반지름은 200mm이다. 분배 시스템이 25℃ 프로판을 160LPM의 유량으로 흘려 보내고 있다면 각 곡관에서의 에너지 손실을 구하라. 단, 마찰손실은 무시한다.

풀이

곡관(曲管)에 대한 에너지 손실은 그림 7.18에서 곡관에 대한 상당 길이비 Le/D 를 구하여 다시 방정식을 사용함으로써 가능하다. 그림 7.18에서 Le/D 를 구하기 위해서는 상대 반지름 r/D 를 구해야 하고, 호칭 지름 32mm 강관의 경우 반지름 및 바깥 지름이 각각

$$D = 27.25\text{mm}, \qquad D_0 = 31.75\text{mm}$$

이므로, 곡률 반지름 r 는

$$\begin{aligned} r &= R_i + D_0/2 = 200 + \frac{1}{2} \times 31.75 \\ &= 215.9(\text{mm})(\text{mm}) \end{aligned}$$

이고, 따라서 상대 반지름 r/D 는

$$\frac{r}{D} = \frac{215.9}{27.53} = 7.84$$

가 된다. 그림 7.18에서 $r/D = 7.84$일 때 상당 길이비 Le/D 는 23이다.

다시 방정식을 사용하기 위해서는

$$h_L = f \cdot \frac{Le}{D} \frac{v^2}{2g}$$

에서 마찰계수 f 와 평균속도 v 를 구해야 한다. 먼저, 평균속도는

$$v = \frac{Q}{A} = \frac{0.160}{60 \times 5.95 \times 10^{-4}} = 4.48(\text{m/s})$$

로 구할 수 있고, 마찰계수 f 를 구하기 위해서 상대 거칠기 D/ε 를 구해야 하고, [표 6.1]로부터 $\varepsilon = 4.6 \times 10^{-5}$m이므로

$$\begin{aligned} D/\varepsilon &= 0.02753/4.6 \times 10^{-5} \\ &= 598 \end{aligned}$$

이 된다. 그러면, 무디 선도 그림 6.2로부터 완전 난류영역의 $D/\varepsilon = 598$에서 마찰계수는 $f = 0.022$임을 알 수 있다. 따라서, 에너지 손실은 다시 방정식을 사용하여

$$\begin{aligned} h_L &= f \frac{Le}{D} \frac{v^2}{2g} = 0.022 \times 23 \times \frac{(4.48)^2}{2 \times 9.8} \\ &= 0.518(\text{m}) \end{aligned}$$

와 같이 구할 수 있다.

연 습 문 제

7.1 안지름 50mm인 관에서 안지름 100mm인 관으로 급확대될 때, 급확대관에서의 에너지 손실은 얼마인가? 단, 작은 관에서의 유체의 평균속도는 3m/s이다.

답 0.239m

7.2 안지름 25mm인 관에서 안지름 75mm인 관으로 점차 확대될 때, 점차 확대관에서의 에너지 손실은 얼마인가? 단, 작은 관에서의 유속은 3m/s이고 원추 확대각은 60°이다.

답 0.326m

7.3 운동 에너지($v^2/2g$)를 압력 에너지(p/γ)로 바꾸는데 사용되는 것이 확대관의 다른 형태인 디퓨저(diffuser)이다. 이상적인 디퓨저는 에너지 손실이 발생하지 않고 평창 후의 압력을 계산하는데 베르누이 방정식을 사용할 수 있다. 그러나 실제 디퓨저는 확대에 따른 에너지 손실이 생긴다. 그러면 20℃ 물이 지름 25mm, k 형 동관에서 지름 80mm 동관으로 급확대의 실제 디퓨저를 흐르는 경우, 실제 디퓨저에서의 평창 후의 압력을 계산하라.

답 503.7kPa

7.4 물이 0.04m^3/s의 유량으로 지름 150mm, 표준, sch. 40강관을 통해 큰 용기속으로 흘러 들어갈 때 에너지 손실을 구하라.

답 0.235m

7.5 어떤 유체가 500LPM의 유량으로 호칭 지름 125mm, sch. 80의 강관에서 지름 50mm, sch. 80의 강관으로 점차 축소되어 흐를 때, 점차 축소관에서의 에너지 손실을 구하라. 축소관의 원추각은 105°이다.

답 0.224m

7.6 물이 큰 탱크에서 관으로 3m/s의 속도로 흐른다면 관입구의 형상이 각각 (a) 안으로 관이 돌출해 있는 입구, (b) 사각날의 입구, (c) 모서리가 깎인 입구 또는 (d) 둥글게 된 입구일 때의 에너지 손실을 구하여라.

답 (a) 0.45m, (b) 0.229m, (c) 0.115m, (d) 0.018m

7.7 호칭 지름 250mm, sch. 40 강관상에 완전히 열린 상태의 게이트 밸브가 설치되어 있을 때 상당 길이를 구하라.

답 2.04m

7.8 15℃ 물이 750LPM의 유량으로 호칭 지름 60mm, sch. 40의 강관상에 연결되어 있는 90° 스트리트 엘보(street elbow)를 통해 흐르고 있다면, 이 엘보에서의 압력강하를 구하라.

답 7.36kPa

7.9 80℃ 온수가 250LPM의 유량으로 호칭 지름 25mm, k 형 동관을 통하여 공장에 설치되어 있는 샤워기(shower)로 흐르고 있다. 이 때 관로계에는 여러

곳에서 90° 곡관이 사용된다. 만약, 곡관의 바깥쪽 곡률 반지름(R_0)이 300mm일 때 각 곡관에서의 에너지 손실을 구하라.

답 1.29m

7.10 그림 7.20의 (a) 및 (b)와 같이 25℃의 프로필 알코올(propyl alcohol)이 750LPM의 유량으로 호칭 지름 50mm, k 형 동관을 통하여 흐를 때, 각각의 경우에서의 에너지 손실을 구하라. 단, 곡관 및 직관에서의 마찰손실은 모두 고려한다.

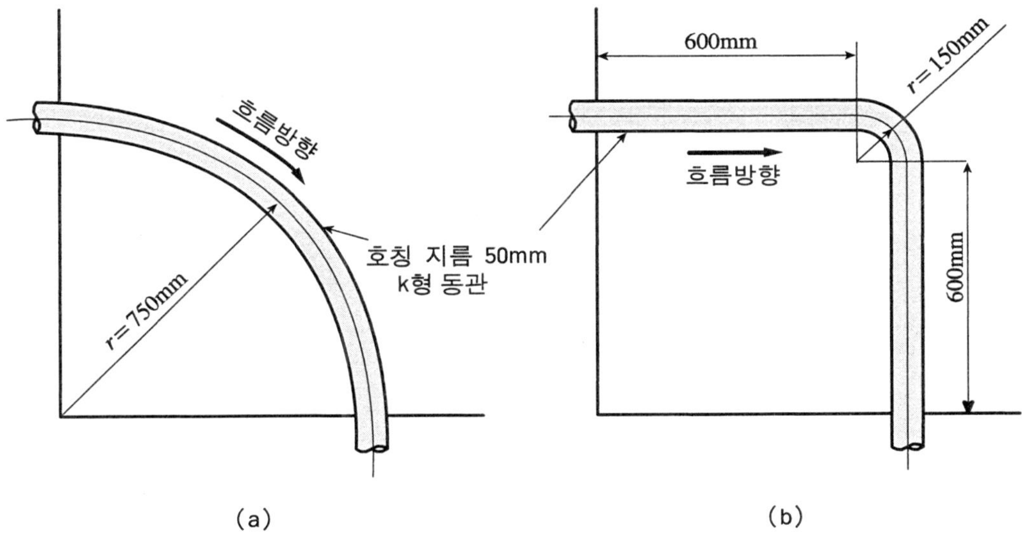

그림 7.20 곡관의 예

7.11 10℃ 물이 바깥 지름이 20mm이고 벽 두께가 1.65mm인 상업용 강관(steel tubing)상의 90° 곡관을 통해 40LPM의 유량으로 흐르고 있다. 이 때, 곡관에서 생기는 에너지 손실을 구하라.

답 0.432m

8

관 로 계

유체가 흐르는 모든 관로계는 직관과 밸브 및 배관요소들로 이루어져 있다. 관로계에서 정지상태의 유체를 사용자가 필요한 상태(유량 및 압력)로 흐르게 하기 위해서는 펌프 등의 에너지 공급장치가 필요하다. 이 에너지 공급장치의 종류 및 능력을 정하기 위해서는 지금까지 배운 직관과 밸브 및 배관요소에서의 에너지 손실을 이용해야 한다.

이 장은 제6장과 제7장의 종합이고 응용편인 셈이다. 즉, 연속 방정식, 베르누이 방정식, 그리고 일반적인 에너지 방정식을 발달시켜 왔다. 또한, 층류와 난류가 정의되었고 주어진 유체 흐름계에서 유체흐름을 판별하는데 레이놀즈수를 사용했다. 마찰에 의한 에너지 손실을 계산하는 방법을 제시하였고, 밸브와 배관요소를 통해 유체가 흐르거나 유속이나 흐름방향이 달라질 때의 여러 가지 부차적 손실에 대해서도 언급되었다.

이제, 이 장에서는 유체가 직렬 및 병렬 관로계를 통해서 흐를 때의 에너지 해석에 관하여 배우고자 한다.

8.1 관로계 분류

대부분의 관로계는 주가 되는 마찰손실과 부차적 손실 모두를 포함하고 있다. 만약 관로계가 분기관이 없이 하나의 계속되는 관로를 통해 유체가 흐르도록 되어 있다면 그것을 **직렬 관로계**(series pipe line system)라 하고, 반대로 유체가 2개 이상의 관로로 나누어져 흐른다면 그 관로계는 **병렬 관로계**(parallel pipe line system)라고 한다.

8.2 직렬 관로계

유체가 하나의 계속되는 관로를 통해 흐르는 직렬 관로계의 실제 관로계에 대한 해석방법을 이 절에서 배우고자 한다.

그림 8.1과 같은 직렬 관로계에서 기준점으로 각 탱크의 자유표면을 사용하고 에

너지 방정식을 적용하면

$$\frac{p_1}{\gamma}+\frac{{v_1}^2}{2g}+z_1+h_P=\frac{p_2}{\gamma}+\frac{{v_2}^2}{2g}+z_2+h_L \tag{8·1}$$

로 표시할 수 있다.

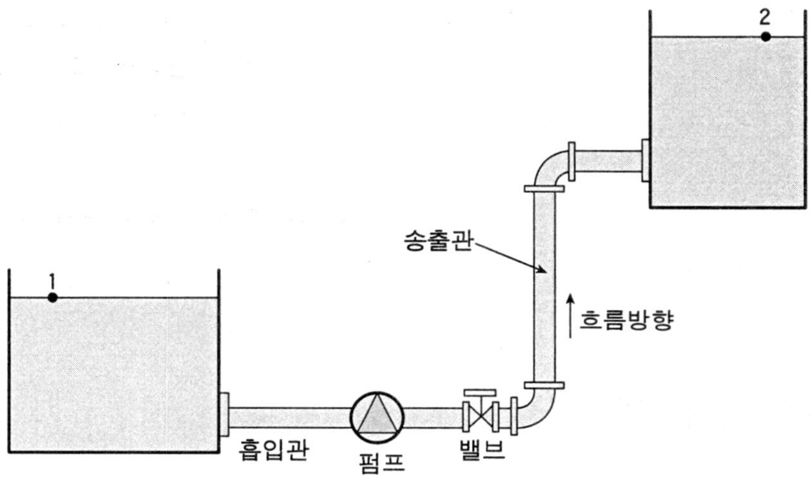

그림 8.1 직렬관로계

이 방정식의 좌변의 첫 3개 항은 기준점 1의 자유표면에서 유체가 가지고 있는 에너지를 압력수두, 속도수두, 그리고 위치수두의 형태로, 마찬가지로 방정식의 우변의 항들은 기준점 2에 있는 유체가 가지고 있는 에너지를 나타내고 있다. 두 항 h_P와 h_L은 각각 펌프에 의해 유체에 가해진 에너지와 두 점 ①, ② 사이의 관로계에서 여러 조건으로 손실된 에너지를 나타낸다. 즉, 전에너지 손실 h_L은 단위 중량당 유체가 잃은 에너지로서 입구손실, 펌프의 흡입관 및 송출관에서의 마찰손실, 밸브에서의 에너지 손실, 2개의 90°엘보에서의 에너지 손실 그리고 출구손실의 합이다.

관로계를 설계하거나 해석할 때 6개의 주변수들, 즉 관로계에서의 에너지 손실이나 관로계에 공급되는 에너지, 유체의 체적유량이나 유속, 관의 크기, 관 길이, 관벽 거칠기(ε), 그리고 유체의 성질(비중량, 밀도 그리고 점성)이 있다. 보통 첫 3개의 변수 중 하나는 정해지고 반면에 나머지 항들은 알거나 설계자에 의해 명시된다. 관로계를 설계하거나 해석을 하는 방법은 무엇이 미지수이냐에 따라 달라지며, 다음의 3등급으로 분류한다.

Ⅰ급 : 에너지 손실(h_L)이나 공급되는 에너지를 구하고자 하는 경우

Ⅱ급 : 체적유량(Q)을 구하고자 하는 경우

Ⅲ급 : 관의 크기(D)를 구하고자 하는 경우

Ⅰ급 관로계에서는 주어진 유량에 대해 전에너지 손실, 위치 수두차 또는 압력차를 계산할 수 있고, Ⅱ급 관로계에서는 알고 있는 압력차와 위치수두의 관로계를 통한 유속과 체적유량을 구할 수 있다. 그리고, Ⅲ급 관로계의 경우 한계 압력강하나 주어진 위치 수두차로, 즉 주어진 유량에 대한 관의 크기를 구할 수 있게 된다.

8.2.1 Ⅰ급 관로계

그림 8.1과 같이 효율이 76%인 펌프에 의해 25℃ 메틸 알코올이 0.015m^3/s의 유량으로 탱크 1에서 자유표면 기준으로 10m 높이에 있는 탱크 2까지 흐르고 있다고 하자. 흡입관로는 표준, 호칭지름 100mm, sch. 40의 강관으로 길이는 15m이다. 송출관로는 호칭 지름 50mm, sch. 40의 강관으로 전길이가 200m이다. 탱크 1에서의 입구는 4각날이고 엘보는 표준이며 밸브는 완전개방된 글로브형이다.

기준점으로 탱크의 자유표면을 잡고 기준점에 대해 베르누이 방정식을 적용하면

$$\frac{p_1}{\gamma}+\frac{{v_1}^2}{2g}+z_1+h_P=\frac{p_2}{\gamma}+\frac{{v_2}^2}{2g}+z_2+h_L$$

로 표시된다. 여기서 탱크의 자유표면에는 대기압이 작용하므로 $p_1=p_2=0$ 이고, 자유표면의 하강속도는 $v_1=v_2=0$ 이다. 그러므로 윗식은

$$z_1 + h_P - h_L = z_2$$

로 간단화된다. 이 문제의 목적은 펌프가 공급하는 동력을 계산하는 것이므로, 펌프의 전수두를 구해야 한다. 펌프가 공급해야 할 전수두는

$$h_P = (z_2 - z_1) + h_L \tag{8·2}$$

이고, 여기서 위치 수두차 $(z_2 - z_1) = 10\text{m}$와 전에너지 손실 h_L 에는 6종류가 있다. 즉, 입구손실, 흡입관에서의 마찰손실, 밸브에서의 손실, 2개의 90° 엘보에서의 손실, 송출관에서의 마찰손실, 그리고 출구손실이다. 이들 에너지 손실을 구하는데 필요한 수식은 다음과 같다.

입구손실 : $h_{L1} = \zeta \dfrac{v_s^2}{2g}$

흡입관에서의 마찰손실 : $h_{L2} = f\left(\dfrac{L}{D}\right)\dfrac{v_s^2}{2g}$

밸브에서의 손실 : $h_{L3} = f\left(\dfrac{Le}{D}\right)\left(\dfrac{v_d^2}{2g}\right)$

90° 엘보에서의 손실 : $h_{L4} = f\left(\dfrac{Le}{D}\right)\left(\dfrac{v_d^2}{2g}\right)$

송출관에서의 마찰손실 : $h_{L5} = f\left(\dfrac{L}{D}\right)\left(\dfrac{v_d^2}{2g}\right)$

출구손실 : $h_{L6} = \dfrac{v_d^2}{2g}$

각 에너지 손실을 구하기 위해서는 흡입관이나 송출관에서의 속도수두를 구해야 하므로, $Q = A_s v_s$ 에서

$$v_s = \frac{Q}{A_s} = \frac{0.015}{8.213 \times 10^{-3}} = 1.83\,(\text{m/s})$$

$$\therefore \frac{v_s^2}{2g} = \frac{(1.83)^2}{2 \times 9.8} = 0.17(\text{m})$$

$Q = A_d v_d$ 에서

$$v_d = \frac{Q}{A_d} = \frac{0.015}{2.168\times10^{-3}} = 6.92(\text{m/s})$$

$$\therefore \frac{v_d^2}{2g} = \frac{(6.92)^2}{2\times9.8} = 2.44(\text{m})$$

이다.

그리고 흡입관과 송출관에서의 마찰손실, 송출관에서의 부차적 손실을 구하기 위해서는 레이놀즈수, 상대 거칠기 및 각 관에서의 마찰계수, 그리고 밸브와 배관 요소를 포함하는 송출관의 경우 완전 난류영역에서의 마찰계수를 알아야 한다.

25℃ 메틸 알코올의 밀도, 비중량, 그리고 점성계수는 부록 2로부터 각각 ρ= 789kg/m^3, γ=7.74×10^{3}N/m^3, μ=5.60×10^{-4}Pa · s이므로 송출관에서의 레이놀즈수는

$$Re = \frac{\rho vD}{\mu} = \frac{789\times6.92\times0.0525}{5.60\times10^{-4}} = 2.64\times10^5 > 4000$$

이고 흐름은 난류이다.

또한, 강관의 경우 절대 거칠기가 [표 6.1]에서 ε=4.6×10^{-5}m이므로 상대 거칠기는

$$D/\varepsilon = \frac{0.0525}{4.6\times10^{-5}} = 1141$$

이다. 그러므로 그림 6.3의 무디 선도로부터 Re=2.64×10^{5}이고 D/ε=1141일 때 마찰계수는 f=0.018이다.

같은 방법으로 흡입관에 대해 계산하면, 우선 레이놀즈수는

$$Re = \frac{\rho vD}{\mu} = \frac{789\times1.83\times0.1023}{5.60\times10^{-4}} = 5.12\times10^5 > 4000$$

이므로, 역시 관 속의 유체흐름은 난류이다. 또한, 상대 거칠기는

$$D/\varepsilon = \frac{0.0525}{4.6\times10^{-5}} = 1141$$

이다. 따라서, 그림 6.2의 무디 선도로부터 $Re=5.12\times10^5$이고, $D/\varepsilon=1141$일 때의 마찰계수 $f=0.020$을 얻는다. 또한, [표 7.2]로부터 완전 난류영역에서 지름이 50mm인 송출관의 경우 마찰계수가 $f=0.019$임을 알 수 있다.

입구손실은 입구가 사각날인 경우 저항계수가 $\zeta=0.5$이므로 에너지 손실, h_{L1}은

$$h_{L1} = \zeta\frac{v_s^2}{2g} = 0.5\times0.17 = 0.09(\text{m})$$

이다. 다음에 흡입관에서의 마찰손실, h_{L2} 는

$$h_{L2} = f\left(\frac{L}{D}\right)\cdot\left(\frac{v_s^2}{2g}\right) = 0.018\times\left(\frac{15}{0.1023}\right)\times0.17 = 0.45(\text{m})$$

이다. 밸브에서의 에너지 손실, h_{L3} 는 완전히 열린 상태의 글로브 밸브의 경우, [표 7.1]에서 상당 길이비가 $Le/D=340$이고 마찰계수는 $f=0.019$이므로

$$h_{L3} = f\left(\frac{Le}{D}\right)\left(\frac{v_d^2}{2g}\right) = 0.019\times340\times2.44 = 15.76(\text{m})$$

이 된다. 90° 표준엘보의 경우 표 [7.2]에서 상당 길이비가 $Le/D=30$이고 마찰계수가 $f=0.019$이므로 2개의 90°엘보(표준형)에서의 에너지 손실, h_{L4} 는

$$h_{L4} = 2f\times\left(\frac{Le}{D}\right)\times\left(\frac{v_d^2}{2g}\right) = 2\times0.019\times30\times2.44 = 2.78(\text{m})$$

이다. 송출관에서의 마찰손실, h_{L5} 는

$$h_{L5} = f\left(\frac{L}{D}\right)\left(\frac{v_d^2}{2g}\right) = 0.020 \times \frac{200}{0.0525} \times 2.44 = 185.9(\mathrm{m})$$

가 된다. 끝으로 출구손실, h_{L6} 는

$$h_{L6} = \zeta \frac{v_d^2}{2g} = 1.0 \times 2.44 = 2.44(\mathrm{m})$$

이다. 이상으로 각 에너지 손실의 계산은 끝났으므로 전에너지 손실, h_L 은

$$\begin{aligned} h_L &= h_{L1} + h_{L2} + h_{L3} + h_{L4} + h_{L5} + h_{L6} \\ &= 0.09 + 0.45 + 15.76 + 2.78 + 185.9 + 2.44 \\ &= 207.4(\mathrm{m}) \end{aligned}$$

가 된다. 따라서, 펌프에 대한 전수두는

$$\begin{aligned} h_p &= (z_2 - z_1) + h_L \\ &= 10 + 207.4 \\ &= 217.4(\mathrm{m}) \end{aligned}$$

이므로, 펌프가 유체에 공급하는 동력은

$$\begin{aligned} P &= \frac{\gamma Q h_p}{\eta} = \frac{(7.74 \times 10^3) \times 0.015 \times 217.4}{0.76} = 33.2 \times 10^3 (\mathrm{N \cdot m/s}) \\ &= 33.2(\mathrm{kW}) \end{aligned}$$

이다.

8.2.2 Ⅱ급 관로계

관로계에서 체적유량을 구하고자 하는 경우 관로계 성능을 반복법으로 해석한다. 즉, 미지수가 너무 많아 Ⅰ급 관로계에서 서술한 직접해법을 사용할 수 없기 때문에 반복법이 필요하다. 특히, 체적유량이 미지수이면 유속 또한 미지수이고, 레이놀즈수는 속도에 따라 달라지므로 레이놀즈수도 미지수가 된다. 만약에 레이놀즈수를 모르면 마찰계수 f를 직접 결정할 수 없다. 마찰로 인한 에너지 손실은 속도와 마찰계수 모두에 따라 달라지므로 이들 손실값을 직접 계산할 수 없다.

그러나 반복법은 이러한 어려운 점들을 해결해 준다. 반복법은 미지수인 마찰계수 f를 시행값으로 가정하고, 그에 해당하는 유속을 구할 수 있는 시행 착오법의 한 종류이다. 즉, 시행값인 마찰계수 f의 정확도를 확인하는 방법으로, 확인 후 정확한 값이 아니면 최종의 마찰계수가 새 시행값으로 사용되어 반복계산을 하는 것이 필요한 것을 뜻한다.

그림 8.2와 같이 윤활유가 호칭 지름 150mm, sch. 40의 강관을 통해 관길이 100m당 60kPa의 압력강하로 펌프에 의해 이송되고 있다고 하자. 이 때, 기름의 최대 송출량을 계산하면서 Ⅱ급 관로계에 대한 반복법을 설명해 보기로 한다. 단, 기름의 비중은 0.88이고 점성은 9.5×10^{-3} Pa · s이다.

이 문제에서 체적유량이 미지수이므로 이것은 Ⅱ급 관로계에 해당하는 문제이고, 따라서 반복법이 사용되어야 한다는 것을 우선 생각할 수 있어야 한다. 아울러, 문제를 풀기 전에 문제의 내용에 부합하는 관로계를 나타내고, 에너지 방정식을 적용하여 가능한 간단하게 나타내는 것이 필요하다.

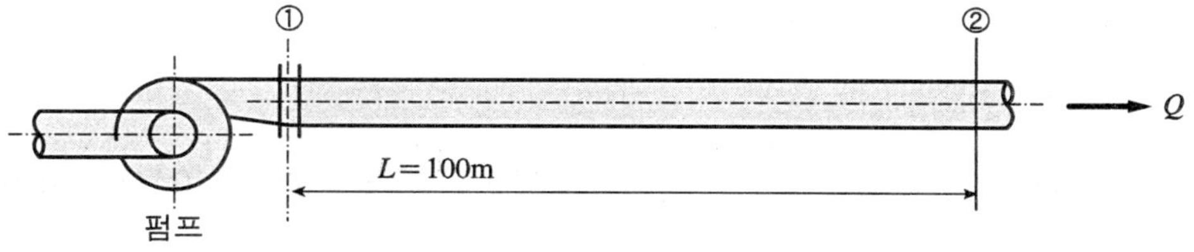

그림 8.2

그림 8.2의 두 점 ①, ②에 대해 에너지 방정식을 적용하면

$$\frac{p_1}{\gamma}+\frac{v_1^2}{2g}+z_1=\frac{p_2}{\gamma}+\frac{v_2^2}{2g}+z_2+h_L \tag{8·3}$$

로 표시할 수 있고, 여기서 $z_1=z_1$ 이고 $v_1=v_2$ 이며 h_L 은 단면 ①에서 단면 ②까지 기름이 이송되는 동안에 생기는 마찰에 의한 에너지 손실이다.

그러므로 윗식은

$$\frac{p_1-p_2}{\gamma}=h_L$$

로 간단화된다.

문제에서 주어진 관 길이 $L=100\text{m}$에서의 압력강하가 $\Delta p=p_1-p_2=60\text{kPa}$이므로

$$\frac{p_1-p_2}{\gamma}=\frac{p_1-p_2}{s\gamma_w}=\frac{60\times10^3}{0.88\times9800}=6.96(\text{m})$$

이고, 따라서 손실수두 h_L=6.96m이다. 그리고 전에너지 손실은 단지 마찰에 의한 것이므로 다시의 식으로부터

$$h_L=f\frac{L}{D}\frac{v^2}{2g}\text{에서}$$

$$\therefore v=\sqrt{\frac{2gDh_L}{Lf}}=\sqrt{\frac{2\times9.8\times0.1541\times6.96}{100f}}=\sqrt{\frac{0.21}{f}}$$

로 나타낼 수 있다. 즉, 속도를 단지 마찰계수 f 의 함수로 나타내었다.

다음에 레이놀즈수를 구하면

$$Re = \frac{\rho v D}{\mu} = \frac{s\rho_w v D}{\mu} = \frac{0.88 \times 1000 \times v \times 0.1541}{9.5 \times 10^{-3}}$$
$$= (1.43 \times 10^4) v \qquad (8 \cdot 4)$$

로 표시되어, 레이놀즈수는 속도 v 만의 함수가 된 셈이다.

또한, 강관의 경우 거칠기가 $\varepsilon = 4.6 \times 10^{-5}$m이므로 상대 거칠기는

$$D/\varepsilon = \frac{0.1541}{4.6 \times 10^{-5}} = 3350$$

이 된다.

이상이 모두 반복법을 적용하는 데 필요한 단계로 반복법을 간단화시킬 수 있다.

이제 반복법을 위한 시행값으로 마찰계수 f 의 값이 정해져야 하는데, 이 때 무디 선도가 합리적인 시행값을 구하는데 보조물로서 사용될 수 있다.

즉, 상대 거칠기 $D/\varepsilon = 3350$에서 선정이 가능한 마찰계수 f 값의 범위는 난류에 해당하는 레이놀즈수 $Re = 4000$의 경우 $f = 0.039$에서, $Re = 1.0 \times 10^7$ 이상의 경우 $f = 0.015$까지이다. 그러므로 $f = 0.015$에서 $f = 0.039$ 사이의 값이 첫 번째 시행값으로 사용할 수 있고, 마찰계수의 시행값으로 $f = 0.020$을 사용하도록 한다.

마찰계수 $f = 0.020$일 때 속도 v 는

$$v = \sqrt{\frac{0.21}{f}} = \sqrt{\frac{0.21}{0.02}} = 3.24(\mathrm{m/s})$$

이고, 이 때 레이놀즈수는

$$Re = (1.43 \times 10^4) v = 1.43 \times 10^4 \times 3.24$$
$$= 4.63 \times 10^3$$

이다.

이 레이놀즈수 $Re = 4.63 \times 10^3$ 에서 상대 거칠기 $D/\varepsilon = 3350$일 때 무디 선도를

이용하며 마찰계수를 구하면 $f=0.0225$가 된다. 이 값은 시행 값으로 한 $f=0.02$와 다르므로 $f=0.0225$를 새 시행값으로 하여 반복계산한다. 즉 $f=0.0225$일 때 속도와 레이놀즈수를 계산하면

$$v=\sqrt{\frac{0.21}{f}}=\sqrt{\frac{0.21}{0.0225}}=3.06(\mathrm{m/s})$$

$$Re=(1.43\times10^4)v=1.43\times10^4\times3.06$$

$$=4.38\times10^4$$

을 얻을 수 있다.

이 레이놀즈수 $Re=1.43\times10^4$와 상대 거칠기 $D/\varepsilon=3350$에서 무디 선도를 이용하여 다시 마찰계수를 구하면 $f=0.0228$이다. 이 값을 새 시행값으로 하여 속도와 레이놀즈수를 반복계산하면

$$v=\sqrt{\frac{0.21}{f}}=\sqrt{\frac{0.21}{0.0228}}=3.03(\mathrm{m/s})$$

$$Re=(1.43\times10^4)v=(1.43\times10^4)\times3.03$$

$$=4.33\times10^4$$

이 된다. 그러므로 , 레이놀즈수 $Re=4.33\times10^4$ 과 상대 거칠기 $D/\varepsilon=3350$을 가지고 무디 선도상에서 마찰계수를 구하면 $f=0.0228$이 된다. 이것은 앞단계에서 구한 마찰계수와 같으므로 이 마찰계수 $f=0.0228$이 정확하고, 따라서 $f=0.0228$일 때의 속도 $v=3.03\mathrm{m/s}$가 정확한 속도이다.

문제에서 구하고자 하는, 가능한 최대 체적유량은 속도 $v=3.03\mathrm{m/s}$일 때 이므로

$$Q=Av=(1.864\times10^{-2})(3.03)=0.0565(\mathrm{m^3/s})$$

을 구할 수 있다.

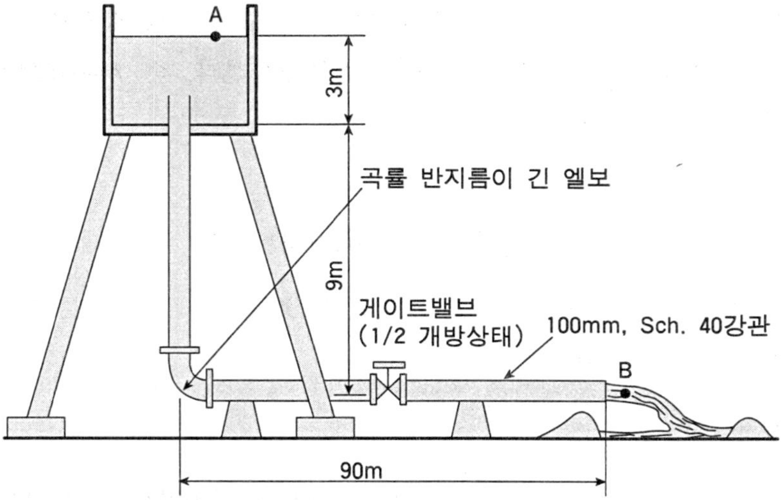

그림 8.3 밸브 및 배관요소가 있는 II급 관로계

그림 8.3은 25℃ 물이 고가 저장탱크에서 관개수로를 통해 흐를 때 물의 체적유량을 계산하는 것을 통하여 밸브 및 배관요소의 부차적 손실이 있는 II급 관로계의 해법을 살펴보자.

기준점으로 A와 B를 사용하고 여기에 에너지 방정식을 적용하면

$$\frac{p_A}{\gamma}+\frac{v_A^{\ 2}}{2g}+z_A=\frac{p_B}{\gamma}+\frac{v_B^{\ 2}}{2g}+z_B+h_L$$

로 표시되고, 여기서 $p_A=p_B$ 이고 수면 A의 하강속도 $v_A \fallingdotseq 0$ 이므로

$$h_L=(z_A-z_B)-\frac{v_B^{\ 2}}{2g} \qquad (8 \cdot 5)$$

으로 나타내진다. 여기서 손실수두 h_L 은 위치 수두차가 $(z_A-z_B)=12\text{m}$이므로 미지수인 점 B에서의 속도 v_B 만의 함수여서 반복법이 요구되고, 이 때 속도 v_B 는 관 내에 흐르는 물의 평균속도와 같다.

전에너지 손실 h_L 의 요소로는 입구손실, 관마찰 손실, 엘보에서의 손실, 밸브에

서의 손실의 네 가지가 있고, 이들은 각각 다음 식으로 구할 수 있다.

입구손실 : $h_{L1} = \zeta \dfrac{v_B^2}{2g} = \dfrac{v_B^2}{2g}$

관마찰 손실 : $h_{L2} = f\dfrac{L}{D}\dfrac{v_B^2}{2g} = f\left(\dfrac{99}{0.1023}\right)\dfrac{v_B^2}{2g} = 968f\left(\dfrac{v_B^2}{2g}\right)$

엘보에서의 손실 : $h_{L3} = f\dfrac{Le}{D}\dfrac{v_B^2}{2g} = f(20)\dfrac{v_B^2}{2g} = 20f\left(\dfrac{v_B^2}{2g}\right)$

게이트 밸브(1/2 개방상태)의 손실 :

$$\begin{aligned} h_{L4} &= f\frac{Le}{D}\frac{v_B^2}{2g} = f(160)\frac{v_B^2}{2g} \\ &= 160f\left(\frac{v_B^2}{2g}\right) \end{aligned}$$

그리고 호칭 지름 100mm 강관에서의 마찰계수는 [표 7.3]으로부터 f=0.017이므로 손실수두 h_L 은

$$\begin{aligned} h_L &= h_{L1} + h_{L2} + h_{L3} + h_{L4} \\ &= (1.0 + 968f + 20 \times 0.017 + 160 \times 0.017)\left(\frac{v_B^2}{2g}\right) \\ &= (4.06 + 968f)\frac{v_B^2}{2g} \end{aligned} \qquad (8 \cdot 6)$$

으로 바꿔 쓸 수 있다. 이것을 식 $h_L = (z_A - z_B) - \dfrac{v_B^2}{2g}$ 에 대입하면

$$\begin{aligned} h_L &= (4.06 + 968f)\frac{v_B^2}{2g} = (z_A - z_B) - \frac{v_B^2}{2g} \\ &= 12 - \frac{v_B^2}{2g} \end{aligned}$$

$$\therefore (5.06 + 968f)\frac{v_B^2}{2g} = 12$$

$$\therefore v_B = \sqrt{\frac{12 \times 2g}{5.06 + 968f}} = \sqrt{\frac{235.2}{5.06 + 968f}} \qquad (8 \cdot 7)$$

로 표시되어, 점 B에서의 속도 v_B 는 마찰계수 f 만의 함수이다. 이 속도를 사용하여 레이놀즈수를 속도 v_B 로 나타내고 상대 거칠기 D/ε 를 구하면,

$$Re = \frac{v_B \cdot D}{\nu} = \frac{(0.1023)v_B}{8.94 \times 10^{-7}} = (1.14 \times 10^5)v_B \qquad (8 \cdot 8)$$

$$D/\varepsilon = \frac{0.1023}{4.6 \times 10^{-5}} = 2224$$

이다.

이제 반복계산의 시작으로, 이 관로계에서 가능한 마찰계수 f 의 범위는 무디 선도를 사용하여 상대 거칠기 $D/\varepsilon=2224$에서 f 가 가장 큰 값은 $Re=4000$인 경우로서 마찰계수 $f=0.041$이고, 레이놀즈수 $Re=1.0\times10^7$ 이상의 경우, 가장 작은 마찰계수의 값으로 $f=0.0165$이다. 그러므로 마찰계수 f 의 시행값은 $f=0.0165$ 이상 $f=0.041$ 이하에서 선정되면 되고, 마찰계수의 시행값을 $f=0.04$로 가정한다. 이 값을 사용하여 식 (8 · 7)과 식 (8 · 8)로부터 속도 및 레이놀즈수를 구하면 각각

$$v_B = \sqrt{\frac{235.2}{5.06 + 968f}} = \sqrt{\frac{235.2}{5.06 + 968 \times 0.04}} = 2.32(\text{m/s})$$

$$Re = (1.14 \times 10^5)v_B = (1.14 \times 10^5) \times 2.32$$

$$= 2.64 \times 10^5$$

이다.

그러면 상대 거칠기 $D/\varepsilon=2224$이고 $Re=2.64\times10^5$일 때 마찰계수를 무디 선도상에서 구하면 $f=0.0185$이다. 이 값은 시행값과 일치하지 않으므로 $f=0.0185$일 때 속도 v_B 및 레이놀즈수를 식 (8 · 7)과 식 (8 · 8)을 이용하여 다시 반복계산한다.

$$v_B = \sqrt{\frac{235.2}{5.06 + 968f}} = \sqrt{\frac{235.2}{5.06 + 968 \times 0.0185}} = 3.2(\text{m/s})$$

$$Re = (1.14 \times 10^5) v_B = (1.14 \times 10^5) \times 3.2(\text{m/s})$$
$$= 3.65 \times 10^5$$

다시 상대 거칠기 $D/\varepsilon = 2224$, $Re = 3.65 \times 10^5$일 때 마찰계수 f를 무디 선도로부터 구하면 $f = 0.018$이다. 이 마찰계수는 시행값 $f = 0.0185$와 약간의 차가 있지만 거의 비슷하다. 그러므로 $f = 0.018$일 때 속도를 구하면

$$v_B = \sqrt{\frac{235.2}{5.06 + 968f}} = \sqrt{\frac{235.2}{5.06 + 968 \times 0.018}} = 3.23(\text{m/s})$$

이고, 이 값은 역시 $f = 0.0185$일 때의 속도 $v_B = 3.2\text{m/s}$와 거의 비슷하다. 따라서, 허용가능한 최대유량은 $v_B = 3.23\text{m/s}$일 때이므로

$$Q = Av = 8.213 \times 10^{-3} \times 3.23$$
$$= 0.0265\ (\text{m}^3/\text{s})$$

가 된다.

그림 8.4는 앞에서 언급한 두 경우보다 더욱 복잡한 Ⅱ급 관로계로, 관마찰 외에 부차적 손실이 있고 크기가 다른 두 관이 직렬로 연결되어 있는 경우이다. 크기가 다른 두 관이 있기 때문에 2개의 미지수인 마찰계수와 속도가 각각 2개씩 있다. 계산이 좀더 필요하지만 지금까지의 해법과 비슷하고 간단한 반복과정이다. 이 방법은 관내 유체흐름에 대한 평균 조건하의 두 반복과정에서 최종결과를 얻을 것이다.

그림 8.4의 관로계가 15℃ 물을 고가 저정탱크(A)에서 낮은 저장탱크(B)로 이송하는 데 사용된다고 하자. 크기가 다른 두 관에서 큰 관은 호칭지름 150mm, sch.

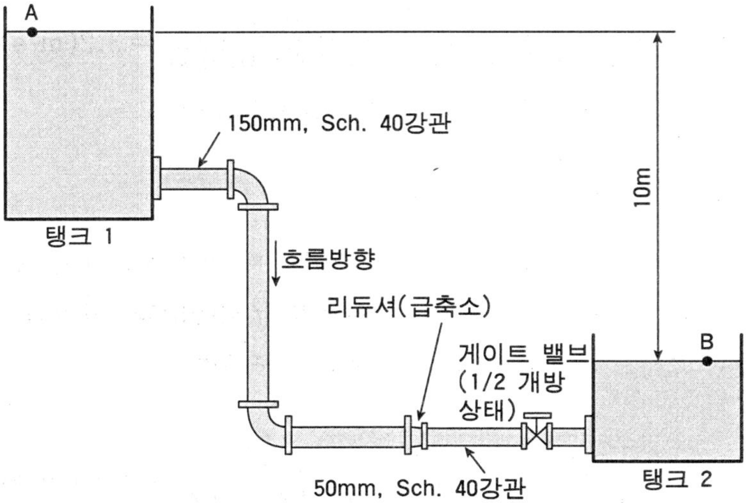

그림 8.4 크기가 다른 두 관의 II급 관로계

40의 강관으로 전체 길이는 30m이고, 작은 관은 호칭지름 50mm, sch. 40의 강관으로 전체 길이는 15m이다. 이 관로계에 의해 흐르는 물의 체적유량을 구하는 방법을 통해 해법을 이해하도록 한다.

두 탱크의 자유표면 A, B를 기준점으로 삼고 A, B에 대해 에너지 방정식을 적용하면

$$\frac{p_A}{\gamma}+\frac{{v_A}^2}{2g}+z_A=\frac{p_B}{\gamma}+\frac{{v_B}^2}{2g}+z_B+h_L$$

로 표시되고, 여기서 $p_A=p_B=0$ 이고 $v_A=v_B\fallingdotseq 0$ 이므로, 윗식은

$$h_L=z_A-z_B=10(\mathrm{m})$$

로 정리된다.

전손실 수두 h_L 의 요소로는 입구손실, 관마찰 손실(150mm), 엘보에서의 부차적 손실, 급축소관에서의 손실, 관마찰 손실(50mm), 게이트 밸브에서의 손실, 출구

손실이고, 이들은 각각 다음 식으로 구할 수 있다.

입구손실 : $h_{L1} = \zeta \dfrac{v_1^2}{2g} = \dfrac{v_1^2}{2g}$

관마찰 손실 : $h_{L2} = f_1 \dfrac{L}{D} \dfrac{v_1^2}{2g} = f_1 \dfrac{30}{0.1541} \dfrac{v_1^2}{2g} = 195 f_1 \left(\dfrac{v_1^2}{2g} \right)$

두 90° 표준엘보에서의 손실 : $f_{L3} = 2 f_e \left(\dfrac{Le}{D} \right) \dfrac{v_1^2}{2g} = 2 f_e (30) \dfrac{v_1^2}{2g}$

$$= 60 f_e \left(\frac{v_1^2}{2g} \right)$$

급축소관에서의 손실 : $h_{L4} = \zeta \dfrac{v_2^2}{2g} = 0.42 \left(\dfrac{v_2^2}{2g} \right)$

급축소관에서의 저항계수 ζ 는 지름비 $D_1/D_2 = \dfrac{0.1541}{0.0525} = 2.93$과 속도 $v_2 = 3\text{m/s}$로 가정하면 그림 7.8로부터 $\zeta = 0.42$를 얻을 수 있다. 만약, v_2 가 3m/s와 상당히 차이가 나면 이 ζ 값은 다시 구해져야 한다. 계속하여,

관마찰 손실(50mm) :

$$h_{L5} = f_2 \frac{L_2}{D_2} \frac{v_2^2}{2g} = f_2 \left(\frac{15}{0.0525} \right) \frac{v_2^2}{2g}$$

$$= 286 f_2 \left(\frac{v_2^2}{2g} \right)$$

밸브에서의 손실(1/2 개방, 게이트 밸브) :

$$h_{L6} = f_v \left(\frac{Le}{D} \right) \frac{v_2^2}{2g}$$

$$= f_v (160) \frac{v_2^2}{2g} = 160 f_v \left(\frac{v_2^2}{2g} \right)$$

출구손실 :

$$h_{L7} = \zeta \frac{v_2^2}{2g} = \frac{v_2^2}{2g}$$

[표 7.2]로부터 마찰계수 f_e 및 f_v 는 각각 f_e=0.015, f_v=0.019이므로 전손실수두 h_L 은

$$\begin{aligned} h_L &= h_{L1} + h_{L2} + h_{L3} + h_{L4} + h_{L5} + h_{L6} + h_{L7} \\ &= (1.0 + 195 f_1 + 60 \times 0.015) \frac{v_1^2}{2g} \\ &\quad + (0.42 + 286 f_2 + 160 \times 0.019 + 1) \frac{v_2^2}{2g} \\ &= (1.9 + 195 f_1) \frac{v_1^2}{2g} + (4.46 + 286 f_2) \frac{v_2^2}{2g} \end{aligned} \tag{8 · 9}$$

과 같이 나타내진다.

그리고 연속 방정식으로부터

$$Q = A_1 v_1 = A_2 v_2$$

$$v_2 = \left(\frac{A_1}{A_2}\right) v_1 = \left(\frac{1.864 \times 10^{-2}}{2.168 \times 10^{-3}}\right) v_1 = 8.60 v_1 \tag{8 · 10}$$

이다.

식 (8 · 10)을 식 (8 · 9)에 대입하여 v_1 에 대해 정리하면

$$\begin{aligned} h_L &= (1.9 + 195 f_1) \frac{v_1^2}{2g} + (4.46 + 286 f_2) \frac{(8.60 v_1)^2}{2g} \\ &= (331.76 + 195 f_1 + 21,153 f_2) \frac{v_1^2}{2g} \\ &= 10(\mathrm{m}) \end{aligned}$$

$$\therefore v_1 = \sqrt{\frac{196}{331.76 + 195f_1 + 21,153f_2}} \qquad (8 \cdot 11)$$

이 된다.

그리고 15℃ 물의 동점성 계수는 $\nu=1.15\times10^{-6}\mathrm{m}^2/\mathrm{s}$이고, 강관의 경우 거칠기가 $\varepsilon=4.6\times10^{-5}\mathrm{m}$이므로 큰 관과 작은 관에서의 레이놀즈수 및 상대 거칠기는 각각 다음과 같다.

$$R_{e1} = \frac{v_1 D_1}{\nu} = \left(\frac{0.1541}{1.15\times10^{-6}}\right)v_1 = (1.34\times10^5)v_1 \qquad (8 \cdot 12a)$$

$$R_{e2} = \frac{v_2 D_2}{\nu} = \left(\frac{0.0525}{1.15\times10^{-6}}\right)v_2 = (4.57\times10^4)v_2 \qquad (8 \cdot 12b)$$

$$D_1/\varepsilon = \frac{0.1541}{4.6\times10^{-5}} = 3350$$

$$D_2/\varepsilon = \frac{0.0525}{4.6\times10^{-5}} = 1141$$

이미 알고 있는 상대 거칠기에 대해 마찰계수 f 의 가능한 값의 범위에서 각각 $f_1=0.02$, $f_2=0.025$를 초기 시행값으로 사용한다. 그러므로 각관에서의 속도는 식 (8・10)과 식 (8・11), 레이놀즈수는 식 (8・12)로부터 각각

$$v_1 = \sqrt{\frac{196}{331.76 + 195f_1 + 21,153f_2}}$$

$$= \sqrt{\frac{196}{331.76 + 195\times0.02 + 21,153\times0.025}} = 0.476(\mathrm{m/s})$$

$$v_2 = 8.60v_1 = 8.60\times0.476 = 4.09(\mathrm{m/s})$$

$$R_{e1} = (1.34\times10^5)v_1 = (1.34\times10^5)\times0.476 = 6.38\times10^4$$

$$R_{e2} = (4.57\times10^4)v_2 = (4.57\times10^4)\times4.09 = 1.87\times10^5$$

을 구할 수 있다.

그리고 $D_1/\varepsilon=3350$ 및 $R_{e1}=6.38\times10^4$ 그리고 $D_2/\varepsilon=1141$ 및 $R_{e2}=1.87\times10^5$ 에서의 마찰계수를 무디 선도상(線圖上)에서 구하면 각각 $f_1=0.0210$, $f_2=0.0208$ 이 된다. 이들 마찰계수는 처음에 가정했던 값 $f_1=0.02$, $f_2=0.025$와 다르므로 $f_1=0.0210$과 $f_2=0.0208$을 새 시행값으로 하여 계산을 반복한다.

즉, 새 시행값 f_1 과 f_2 를 사용하여 속도 v_1 및 v_2 를 구하고 다시 레이놀즈수를 구한다. 이들 레이놀즈수와 각 관의 상대 거칠기를 사용하여 마찰계수를 구하면 새 시행값과 별차이가 없고 정확하다. 따라서, 이 때의 속도는 정확하고 그 속도에 의한 유량이 허용가능한 최대유량이 된다. 즉, 속도 및 유량은 각각,

$$v_1=0.503(\text{m/s})$$
$$v_2=4.32(\text{m/s})$$
$$Q=A_1v_1=A_2v_2=(1.864\times10^{-2})\times0.503$$
$$=9.38\times10^{-3}(\text{m}^3/\text{s})$$

으로 구해진다.

식 (8・13)은 마찰에 의한 에너지 손실만 있는 II급 관로계의 문제를 해결하는데 반복법을 사용할 필요가 없는 방법으로, 스와미와 제인(Swamee & Jane)에 의해 처음으로 밝혀졌다. 즉, 에너지 손실이 어떤 최대값으로 제한될 때 주어진 관이 이송할 수 있는 최대 허용가능한 체적유량은

$$Q=-2.22D^2\sqrt{\frac{gDh_L}{L}}\log\left(\frac{1}{3.7D/\varepsilon}+\frac{1.784\nu}{\sqrt{gDh_L/L}}\right) \qquad (8\cdot13)$$

로 표시된다.

예제8.1

윤활유가 호칭 지름 150mm, sch. 40의 수평강관을 통해 관길이 100m당 60kPa의 최대 압력강하로 흐를 때, 기름의 최대 허용가능한 유량을 계산하라. 단, 기름의

비중은 0.88이고 점성은 9.5×10^{-3} Pa · s이다.

풀이

식 (8 · 13)을 사용하는 데 필요한 값들은

$$D=0.1541\text{m},\ \ L=100\text{m},\ \ \varepsilon=4.6\times10^{-5}\text{m},\ \ D/\varepsilon=3350$$
$$\rho=s\cdot\rho_w=880\text{kg/m}^3,\ \ \mu=9.5\times10^{-3}\text{Pa}\cdot\text{s}$$
$$\nu=\mu/\rho=1.08\times10^{-5}\text{m}^2/\text{s}$$
$$h_L=\frac{p_1-p_2}{\gamma}=\frac{60}{0.88\times9.8}=6.95(\text{m})$$

이며, 이들 값을 식 (8 · 13)에 대입하면 유량은

$$Q=-2.22(0.1541)^2\sqrt{\frac{9.8\times0.1541\times6.95}{100}}$$
$$\log\left(\frac{1}{3.7\times3350}+\frac{1.784\times1.08\times10^{-5}}{(0.1541)\sqrt{9.8\times0.1541\times6.95/100}}\right)$$
$$=0.057(\text{m}^3/\text{s})$$

이다. 이 값은 앞에서 반복법으로 얻었던 그림 8.2의 결과와 일치한다.

8.2.3 Ⅲ급 관로계

Ⅲ급 관로계는 실제 설계문제에 해당하고, 이 경우 관로계에서 필요한 값으로 허용가능한 압력강하나 에너지 손실, 체적유량, 유체성질, 그리고 사용되는 관의 종류가 주어지면 이들 값들을 만족시키는 적절한 관 크기를 정하는 것이 최종 목적이다.

이와 같이 Ⅲ급 관로계에 해당하는 설계문제를 해결하는데는 미지수가 너무 많아 직접 해결할 수가 없기 때문에 반복법이 사용된다. 즉, 유속과 레이놀즈수, 그리고 상대 거칠기는 모두 관의 크기에 따라 달라지므로 마찰계수를 직접 구할 수 없다.

Ⅲ급 관로계의 설계방법은 관로계의 복잡성에 따라 달라진다. 가장 간단한 경우

로서 단지, 관마찰 손실만 고려되는 이런 종류의 관로계에 대해서는 단계적 해법이 예제를 통해 적용된다. 또한, 부차적 손실이 있는 관로계는 더욱 복잡하고, 이런 종류의 관로계에 대한 해법은 다른 예제를 통해 설명하기로 한다.

그림 8.5와 같이 물관로가 골프 코스의 7번째 홀의 그린(green)에 연결되어 있고, 물공급은 주관로에서 점 A를 지나 이루어지며, 그 곳의 압력은 550kPa이다. 그린에서 스프링클러의 적절한 작동을 확실히 하기 위해서 점 B에서의 압력은 최소한 410kPa이어야 한다. 15℃ 물을 0.0135m^3/s의 유량으로 공급하는데 표준, sch. 40의 강관을 사용할 때 허용가능한 최소관의 크기를 구하는 문제를 생각해 보자.

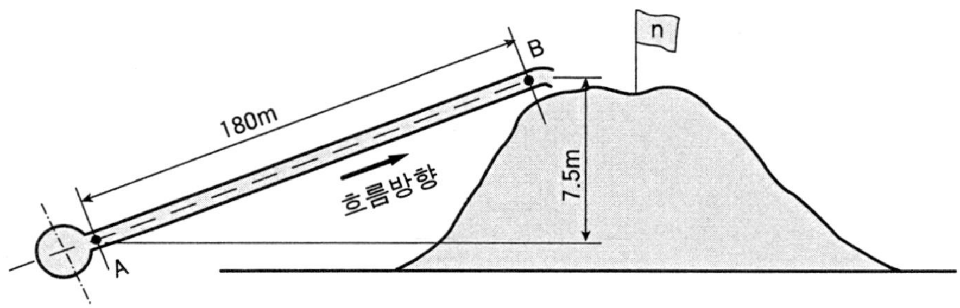

그림 8.5 물관로

먼저, 두 지점 A, B에 대해 에너지 방정식을 적용하면,

$$\frac{p_A}{\gamma}+\frac{v_A^2}{2g}+z_A=\frac{p_B}{\gamma}+\frac{v_B^2}{2g}+z_B+h_L$$

로 표시되고, 여기서 $v_A=v_B$, $z_B-z_A=7.5$m이고, 15℃ 물의 비중량은 $\gamma=9.8$ kN/m^{3}이므로 손실수두는

$$\begin{aligned}h_L&=\frac{p_A-p_B}{\gamma}+(z_A-z_B)=\frac{550-410}{9.8}-7.5\\&=6.8(\text{m})\end{aligned}$$

이 된다.

이제, 마찰에 의한 에너지 손실이 6.8m가 되도록 하는 적절한 관 크기를 정해야 한다. 즉, 다시 방정식으로부터

$$h_L = f\frac{L}{D}\cdot\frac{v^2}{2g} = f\cdot\frac{L}{D}\cdot\frac{16Q^2}{\pi^2 D^4(2g)} = \frac{8LQ^2}{\pi^2 g}\cdot\frac{f}{D^5}$$

$$\therefore D = \left(\frac{8LQ^2}{\pi^2 g h_L} f\right)^{\frac{1}{5}} = (C_1 f)^{0.2} \qquad (8\cdot 14)$$

으로 나타낼 수 있고, 여기서 C_1 의 항은 모두 이미 알고 있는 값으로 관 크기에 따라 달라진다. 그리고, 관 크기 D 를 구하기 위해서는 식 (8 · 14)에서 마찰계수 f 를 구해야 하므로, 이를 위해선 우선 시행값으로 f=0.02로 가정하고, 이때의 레이놀즈수 Re 및 상대 거칠기 D/ε 를 계산하여 무디 선도상에서 새 시행값 f 를 얻는다. 반복법으로 가정값이 새 시행값과 일치할 때까지 계산함으로써 얻어진 마찰계수 f 를 사용하여 문제에 맞는 관 크기를 정할 수 있다.

식 (8 · 14)에서의 C_1 은

$$C_1 = \frac{8LQ^2}{\pi^2 g h_L} = \frac{8\times 180\times(0.0135)^2}{\pi^2\times 9.8\times 6.8}$$
$$= 0.0004(\text{m}^5)$$

이고, 레이놀즈수를 관 지름으로 나타내면

$$Re = \frac{vD}{\nu} = \frac{4Q}{\pi D^2}\cdot\frac{D}{\nu} = \frac{4Q}{\pi\nu}\cdot\frac{1}{D} = \frac{C_2}{D}$$

$$C_2 = \frac{4Q}{\pi\nu} = \frac{4(0.0135)}{\pi\times(1.15\times 10^{-6})} \fallingdotseq 1.5\times 10^4$$

$$\therefore Re = (1.5\times 10^4)/D$$

으로 얻어진다.

시행값으로 마찰계수 f=0.02로 가정하고 관의 지름, 레이놀즈수 그리고 상대 거

칠기를 계산하면 각각

$$f = 0.02(\text{가정값})$$
$$D = (C_1 f)^{0.2} = (0.0004 \times 0.02)^{0.2} = 0.0603(\text{m})$$
$$Re = (1.5 \times 10^4)/D = \frac{1.5 \times 10^4}{0.0603} = 2.5 \times 10^5$$
$$D/\varepsilon = \frac{0.0603}{1.5 \times 10^{-4}} = 400$$

이 되고, sch. 40의 강관의 경우 거칠기는 $\varepsilon = 1.5 \times 10^{-4}$m이다. 구해진 레이놀즈수 $Re = 2.5 \times 10^5$과 상대 거칠기 $D/\varepsilon = 400$을 가지고 무디 선도에서 마찰계수 f를 구하면 $f = 0.026$이 된다. 이 값을 새 시행값으로 하여 다시 관 지름, 레이놀즈수, 그리고 상대 거칠기를 구하면

$$f = 0.026(\text{새 시행값})$$
$$D = (C_1 f)^{0.2} = (0.0004 \times 0.026)^{0.2} = 0.1008$$
$$Re = (1.5 \times 10^4)/D = \frac{1.5 \times 10^4}{0.1008} = 1.5 \times 10^5$$
$$D/\varepsilon = \frac{0.1008}{1.5 \times 10^{-4}} = 670$$

이 된다. 그러므로, $Re = 1.5 \times 10^5$과 $D/\varepsilon = 670$을 사용하여 무디 선도상에서 마찰계수 f를 구하면 $f = 0.024$가 얻어진다. 이 값 역시 새 시행값과 다소 차이가 있으므로 $f = 0.024$를 다른 새 시행값으로 하여 관 크기, 레이놀즈수 그리고 상대 거칠기를 계산한다. 즉,

$$f = 0.024(\text{새 시행값})$$
$$D = (C_1 f)^{0.2} = (0.0004 \times 0.024)^{0.2} = 0.0992$$
$$Re = (1.5 \times 10^4)/D = \frac{1.5 \times 10^4}{0.0992} = 1.5 \times 10^5$$

$$D/\varepsilon = \frac{0.0992}{1.5\times10^{-4}} = 660$$

이다. 같은 방법으로 $Re=1.5\times10^5$과 $D/\varepsilon=660$을 사용하여 무디 선도상에서 마찰계수를 찾으면 새 시행값 $f=0.024$와 크게 변하지 않으므로 $f=0.024$가 정확한 값이 된다. 따라서, 허용가능한 최소의 관 크기는 $D=0.0992$m이고, 이 값에 가장 가까운 크기의 표준 sch. 40의 강관은 부록 6으로부터 호칭 지름 100mm의 관에 해당한다.

이번에는 여러 종류의 부차적 손실이 포함하는 Ⅲ급 관로계가 설계되는 내용과 방법의 원리를 언급하도록 한다.

그림 8.6과 같이 화학 공정계에서 25℃의 프로필 알코올이 큰 탱크의 바닥에서 공정계의 다른 곳으로 중력에 의해 이송되고 있다. 두 탱크 사이의 관로 길이는 7.0m이고, 필터가 관로상에 설치되어 있는데 저항계수는 $\zeta=8.5$이다. 관로로는 인발 스테인리스 강관이 사용되고 관의 상당 거칠기로는 $\varepsilon=3.0\times10^{-5}$m를 사용하도록 한다. 이 관로계를 통해서 150LPM의 유량이 흐르는 표준관의 크기를 구하는 문제를 생각해 보자.

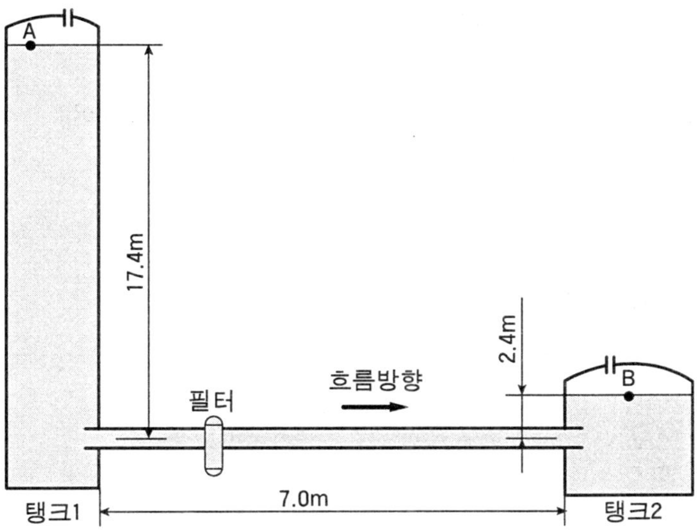

그림 8.6

기준점으로 탱크의 자유표면 A, B를 잡고, 여기에 대해 에너지 방정식을 적용하면

$$\frac{p_A}{\gamma}+\frac{{v_A}^2}{2g}+z_A=\frac{p_B}{\gamma}+\frac{{v_B}^2}{2g}+z_B+h_L$$

로 나타낼 수 있고, 여기서 $p_A=p_B$ 이고 $v_A=v_B$ 이다. 그러므로 윗식은

$$h_L=z_A-z_B=15(\mathrm{m})$$

로 정의된다.

또한, 전에너지 손실의 요소로서는 입구손실, 필터에 의한 손실, 관마찰 손실 그리고 관출구 손실의 4개를 들 수 있고, 이들을 모두 나타내면

$$\begin{aligned}h_L&=\frac{v^2}{2g}+8.5\frac{v^2}{2g}+f\frac{7}{D}\frac{v^2}{2g}+\frac{v^2}{2g}\\&=\left\{10.5+f\left(\frac{7}{D}\right)\right\}\frac{v^2}{2g}\end{aligned}$$

과 같이 표시된다. 다시, 이 식을 마찰계수 f 에 대해 정리하면,

$$\begin{aligned}f&=\left(\frac{D}{7}\right)\left(\frac{v^2}{2g}\right)\left(h_L-10.5\frac{v^2}{2g}\right)\\&=\frac{2gDh_L}{7v^2}-1.50D\end{aligned}$$

여기서 $v=\dfrac{4Q}{\pi D^2}$ 이므로

$$f=\frac{2fDh_L}{7}\left(\frac{\pi D^2}{4Q}\right)^2-1.50D$$

$$= \frac{2gh_L\pi^2D^5}{7\times16Q^2} - 1.50D$$

그리고 유량은 $Q=150\text{L/min}=0.0025\text{m}^3/\text{s}$이고 손실수두는 $h_L=15\text{m}$이므로

$$f = \frac{2\times9.8\times15\times\pi^2}{7\times16(0.0025)^2}D^5 - 1.50D$$
$$= (4.15\times10^6)D^5 - 1.50D$$

와 같이 마찰계수 f는 관 지름 D만의 함수로 나타내진다.

이 방정식은 지름 D를 구하기 위해 반복계산하는 데 사용된다. 지름 D는 마찰계수 f로 풀 수 없으므로 반복계산이 이루어져야 한다. 즉, 지름 D의 값을 가정하고, 마찰계수 f는 지름 D를 사용하여 구하고, 상대 거칠기 D/ε 및 레이놀즈수 Re를 구한다. 레이놀즈수 및 상대 거칠기를 이용하여 무디 선도상에서 마찰계수 f를 얻고 계산된 값과 비교한다. 두 값의 차를 줄일 수 있도록 지름 D를 조정하여 마찰계수 f가 일치할 때까지 계산을 반복한다. 시행값 D를 선정할 때는 판단이 필요하므로 지금까지의 방법보다 몇 단계의 반복계산을 더 할 가능성이 있다.

시행값으로 안지름 0.040m로 시작하자. 그러면 마찰계수와 상대 거칠기, 그리고 레이놀즈수는 다음과 같다.

$$f = (4.15\times10^6)D^5 - 1.50D = 4.15\times10^6\times(0.040)^5 - 1.50\times0.040$$
$$= 0.365$$

$$D/\varepsilon = \frac{0.04}{0.3\times10^{-5}} = 1333$$

$$Re = \frac{\rho vD}{\mu} = \frac{\rho D}{\mu}\cdot\frac{4Q}{\pi D^2} = \frac{(4)(2.50\times10^{-3})(802)}{\pi(1.92\times10^{-3})}\times\frac{1}{0.04}$$
$$= 3.33\times10^4$$

상대 거칠기 및 레이놀즈수를 가지고 무디 선도상에서 마찰계수를 구하면 $f=0.0250$이다. 이 값은 $f=0.365$보다 작으므로 f의 두 값이 같아지게 하기 위해서는

D의 크기를 좀 줄일 필요가 있다. 이후 반복계산을 표로 만들면 [표 8.1]과 같다.

반복계산의 결과 지름 D 의 적절한 값은 [표 8.1]로부터 안지름 0.02753m인 호칭 지름 32mm 강관(steel tubing)임을 알 수 있다. 즉, 마지막 시행에서 안지름을 0.02753m로 하면 계산에서 구해진 f 값과 Re 및 D/ε 로부터 무디 선도상에서 구해진 f 값 사이에 합리적으로 잘 일치한다. 따라서, 가정한 안지름 0.02753m는 적절한 값이다.

지금까지의 방법은 관에서의 마찰손실과 부차적 손실이 일어나는 경우에 직렬 관로계의 Ⅲ급을 해석하고 설계하는 기술을 제시하였다. 또한, 부차적 손실의 비율(%)에 따라 위치와 속도에서의 변화를 고려할 수 있음을 함께 나타내었다.

어떤 설계와 해석에서는 단지 마찰에 의한 에너지 손실만을 고려하더라도 충분할는지 모른다. 부차적 손실 모두가 마찰손실의 약 5%보다 작으면 관표면 거칠기와 마찰계수에 관해 고유의 불확실성이 부차적 손실보다 더 클 수 있기 때문에 부차적 손실을 무시할 수 있다. 그 때는 주어진 관 크기의 관 길이에서 생기는 에너지 손실과 그에 따른 압력강하를 계산하는 것은 비교적 간단하다.

Ⅲ급 관로계의 해법은 에너지 손실이 언급된 최대의 양으로 제한될 때, 주어진 유체의 유량을 이송하는데 필요한 관 크기를 결정하는 반복계산이 필요하다. 만약, 그와 같은 계산이 컴퓨터 프로그램 내에서 이루어져야 한다면 불편할는지도 모른다.

[표 8·1]

반복횟수	안지름 D (m)	마찰계수, f (계산값)	D/ε	Re	마찰계수, f (선도에서 구한 값)	안지름, D 의 요구변화
1	0.040	0.365	1333	3.33×10^4	0.0250	감소
2	0.030	0.056	1000	4.43×10^4	0.0247	감소
3	0.027	0.019	900	4.93×10^4	0.0245	증가
4	0.028	0.029	933	4.75×10^4	0.0245	감소
5	0.02753	0.024	918	4.83×10^4	0.0245	-

다음 방정식은 필요한 관 크기를 직접 계산하는 데 사용된다.

$$D=0.66\left\{\varepsilon^{1.25}\left(\frac{LQ^2}{gh_L}\right)^{4.75}+\nu Q^{9.4}\left(\frac{L}{gh_L}\right)^{5.2}\right\}^{0.04} \quad (8\cdot15)$$

예제8.2

15℃물을 0.0135m^3/s의 유량으로 이송하는 데 필요한, 깨끗한 sch. 40의 강관의 크기를 계산하라. 단, 마찰에 의한 에너지 손실을 관길이 30m당 1m 이상이 되지 않도록 한다.

풀이

식 (8・15)를 사용하여야 하고 이에 필요한 자료로는

$$Q=0.0135\text{m}^3/\text{s},\ \ L=30\text{m},\ \ g=9.8\text{m/s}^2$$
$$h_L=1\text{m},\ \ \varepsilon=4.6\times10^{-5}\text{m},\ \ \nu=1.15\times10^{-6}\text{m}^2/\text{s}$$

이다. 그러므로, 식 (8・15)로부터

$$\begin{aligned}D&=0.66\left\{(4.6\times10^{-5})^{1.25}\left(\frac{30\times0.0135^2}{9.8\times1}\right)^{4.75}\right.\\&\qquad\left.+(1.15\times10^{-6})(0.0135)^{9.4}\left(\frac{30}{9.8\times1}\right)^{5.2}\right\}^{0.04}\\&=0.0987(\text{m})\end{aligned}$$

이 된다. 따라서, sch. 40의 호칭 지름 100mm 강관이 사용되어야 한다.

8.3 병렬 관로계

병렬 관로계는 해석의 접근이 직렬 관로계에 사용된 것과는 다르다. 일반적으로 병렬 관로계는 2~3개의 분기관이 있어 주관을 흐르는 유체는 분기관에서 분기되었다가 합류관에서 다시 합류된다. 이 때, 각 분기관에서는 유체가 얼마나 많이 흐르는가, 그리고 분기관과 합류관 사이에서 압력강하는 얼마나 생기는가를 정하는 것이 주요 내용이다. 그리하여, 유량과 손실수두에 관한 일반적 관계를 알 수 있다.

즉, 주어진 관로계에서 각 분기관에서의 유량과 전유량으로부터 관로계의 손실수두를 계산할 수 있고, 관로계에서의 압력강하를 알면 각 분기관에서의 유량과 전체 유량을 구할 수 있다. 그리고 3개 이상의 분기관을 갖는 관로망의 경우, 모든 분기관에서의 유량을 하디-크로스 기법(Hardy Cross method)을 사용하여 정할 수 있다.

8.3.1 병렬 관로계의 지배원리

병렬 관로계의 해석에는, 관로계의 각 분기관에서의 체적유량과 관계 있는 방정식뿐만 아니라, 일반적인 에너지 방정식의 사용과 전 관로계에서의 손실수두에 대한 표현이 필요하다. 다음 방정식은 3개의 분기관을 갖는 관로계를 통해 기본개념을 설명하고자 나타낸 그림 8.7과 같이, 병렬 관로계에 대한 체적유량과 손실수두에 관계되는 원리를 설명하고자 한다.

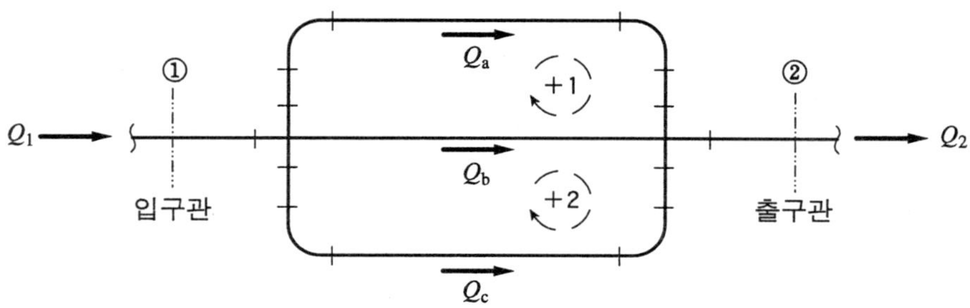

그림 8.7 3개의 분기관을 갖는 병렬 관로계의 예

그림 8.7의 각 분기관 a, b 및 c에서의 유량 및 전체 유량과 손실수두 및 전손실수두는 각각,

$$Q_1 = Q_2 = Q_a + Q_b + Q_c \tag{8·16}$$

$$h_{L1-2} = h_{La} = h_{Lb} = h_{Lc} \tag{8·17}$$

로 표시된다.

식 (8・16)은 병렬 관로계에서의 정상류에 대한 연속조건을 나타내는 것으로, 관로계의 입구관에 들어가는 유량 Q_1 은 3개의 분기관에서의 각 유량 Q_a, Q_b 그리고 Q_c 로 나누어졌다가 다시 출구관에서의 유량 Q_2 로 합해진다는 것을 뜻한다. 식 (8・17)에서 항 h_{L1-2} 는 주관로상의 기준점 ①, ② 사이에서 단위 중량당 에너지 손실이고, 항 h_{La}, h_{Lb} 및 h_{Lc} 는 각 분기관에서의 단위 중량당 에너지 손실
이다. 이들 양은 기준점 ①, ②에 대해 에너지 방정식을 적용하므로 모두 똑같아야 된다는 것을 알 수 있다.

$$\frac{p_1}{\gamma} + \frac{v_1^2}{2g} + z_1 = \frac{p_2}{\gamma} + \frac{v_2^2}{2g} + z_2 + h_{L1-2} \tag{8·18}$$

앞장에서 압력수두 p/γ, 위치수두 z, 그리고 속도수두 $v^2/2g$ 의 합은 전수두 H 로 일정하게 표시된다는 것이 언급되었고, 이것은 관로계의 각 점에서의 단위 중량당 유체가 갖는 에너지를 뜻한다. 그러므로 식 (8・18)을 전수두 H 로 나타내면,

$$H_1 - H_2 = h_{L1-2}$$

가 된다. 여기서 h_{L1-2}는 기준점 ①, ② 사이에서의 손실수두이다.

그림 8.7에서 각 단위유량은 유량이 분기하는 점에서는 똑같은 전수두를 갖는다. 그러나 유체가 분기관을 흐를 때 다소의 에너지가 손실되나, 유량이 다시 합해지는 곳에서 각 단위 유량당 전수두는 다시 같아야 한다. 그러므로 기준점 ①, ② 사이에

서 경로가 어떠하든지간에 손실수두는 같다는 것을 우리는 결론내릴 수 있다. 이것은 식 (8·17)로 나타내진다.

병렬 관로계의 각 분기관을 흐르는 유체의 양은 나머지 분기관에서의 저항, 각 분기관에서의 흐름저항에 따라 달라진다. 유체는 저항이 가장 작은 유로를 통해 흐르려고 한다. 제 6장 및 제 7장에서 언급한 바와 같이 흐름저항은 관벽마찰, 유로의 단면적 변화, 흐름방향의 변화 또는 밸브에서의 장애물에 기인한다. 그러므로 병렬 관로계에서 유량은 속도가 각 분기관에서 다르고, 각 분기관에서의 손실수두는 똑같은 그러한 방법으로 나누어진다.

보통의 병렬 관로계는 그림 8.8과 같이 2개의 분기관을 갖는다. 아래쪽 분기관은, 얼마의 유체를 열교환기를 거치지 않고 바이패스(bypass)시킴으로써 송출되는 유체의 온도를 바이패스되는 유체의 양으로 조절하고자할 때, 그리고 열교환기가 손상되었을 때 수리하는 동안 또는 열교환기로 통과시키지 않을 때, 아래쪽 분기관으로 유체를 이송시킬 수 있다. 이와 같은 관로계의 해석은 상대적으로 간단하고 복잡하지 않으며, 다음 절에서 설명하고자 한다.

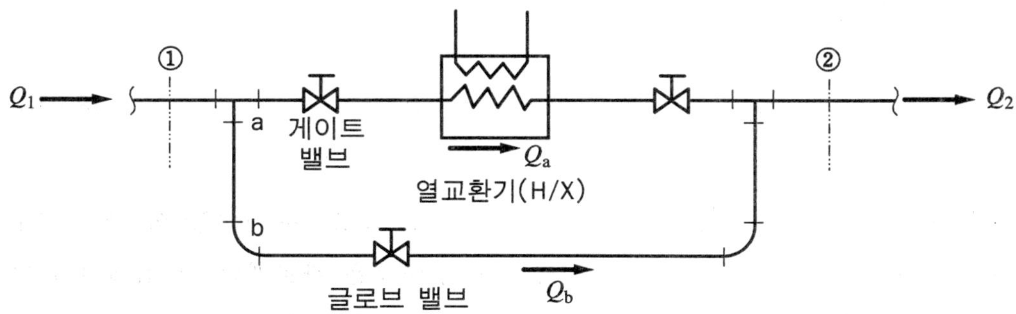

그림 8.8 2개의 분기관을 갖는 병렬 관로계(바이패스관)의 예

2개 이상의 분기관을 갖는 병렬 관로계는 미지수와 관계 있는 방정식보다 미지의 양이 더 많기 때문에 더욱 복잡하다. 이 경우 반복법이 사용되고 반복법에 관해서는 다음 절에서 언급하기로 한다.

8.3.2 2개의 분기관을 갖는 관로계

2개의 분기관에서의 유체흐름의 해석을 설명하기 위해 그림 8.8의 관로계를 사용하도록 하자. 여기에 적용되는 기본 관계는 3개의 기관 대신에 단지 2개의 기관이라는 사실 외에는 식 (8・16) 및 식 (8・17)과 비슷하다.

즉, 이들 관계는

$$Q_1 = Q_2 = Q_a + Q_b \tag{8・19}$$

$$h_{L1-2} = h_{La} = h_{Lb} \tag{8・20}$$

와 같이 표시된다.

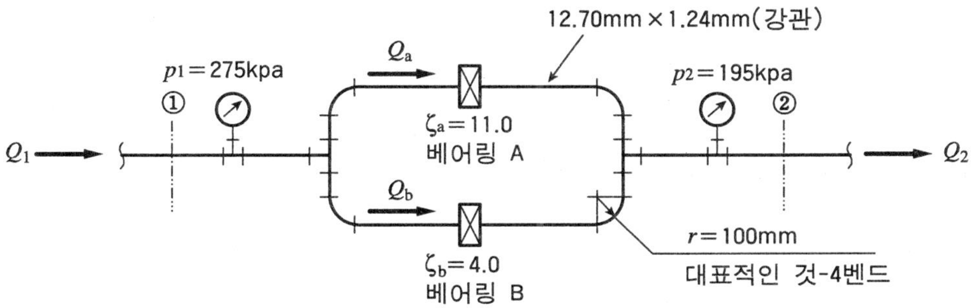

그림 8.9 병렬 관로계

예제8.3

대형기계의 베어링에 윤활유를 공급하는데 그림 8.9와 같은 관로계가 사용된다고 하자. 베어링은 유체흐름에 저항역할을 한다. 두 베어링의 저항계수는 각각 ζ_A =11.0 및 ζ_B=4.0이다. 각 분기관의 관로는 벽 두께 1.24mm의 바깥 지름 12.70mm인 강관이고, 관로상에 4개의 곡관이 있으며 각 곡관의 평균 곡률 반지름은 100mm이다. 이 경우 (a) 각 베어링에서의 기름의 유량과, (b) 전체 유량을 l/min로 계산하라.

단, 에너지 손실은 관로(管路)의 길이가 짧으므로 곡관에 의한 손실만 고려하고 마찰손실은 제외한다. 또한, 기름의 비중은 0.88이고, 동점성은 $\nu=2.50\times10^{-6}\text{m}^2/\text{s}$이며, 관로계는 한 평면상에 있어 모든 위치수두가 똑같다.

풀이

각 분기관로에서 손실수두 h_{La} 및 h_{Lb} 에 대해 관로계를 결쳐 생기는 손실수두 h_{L1-2} 에 관계되는 방정식을 쓰면

$$h_{L1-2}=h_{La}=h_{Lb} \qquad (8 \cdot 21)$$

가 되어야 하고, 기준점 ①, ②에 대해 에너지 방정식을 적용하면

$$\frac{p_1}{\gamma}+\frac{v_1^2}{2g}+z_1=\frac{p_2}{\gamma}+\frac{v_2^2}{2g}+z_2+h_{L1-2}$$

이다. 여기서 $z_1=z_2$, $v_1=v_2$ 이므로

$$h_{L1-2}=\frac{p_1-p_2}{\gamma} \qquad (8 \cdot 22)$$

로 표시된다. 따라서, 전손실 수두 h_{L1-2} 는

$$h_{L1-2}=\frac{p_1-p_2}{\gamma}=\frac{(275-195)}{0.88\times9.8}=9.27(\text{m})$$

이 된다.

분기관 a 및 곡관 b 에서와 같이 베어링에서의 에너지 손실을 각각 $h_{L,a}$ 및 h_{Lb} 로 나타내면

$$h_{La}=2f\cdot\frac{Le}{D}\cdot\frac{v_a^2}{2g}+11.0\frac{v_a^2}{2g}=\left(2f\cdot\frac{Le}{D}+11.0\right)\frac{v_a^2}{2g} \quad (8\cdot23)$$

$$h_{Lb}=2f\cdot\frac{Le}{D}\cdot\frac{v_b^2}{2g}+4.0\frac{v_b^2}{2g}=\left(2f\cdot\frac{Le}{D}+4.0\right)\frac{v_b^2}{2g} \quad (8\cdot24)$$

으로 표시된다. 여기서 f 는 관 내의 완전 난류영역에서의 마찰계수이다. 곡관의 상당 길이비 Le/D 는 상대 곡률 반지름 r/D가

$$\frac{r}{D}=\frac{100}{10.21}=9.79$$

이므로, 그림 7.18로부터 $Le/D=29.5$의 값을 얻을 수 있다. 또한, 완전 난류영역에서의 마찰계수는 상대 거칠기와 무디 선도를 사용하여 구할 수 있다. 상대 거칠기는

$$D/\varepsilon=\frac{0.01021}{4.6\times10^{-5}}=222$$

이므로, 무디 선도로부터 $f=0.029$임을 알 수 있다. 따라서, 분기관에서의 손실수두 h_{La} 및 h_{Lb} 는 각각

$$h_{La}=\left(2f\frac{Le}{D}+11.0\right)\frac{v_a^2}{2g}=(2\times0.029\times29.5+11.0)\frac{v_a^2}{2g}$$
$$=12.71\frac{v_a^2}{2g} \quad (8\cdot25)$$

$$h_{Lb}=\left(2f\frac{Le}{D}+4.0\right)\frac{v_b^2}{2g}=(2\times0.029\times29.5+4.0)\frac{v_b^2}{2g}$$
$$=5.71\frac{v_b^2}{2g} \quad (8\cdot26)$$

으로 나타낼 수 있다. 여기서 $h_{L1-2}=9.27\text{m}$이고 $h_{L1-2}=h_{La}=h_{Lb}$이므로, 식

(8 · 25)와 식 (8 · 26)으로부터

$$v_a = \sqrt{\frac{2gh_{La}}{12.71}} = \sqrt{\frac{2\times9.8\times9.27}{12.71}} = 3.78(\mathrm{m/s})$$

$$v_b = \sqrt{\frac{2gh_{Lb}}{5.71}} = \sqrt{\frac{2\times9.8\times9.27}{5.71}} = 5.64(\mathrm{m/s})$$

이다. 아울러, 각 분기관에서의 유량은 각각,

$$Q_a = A_a \cdot v_a = (8.189\times10^{-5})\times3.78 = 3.095\times10^{-4}\,(\mathrm{m^3/s})$$
$$= 18.6\,(l/\mathrm{min})$$
$$Q_b = A_b \cdot v_b = (8.189\times10^{-5})\times5.64 = 4.619\times10^{-4}\,(\mathrm{m^3/s})$$
$$= 27.7\,(l/\mathrm{min})$$

이 되고, 따라서 전유량 Q 는

$$Q = Q_a + Q_b = (18.6 + 27.7) = 46.3(l/\mathrm{min})$$

이다.

8.3.3 3개 이상의 분기관을 갖는 관로계

3개 이상의 분기관이 관로계에 있을 때 이를 **관로망**(pipe line network)이라 하고, 관로망은 미지수와 관계 있는 독립 방정식보다 미지수의 계수가 더 많기 때문에 불확정적이다. 즉, 그림 8.10에서 미지의 속도는 각 분기관에서 하나씩 모두 3개이지만, 관로계에 적용할 수 있는 방정식은 다음과 같이 유량과 손실수두에 관한 2개뿐이다.

$$Q_1 = Q_2 = Q_a + Q_b + Q_c \tag{8 · 27}$$

$$h_{L1-2} = h_{La} = h_{Lb} = h_{Lc} \tag{8 · 28}$$

그러므로, 3개의 속도를 분명하게 구하기 위해서는 세 번째의 독립 방정식이 필요할 뿐이다. 이와 같은 관로계의 해석을 완전히 하기 위해 반복법을 도입하는 합리적인 접근법은 1936년 하디-크로스(Hardy-Cross, U.S.A)에 의해 밝혀졌다. 이 방벙은 정확한 유량으로 대단히 빨리 수렴한다.

여전히 많은 계산이 필요하지만 계산기나 디지털 컴퓨터로 사용하는 순서에 맞게 계산을 정리할 수 있다.

관로계에서의 각 관에 대한 손실 수두항은 크로스 기법에서

$$h_L = kQ^n \tag{8·29}$$

의 형태로 표시된다.

여기서 k는 전체 관로의 유체흐름에 대한 상당저항이고, Q는 관로에서의 유량이다.

크로스 반복기법에서는 관로계의 각 분기관에서 체적유량을 최초의 가정값으로 정한다. 이들 가정값을 정하는 데 도움이 되는 두 요소는 첫째, 관로망의 각 분기점에서 합류점으로 들어오는 유량의 합은 나가는 유량의 합과 같아야 된다는 것과, 둘째, 유체는 관로망에서 저항이 가장 작은 관로를 통해 흐르기 쉬우므로, k 값이 작은 관이 큰 값을 갖는 관보다 더 많은 유량을 이송하게 된다는 것이다.

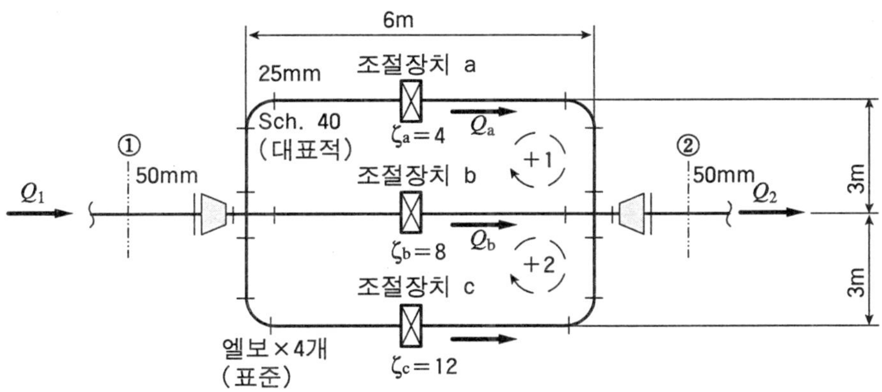

그림 8.10 3개의 분기관을 갖는 관로망

관로망은 반복과정을 시작하기 전에 한 번의 밀폐회로로 나누어진다. 그림 8.10에서 시계방향으로 표시한 점선의 화살표시는 주어진 회로의 관로에서의 유체흐름이 시계방향이면 유량 Q 와 손실수두 h_L 은 +(양)이고, 반시계 방향이면 Q 와 h_L 은 -(음)라는 약속에 따라, 각 회로의 각 분기관에서의 유량 Q 와 손실수두 h_L의 부호(+ 또는 -)를 정의하는 데 도움이 된다. 즉, 그림 8.10의 회로 1의 경우 유량 및 손실수두인 Q_a 와 h_{La} 는 +(양)이고, 반면에 Q_b 와 h_{Lb} 는 -(음)가 된다. 부호는 각 반복계산 회로의 끝에서 정해지는 ΔQ 로 나타내지는 체적유량에 대한 정확한 조정계산에 결정적이다. 그리고 관 b 는 공통이므로 각 회로에서의 조정량 ΔQ 는 이 공통관의 유량으로 적용되어야 한다.

배관망에서의 유체흐름을 해석하는 데 사용되는 크로스 기법을 예제를 통해 단계적으로 설명하고자 한다.

예제8.4

그림 8.10의 관로망에서 15℃ 물이 호칭 지름 25mm 관을 통해 600 l /min의 유량으로 들어갔다가 나온다면, 각 분기관에서의 체적유량을 구하라.

풀이

분기관 a에 대한 전손실 수두는 상당 길이가 Le/D=30인 2개의 엘보, 저항계수가 4인 조절장치 a, 그리고 관마찰에 기인한다. 그러므로

$$h_{La} = 2f_a\left(\frac{Le}{D}\right)\frac{v_a^2}{2g} + 4.0\frac{v_a^2}{2g} + f_a\frac{L_a}{D_a}\frac{v_a^2}{2g}$$

$$= \left(60f_a + 4.0 + f_a\frac{L_a}{D_a}\right)\frac{v_a^2}{2g}$$

으로 나타낼 수 있다.

마찰계수 f_a 는 레이놀즈수에 따라 달라지므로 체적유량에 따라 달라진다. 관로망 해석의 목적은 유량을 구하는 것이지만 현재로서는 그 값을 정확히 정할 수 없

다. 게다가 일반적으로 유량은 마찰계수가 다른 값을 가지는 관로계의 각 부분에서는 다르다. 하디-크로스 기법에서의 단계인 각 관에서의 체적유량의 크기를 가정한 후, 마찰계수의 값을 계산함으로써 현해석에서 유량을 고려하게 된다. 그리고 식 (6·8)의 마찰계수를 계산하는 데는 스와미와 자인(Swamee & Jain)식을 사용하게 된다. 그 다음 체적유량의 값이 다시 정의될 때 각 시행의 마찰계수의 값을 다시 계산한다.

그림 8.10에서 분기관 a의 전체 길이는 12m이고, 호칭 지름 25mm, sch. 40인 하관의 경우 안지름이 D=0.0266m이고 단면적이 $5.574\times10^{-4}\mathrm{m}^2$이다. [표 7.3]으로부터 호칭 지름 25mm, sch. 40 강관에서 완전난류인 경우 f_a=0.023의 값을 구할 수 있고, 15℃ 물의 동점성 계수는 $\nu=1.15\times10^{-6}\ \mathrm{m^2/s}$이다. 또한, 연속 방정식으로부터 속도를 유량으로 $v_a^2 = Q_a^2/A_a^2$ 와 같이 나타내고, 손실수두 h_{La} 의 방정식에 대입하여 가능한 간단히 함으로써 체적유량을 손실수두 방정식으로 나타낼 수 있다. 즉,

$$
\begin{aligned}
h_{La} &= \left(60f_a + 4.0 + f_a \frac{L_a}{D_a}\right)\frac{v_a^2}{2g} \\
&= \left(60\times0.023 + 4.0 + f_a \times \frac{12}{0.0266}\right)\frac{Q_a^2}{2gA_a^2} \\
&= (5.38 + 45\ 1f_a)\frac{Q_a^2}{2\times9.8\times(5.574\times10^{-4})^2} \\
&= (5.38 + 45\ 1fa)(1.64\times10^5)\ Q_a{}^2 \qquad (8\cdot30)
\end{aligned}
$$

으로 나타내진다.

또한, 레이놀즈수를 체적유량 Q 의 항으로 나타내고, 상대 거칠기 D/ε 의 값을 계산하는 것이 편리하다.

분기관 3개 모두가 관의 재질 및 크기가 똑같기 때문에 각 분기관에 대해 이런 계산을 하고, 만약 전체 관로망을 통해 다른 분기관들이 사용되면 이와 같은 계산을 다시 해야 한다.

호칭 지름 25mm 강관의 경우 상대 거칠기 및 레이놀즈수는 각각,

$$D/\varepsilon = \frac{0.0266}{4.6\times10^{-5}} = 578$$

$$Re_a = \frac{v_a D_a}{\nu} = \frac{Q_a D_a}{A_a \nu} = \frac{0.0266}{(5.574\times10^{-4})(1.15\times10^{-6})} Q_a$$

$$= (4.15\times10^{7}) Q_a \tag{8·31}$$

이다.

비슷한 방법으로 다른 두 분기관에서의 손실수두 h_{Lb} 및 h_{Lc} 에 대해 나타내면, 분기관 b의 경우

$$h_{Lb} = 8.0\frac{v_b^2}{2g} + f_b\frac{L_b}{D_b}\frac{v_b^2}{2g}$$

$$= \left(8.0 + f_b\frac{6}{0.0266}\right)\frac{Q_b^2}{2gA_b^2}$$

$$= (8.0 + 225.6f_b)(1.64\times10^5)Q_b^2 \tag{8·32}$$

분기관 c의 경우

$$h_{Lc} = 2f_c\frac{L_{ec}}{D_c} + 12.0\frac{v_c^2}{2g} + f_c\frac{L_c}{D_c}\frac{v_c^2}{2g}$$

$$= \left(2\times0.023\times30 + 12.0 + f_c\frac{12}{0.0266}\right)\frac{Q_c^2}{2gA_c^2}$$

$$= (12.38 + 4\ 51f_c)(1.64\times10^5)Q_c^2 \tag{8·33}$$

으로 표시된다.

식 (8・30)에서 식 (8・33)까지는 크로스 반복과정이 계속될 때 손실수두의 계산에 사용된다. 마찰계수의 값이 주어지거나 가정되면 손실수두 방정식을 식 (8・29)의 형태로 줄일 수 있다.

최종의 마찰 계수값이 저항의 크기에 영향을 미치더라도 분기관 b 가 가장 작은

저항을 가지므로, 가장 많은 유량을 이송해야 한다는 것을 뜻한다. 분기관 c 는 저항이 가장 크고, 따라서 가장 작게 유량을 이송해야 한다. 유량의 경우 첫 가정이 많이 다를 수 있지만

$$Q_a + Q_b + Q_c = 0.01\ (\mathrm{m^3/s})$$

임을 알고 있다. 첫 번째 가정값으로

$$Q_a = 0.0033\mathrm{m^3/s},\quad Q_b = 0.0036\mathrm{m^3/s},\quad Q_c = 0.0031\mathrm{m^3/s}$$

으로 정하자.

각 분기관에서의 마찰계수를 구하기 위해서는 가정한 체적유량으로 레이놀즈수를, 그 다음에 마찰계수를 계산해야 한다. 각 분기관에서의 레이놀즈수는

$$R_{ea} = (4.15\times10^7)Q_a = (4.15\times10^7)(0.0033) = 1.37\times10^5$$
$$R_{eb} = (4.15\times10^7)Q_b = (4.15\times10^7)(0.0036) = 1.49\times10^5$$
$$R_{ec} = (4.15\times10^7)Q_c = (4.15\times10^7)(0.0031) = 1.29\times10^5$$

이고, 각 분기관에서의 마찰계수를 식 (6·8)을 사용하여 계산하면

$$f_a = \frac{0.25}{\left[\log\left(\frac{1}{3.7D/\varepsilon} + \frac{5.74}{R_{e,a}{}^{0.9}}\right)\right]^2}$$
$$= \frac{0.25}{\left[\log\left(\frac{1}{3.7\times578} + \frac{5.74}{(1.37\times10^5)^{0.9}}\right)\right]^2} = 0.0241$$

로 구해지고, 같은 방법으로 분기관 b 와 c 에 대해 계산하면 각각,

$$f_b = 0.0240$$

$$f_c = 0.0242$$

가 된다.

이들 마찰 계수값들은 크기가 대단히 비슷하여 그런 정밀도는 바람직스럽지 않을는지도 모른다. 그러나 관로망의 배관 사이의 차가 크면 클수록 더욱 큰 차이가 발생하고, 반복기법의 정확성은 마찰계수를 구하는 정확성에 따라 달라진다.

마찰계수와 가정값 유량 Q 를 식 (8・30), (8・32) 및 식 (8・33)에 대입하여 비례상수 k_a, k_b 및 k_c 를 계산하면

$$\begin{aligned} h_{La} &= (5.38 + 451 f_a)(1.64\times10^5)Q_a^2 = k_a Q_a^2 \\ &= (5.38 + 451\times0.0241)(1.64\times10^5)Q_a^2 \\ &= (2.67\times10^6)\ Q_a{}^2 \\ &= (2.67\times10^6)(0.0033)^2 \\ &= 29.05 \end{aligned}$$

따라서, $k_a = 2.67\times10^6$이다. 같은 방법으로 분기관 b와 c에 대해 계산하면,

$$\begin{aligned} h_{Lb} &= (8.0\times225.6 f_b)(1.64\times10^5)Q_b^2 = k_b Q_b^2 \\ &= (8.0\times225.6\times0.0240)(1.64\times10^5)Q_b^2 \\ &= (2.20\times10^6)Q_b^2 \\ &= (2.20\times10^6)(0.0036)^2 \\ &= 28.53 \end{aligned}$$

$$\therefore k_b = 2.20\times10^6$$

$$\begin{aligned} h_{Lc} &= (12.38 + 451 f_c)(1.64\times10^5)Q_c^2 = k_c Q_c^2 \\ &= (12.38 + 451\times0.0242)(1.64\times10^5)Q_c^2 \\ &= (3.99\times10^6)Q_c^2 \\ &= (3.99\times10^6)(0.0031)^2 \end{aligned}$$

$$= 38.31$$

$$\therefore k_c = 3.99 \times 10^6$$

이 된다. 그리고 회로 1 및 2에 대해 손실수두의 합을 구하면,
회로 1의 경우

$$\sum h_{L1} = h_{La} - h_{Lb} = 29.05 - 28.53 = 0.52$$

회로 2의 경우

$$\sum h_{L2} = h_{Lb} - h_{Lc} = 28.53 - 38.31 = -9.78$$

이다. 또한,

$$2k_aQ_a = 2(2.67 \times 10^6)(0.0033) = 17,609$$

$$2k_bQ_b = 2(2.20 \times 10^6)(0.0036) = 15,850$$

$$2k_cQ_c = 2(3.99 \times 10^6)(0.0031) = 24,717$$

로 구해진다.

회로 1의 경우

$$\sum (2kQ)_1 = 17,609 + 15,850 = 33,459$$

회로 2의 경우

$$\sum (2kQ)_2 = 15,850 + 24,717 = 40,567$$

이제, 각 회로에 대한 유량 조절량 ΔQ 를 계산해도 된다. 즉,

회로 1에서

$$\Delta Q_1 = \frac{\sum h_{L1}}{\sum(2kQ)_1} = \frac{0.52}{33,459} = 1.56 \times 10^{-5}$$

회로 2에서

$$\Delta Q_2 = \frac{\sum h_{L2}}{\sum(2kQ)_2} = \frac{-9.78}{40,567} = -2.41 \times 10^{-4}$$

이다.

ΔQ 의 값은 처음부터 가정한 값 Q 의 오차의 추정값이다. ΔQ 의 값이 가정값 Q 의 1%이내가 되도록 계산이 반복되어야 한다.

그러면 Q_a 의 새 값 Q_a' 및 Q_c' 는

$$\begin{aligned} Q_a' &= Q_a - \Delta Q_1 = 0.0033 - 1.56 \times 10^{-5} \\ &= 0.00328(\mathrm{m^3/s}) \\ Q_c' &= Q_c - \Delta Q_2 = -0.0031 - (-2.41 \times 10^{-4}) \\ &= -0.00286(\mathrm{m^3/s}) \end{aligned}$$

여기서 Q_c 의 부호가 음(-)인 것은 회로 2에서 유체흐름이 반시계 방향이기 때문이다. Q_c 의 크기가 절대값으로 감소되어야 한다는 것을 나타낼 때 Q_c' 에 대한 계산을 해석할 수 있다.

유량 조절량 ΔQ_1 및 ΔQ_2 를 Q_b 에 적용하면,

회로 1의 경우

$$\begin{aligned} Q_b' &= Q_b - \Delta Q_1 = -0.0036 - 1.56 \times 10^{-5} \\ &= -3.6156 \times 10^{-3}(\mathrm{m^3/s}) \end{aligned}$$

이 되어 Q_b 의 절대값을 증가시키게 된다.

회로 2의 경우

$$Q_b' = Q_b - \Delta Q_2 = +0.0036 - (-2.41\times10^{-4})$$
$$= 3.8\times10^{-3}(\mathrm{m^3/s})$$

이 되어 역시 Q_b 를 증가시킨다. 따라서, Q_b 는 실제로 ΔQ_1 과 ΔQ_2 의 합으로 절대값에서 증가된다. 즉,

$$Q_b' = 0.0036 + 1.56\times10^{-5} + 2.41\times10^{-4}$$
$$= 0.00386(\mathrm{m^3/s})$$

이다.

이제 유량의 새 추정값 Q_a', Q_b' 및 Q_c'를 사용하여 계산과정을 되풀이 하면서 반복계산을 계속하여, 3개의 분기관에서의 유량의 절대값의 합이 전체 유량 Q= 0.01m^3/s와 같아지게 한다.

참고로 4번의 반복계산 결과를 [표 8.2]에 나타내고 있다. 여기서 시행 4번째에서 ΔQ 의 값이 Q 의 각 값의 1%이하로 적절한 정밀도를 나타낸다. 결과적으로 Q_a=3.399×10^{-3}m^3/s, Q_b=3.789×10^{-3}m^3/s, Q_c=2.812×10^{-3}m^3/s이고, 단위를 바꾸면 Q_a=204 l/min, Q_b=227 l/min, Q_c=169 l/min로 전체 유량은 Q=600 l/min이 된다. 이 결과로부터 저항이 작은 관로는 더 큰 유량을 이송한다는 것을 다시 한번 관찰할 수 있다.

연 습 문 제

8.1 10℃물이 큰 탱크에서 $1.5\times10^{-2}m^3/s$의 유량으로 그림 8.11의 관로계를 통해 흐르고 있다. 관출구 B에서의 압력을 계산하라.

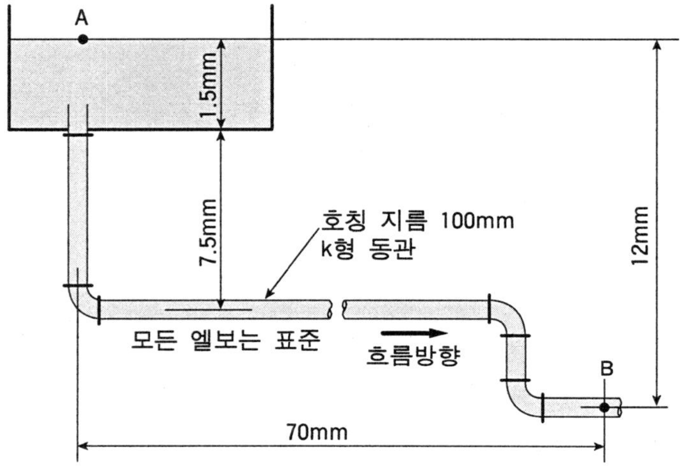

그림 8.11 고가탱크

답 85.1 kPa

8.2 기름이 $0.015m^3/s$의 유량으로 그림 8.12와 같은 관로계를 흐르고 있다. 관마찰과 부차적 손실을 고려하여 A에서의 압력을 계산하라. 단, 기름의 비중량 및 동점성 계수는 각각 $\gamma=8.80kN/m^3$, $\nu=2.12\times10^{-5}m^2/s$이고, 호칭지름 150mm 및 50mm 관의 길이가 각각 180m, 80m이고, 엘보는 곡률 반지름이 긴 형이며, 점 B에서의 압력이 12.5MPa이다.

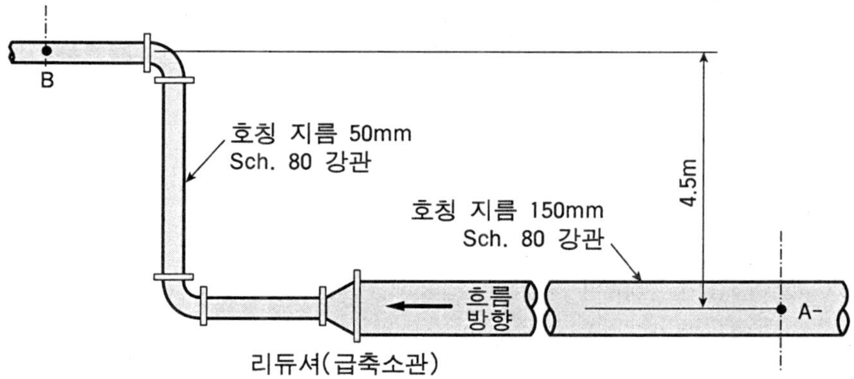

그림 8.12 직렬 관로계

답 12.74 MPa

8.3 액체냉매가 1.70 l/min의 유량으로 그림 8.13과 같은 관로계를 통해 흐른다. 냉매의 비중이 $s=1.25$이고 점성계수가 $\mu=3\times10^{-4}$ Pa · s일 때 점 A와 점 B 사이의 압력차를 계산하라. 단, 관은 강관으로 벽 두께가 1.24mm, 바깥 지름이 12.70mm이며 관 길이는 30m이다.

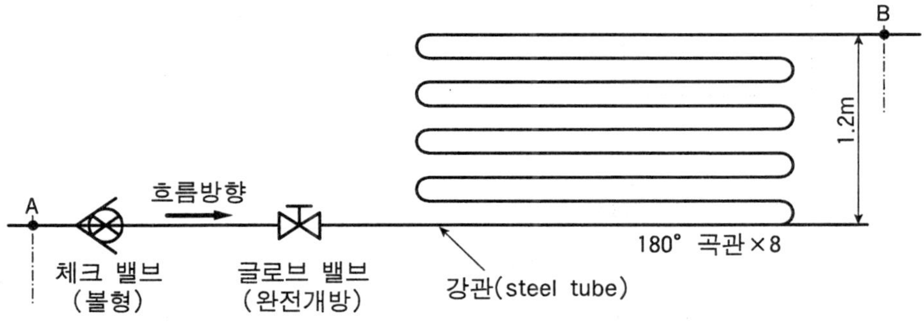

그림 8.13 직렬 관로계

답 24.3kPa

8.4 작동유가 바깥 지름 50.80mm, 벽 두께 2.11mm인 강관(steel tube)을 통해 흐

르고 있다. 서로 30m 떨어진 두 점 사이의 압력강하가 68kPa일 때 기름의 유속을 계산하라. 단, 기름의 비중 및 점성은 각각 $s=0.90$, $\mu=3.0\times10^{-3}$Pa·s이고 관벽 거칠기는 3×10^{-5}m로 가정하라.

답 3.16m/s

8.5 15℃ 물이 길이 7.5m의 수직관을 통해 아래로 흐르고 있다. 위쪽 및 아래에서의 압력이 각각 550kPa, 585kPa이고, 아래쪽 가까이에는 불형 체크밸브가 설치되어 있다. 관이 바깥 지름 31.75mm, 관벽 두께 2.11mm의 강관(steel tube)이라면 물의 체적유량을 구하라.

답 1.64×10^{-3}m^3/s

8.6 40℃ 물이 그림 8.14와 같이 관로계를 통하여 흐르고 있다. 두 탱크의 자유표면 사이의 수직 높이가 10m일 때 물의 체적유량을 구하라. 엘보는 표준형이고, 두 관은 아스팔트로 피복된 주철이다.

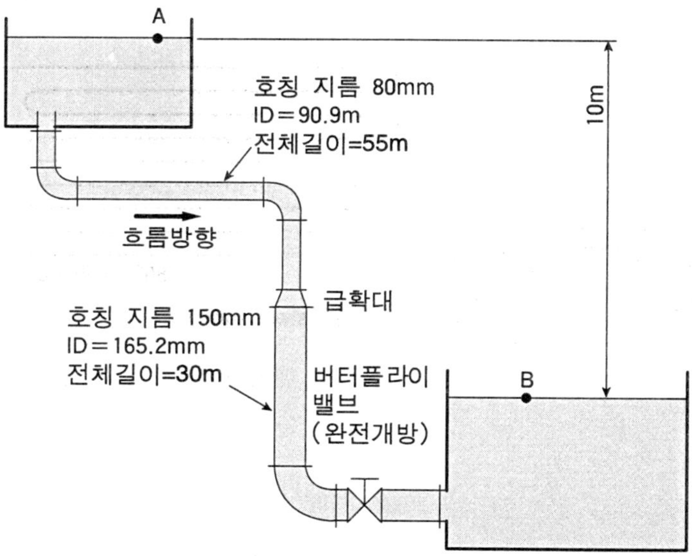

그림 8.14 직렬 관로계

답 $2.27 \times 10^{-2}\ m^3/s$

8.7 그림 8.15는 가솔린을 저장탱크에서 수송트럭으로 이송시키는 것을 나타낸다. 가솔린의 비중 및 온도가 각각 $s=0.68$, $t=25℃$일 때 트럭으로 1500 l/min의 유량을 이송하는 데 필요한 탱크 깊이 h 를 구하라. 단, 관 길이는 짧으므로 관마찰에 의한 에너지 손실은 무시하고 부차적인 손실만을 고려하라.

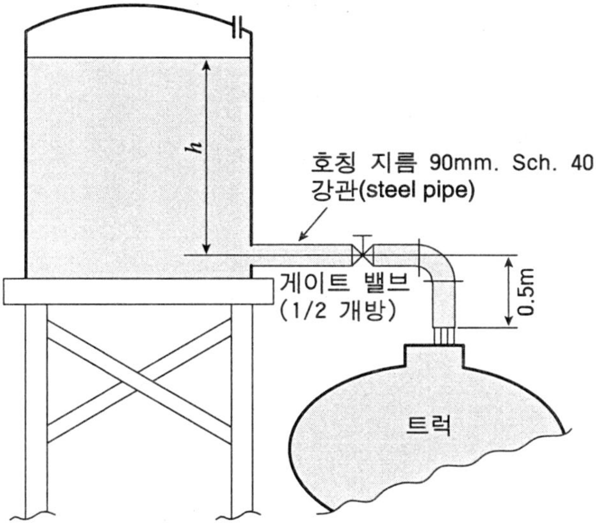

그림 8.15 탱크차 급유 고가 탱크

답 3.35m

8.8 80℃ 물이 475 l/min의 유량으로 그림 8.16과 같이 탱크에서 펌프에 의해 이송되고 있다. 펌프입구에서의 압력을 계산하라.

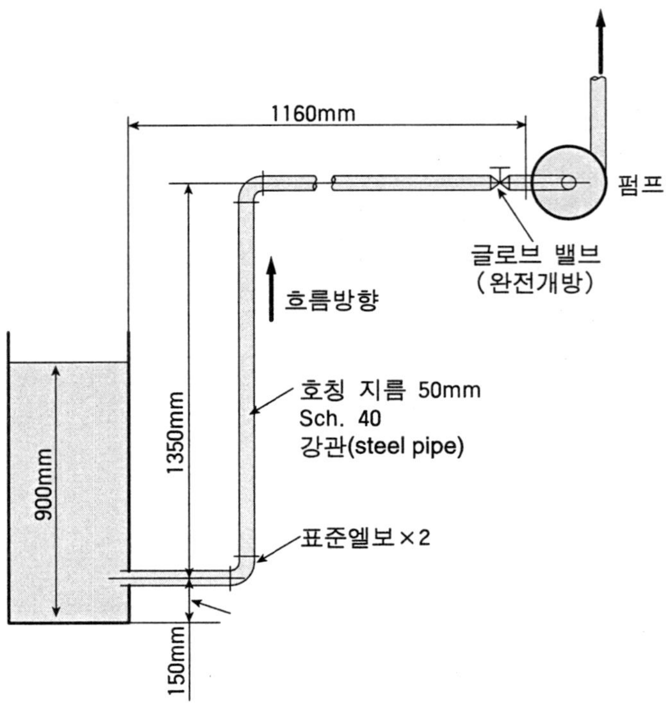

그림 8.16 저수 탱크에서의 급수장치

답 -100kPa

8.9 10℃ 물이 그림 8.17과 같이 건물의 지붕에 있는 탱크로 이송되고 있다. 200 l/min의 유량이 이송되기 위해서는 점 A 에서의 압력이 얼마이어야 하는가? 단, 엘보는 표준형이다.

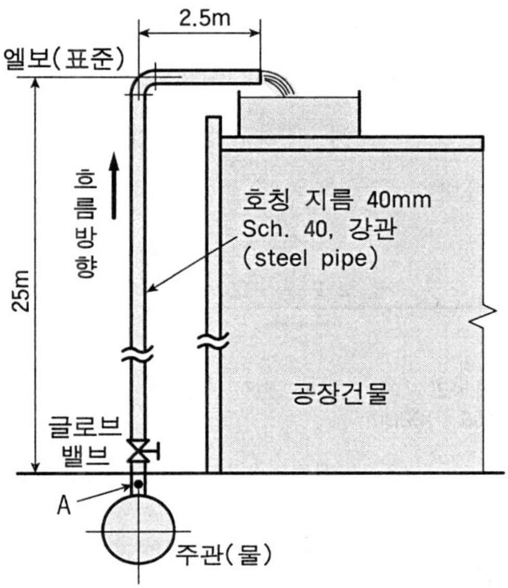

그림 8.17 고가 탱크로의 급수

답 321.1kPa

8.10 그림 8.18은 15℃ 물을 주관로에서 공장으로 이송시키는 관을 나타내고 있다. 주관로에서의 압력은 415kPa이다. 공장에서의 압력이 200kPa 이상 필요하다면 허용가능한 최대유량을 계산하라.

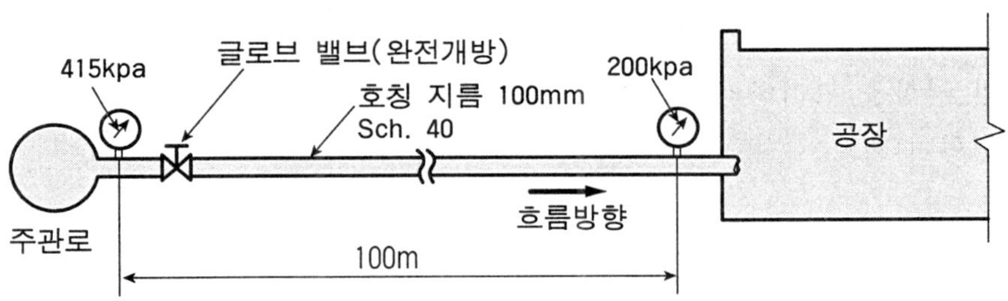

그림 8.18

답 $4.087\times10^{-2}\ m^3/s$

8.11 그림 8.19는 점 A 및 점 B에서의 압력이 각각 p_A=700kPa, p_B=550kPa인 분기 관로계를 나타내며, 각 분기관의 길이는 60m이다. 기름의 비중량이 γ=8.80kN/m^3이면 전체 체적유량을 계산하라. 단, 기름의 동점성은 ν=4.8×$10^{-6}$$m^2$/s이다.

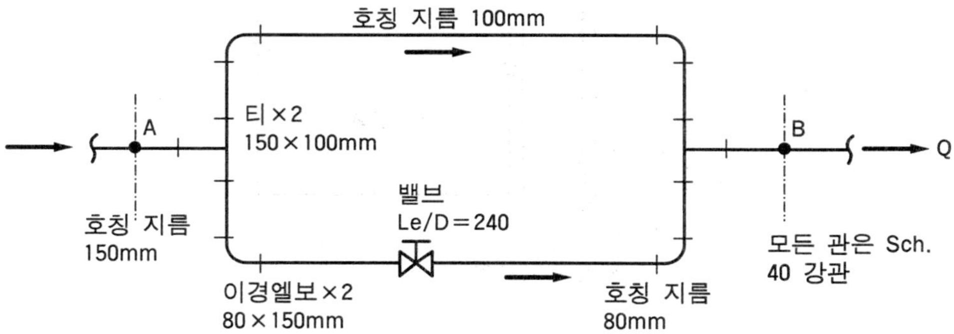

그림 8.19

답 0.0602m^3/s

8.12 그림 8.20의 분기 관로계에서 10℃ 물이 850 l /min의 유량으로 점 A에서 호칭 지름 100mm, sch. 40의 관을 통해서 흐르고 있다. 유체는 그림에서 보는 바와 같이 2개의 호칭 지름 50mm, sch. 40의 관으로 분기되어 흐르다가 점 B에서 다시 합류한다. (a) 각 분기관에서의 유량과, (b) 압력차(p_A-p_B)를 계산하라. 그리고 관로계의 아래쪽 분기관에서 부차적 손실의 영향을 고려하라. 단, 아래쪽 분기관의 전체 길이는 60m이고, 엘보는 표준형이다.

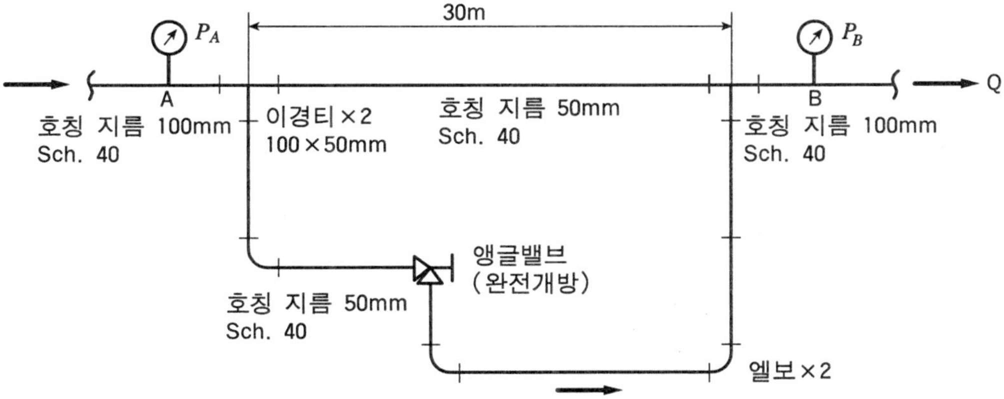

그림 8.20

답 (a) Q_a=518 l/min(위 분기관), Q_b=332 l/min(아래 분기관), (b) 95.0kPa

9

차원해석과 상사법칙

유체역학 문제의 상당수는 수학적 이론과 실험자료에 의해 해결되어 왔으며, 근래의 중요한 유체적 구조는 광범위한 모형으로 연구가 이루어진 후 설계 · 제작되고 있다. 실제로 유체공학에 있어서의 문제는 기술자가 차원해석과 상사법칙을 적용하여 계통적으로 실험을 계획한다면, 실험을 대폭 적게, 더욱 간단히 할 수 있다. 또한, 그 실험결과로부터 다른 치수의 물체나 종류가 다른 유체의 현상을 추정하는 것도 가능하다. 따라서, 본장에서는 유용한 차원해석 및 상사법칙에 대해 설명하기로 한다.

9.1 단위와 차원

모든 물리량은 단위가 있지만, 이 단위는 여러 개의 기본단위의 조합으로 이루어진다. 역학에 관한 공학 단위계(중력 단위계라고도 한다)에 있어서는 길이 L 〔m〕, 시간 T〔s〕,힘 F〔kg〕를 기본단위로서 이용한다. 공학적인 양 Q와 기본량 L, T, F 와의 사이에 k, a, b, c 의 상수를 취하여

$$Q = kL^aT^bF^c$$

의 관계가 성립될 때, “Q 의 차원은 $L^aT^bF^c$ 이다”라고 한다. 이것은

$$[Q] = [kL^aT^bF^c]$$

라는 식으로 나타낼 수 있다.

9.2 차 원 해 석

차원해석(dimensional analysis)이란, “물리적인 의의가 있는 모든 등식, 예를 들어

$$A+B=C$$

가 성립된다고 하면, 그 각 항 A, B, C 는 반드시 같은 차원이어야 한다"라는 원리를 기본으로 하여 그것을 응용한 것이다. 즉, 어떤 물리적인 관계를 나타내는 방정식에서 좌변과 우변의 차원이 같아야 한다는 원리를 **차원의 동차성 원리**라고 한다.

차원에는 질량 M, 길이 L, 시간 T 를 기본량으로서 나타내는 MLT 계와 질량 대신에 힘 F를 취하는 FLT 계가 있지만, SI 단위계에서는 MLT 계가 이용된다.

예를 들면, 뉴턴의 운동법칙을 나타내는 방정식

$$F=ma$$

에서 좌변 힘의 차원은 우변의 질량 ×가속도 차원과 같아야 한다. 질량 m 과 가속도 a 의 차원은 알고 F 의 차원을 모른다고 하면, F 의 차원은 기본차원인 M, L 및 T 의 어떤 변수로 표시될 것이므로

$$M^a \cdot L^b \cdot T^c = [M] \times [LT^{-2}]$$

이 성립된다. 여기서 지수 a, b, c 는 미지수이다. 차원의 동차성 원리에 의하여 등식의 좌우변에 대하여 지수 방정식을 세우면

$$M : a=1$$
$$L : b=1$$
$$T : c=-2$$

가 되므로, 이것을 윗식의 좌변에 대입할 때 힘의 차원은

$$F=MLT^{-2}$$

이 된다.

물리적 현상이 대단히 복잡하고 해석적으로 그 현상을 표시하는 이론식을 도출하는 것이 불가능한 경우, 차원해석의 방법에 의해 현상을 표시하는 대략의 식을 간단히 추정할 수 있다.

또한, 관계되는 인자가 많은 복잡한 현상의 실험결과를 정리하는 경우, 그 현상을 지배하는 소수의 변수군(상기 각 인자의 조합으로 이루어진다)을 알게 되면, 실험값을 간단히 정리할 수 있다.

예제9.1

어떤 물체가 자유낙하할 때 자유낙하 거리 S의 차원을 차원해석으로 구해 보자.

풀이

각 물리량의 차원은

[표 9·1] 여러 물리량의 차원

물리량	낙하거리 S	무게 W	중력 가속도 g	시간 T
차 원	L	F	LT^{-2}	T

이고, 자유낙하 거리 S 는 물체의 무게 W, 중력 가속도 g , 시간 T 의 함수이므로

$$S=f(W,\ g,\ T)=kW^a g^b T^c$$

으로 표시할 수 있다. 여기서 k 는 무차원 비례상수이다. 윗식에 각각의 물리량의 차원을 대입하면

$$L=[F]^a[LT^{-2}]^b[T]^c$$
$$F:0\ =\ a$$
$$L:1\ =\ b$$

$$T:\ 0 = -2b+c$$

이므로 $a=0$, $b=1$, $c=2$ 가 된다. 따라서, 자유낙하 거리 S 는 $S=kgT^2$ 이 된다.

여기서 무게 W의 지수가 0이므로 자유낙하 거리 S 는 무게와 무관하다.

그리고 무차원 비례상수 k 는 물리적 해석이나 실험에 의해서 얻어진다.

9.3 유체유동 현상의 차원해석

9.3.1 하겐-푸아죄유의 방정식

5.3절에서 설명한 원관 속의 유체흐름에 대한 하겐-푸아죄유(Hagen-Poiseuille)의 방정식을 예로 들어 실험식을 세우는 방법을 알아보자. 길이 l 인 원관의 두 끝에 대한 압력차(p_1-p_2)를 Δp 라고 하면, 실험에 의하여 압력 기울기 $\Delta p/l$는 유체의 밀도 ρ, 점성계수 μ, 평균속도 v 및 관의 안지름 D 의 함수이다. 따라서

$$\Delta p/l = f(\rho,\ \mu,\ v,\ D) \qquad (9\cdot 2)$$

로 표시된다. 이것을 간단히 나타내기 위하여 방정식의 무차원 상수를 k 라고 하면,

$$\Delta p/l = k\rho^a\mu^b v^c D^d \qquad (9\cdot 3)$$

으로 표시할 수 있다. 윗식을 기본단위의 차원 MLT 계로 표시하면,

$$ML^{-2}T^{-2} = [ML^{-3}]^a[ML^{-1}T^{-1}]^b[LT^{-1}]^c[L]^d \qquad (9\cdot 4)$$

이 된다. 그리고 두 변에 대한 M, L, T 의 지수를 같게 놓으면,

$$\begin{aligned} M &: \ 1 = a + b \\ L &: \ -2 = -3a - b + c + d \\ T &: \ -2 = -b - c \end{aligned} \qquad (9 \cdot 5)$$

가 되고, a, c, d 를 다시 b 의 함수로 나타내면

$$\begin{aligned} a &= 1 - b \\ b &= 2 - b \\ c &= 3a + b - c - 2 = -1 - b \end{aligned} \qquad (9 \cdot 6)$$

와 같이 된다. 이것을 다시 식 (9・3)에 대입하면,

$$\begin{aligned} &\Delta p / l = k \rho^{1-b} \mu^{b} v^{2-b} D^{-1-b} \\ &\therefore \frac{\Delta P}{l} = k \frac{\rho v^2}{D} \left(\frac{\mu}{\rho D v} \right)^{b} \end{aligned} \qquad (9 \cdot 7)$$

으로 표시된다. 여기서 상수 k 와 지수 b 에 대하여는 하겐-푸아죄유가 실험한 결과에 의할 때

$$k = 32, \qquad b = 1$$

이다. 이것을 윗식에 대입하면 압력 기울기의 관계식은

$$\frac{\Delta p}{l} = 32 \frac{\rho v^2}{D} \left(\frac{\mu}{\rho D v} \right)^{1} = 32 \frac{\mu v}{D^2} \qquad (9 \cdot 8)$$

이 된다. 이것으로부터 원관을 지나는 유량 Q 는 식 (9・8)을 v 에 대한 식으로 변환하여 $Q = Av$ 에 대입함으로써

$$Q = \frac{\pi D^2}{4} \cdot v = \frac{\Delta p \pi D^4}{128 \mu l} \qquad (9 \cdot 9)$$

이 된다. 이 식이 차원해석으로 구한 원관내 유체흐름에 관한 하겐-푸아죄유 방정식으로 5.3절의 식 (5·13)과 같다. 이렇게 하면 차원해석의 결과를 이론식과 결부시킬 수 있다.

9.3.2 유체 속에 잠긴 물체의 항력

그림 9.1과 같이 균일유속 v 의 유체흐름에 놓여진 물체가 받는 항력 D 의 표시식을 차원해석에 의해 구하여 보자.

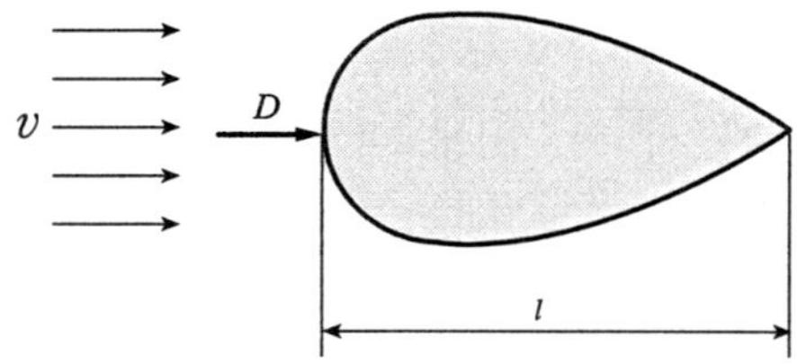

그림 9.1

항력 D 에 영향을 미치는 인자로는 유체의 밀도 ρ, 유속 v, 점도 μ 및 물체의 크기 l 을 생각할 수 있다. 따라서, 항력 D 는 그들 변수의 함수로 이루어질 것이므로 다음 식과 같이 나타낼 수 있고

$$D = f(\rho, v, \mu, l)$$

그러므로,

$$D = k\rho^a v^b \mu^c l^d \qquad (9 \cdot 10)$$

으로 표시할 수 있다. 여기서 k 는 무차원 계수이다. 윗식이 성립하기 위해서는 좌우 양변의 차원이 일치하지 않으면 안 되므로, 질량 M, 길이 L, 시간 T 의 3개의 기본단위를 사용하여 윗식의 차원을 비교하면,

$$MLT^{-2}=[ML^{-3}]^a[LT^{-1}]^b[ML^{-1}T^{-1}][L]^d$$
$$=M^{a+c}L^{-3a+b-c+d}T^{-b-c}$$

이 되고, M, L, T 에 대한 지수를 각각 등식으로 두면

$$M:\ 1=a+b$$
$$L:\ -1=-3a+b-c+d$$
$$T:\ -2=-b-c$$

가 된다. 여기서 지수 a, b, d 를 각각 지수 c 로 나타내면 다음과 같이 된다.

$$\therefore a=1-c,\ \ b=2-c,\ \ d=2-c$$

이것을 식 (9 · 10)에 대입하면

$$D=k\rho^{1-c}v^{2-c}\mu^c l^{2-c}$$
$$=k\rho v^2 l^2\left(\frac{\mu}{\rho vl}\right)^c \tag{9 · 11}$$

으로 된다.

윗식에서 l^2 은 물체의 투영면적 A 에 비례하고, 또한 $\rho vl/\mu=vl/\nu=Re$ 이므로, 윗식은 일반적으로

$$D=C_D A\frac{\rho v^2}{2} \tag{9 · 12}$$

단,

$$C_D=f(Re)$$

로 나타낼 수 있다. 이와 같이 하여 항력의 식을 유도할 수 있으며, 또한 항력계수 C_D 가 레이놀즈수 Re 의 함수라는 것이 추정되므로, 실험에 의해 구한 C_D 를 Re 의 함수로써 정리할 수 있다.

레이놀즈수 Re 를 물체의 항력에 대하여 생각하면,

$$Re=\frac{\rho vl}{\mu}=\frac{\rho v^2}{\mu v/l}=\frac{\rho v^2 A}{\mu(v/l)A}$$

로 변형되어

$$Re \backsim \frac{\text{관성력}}{\text{점성력}} \tag{9·13}$$

이 된다. 만약, 레이놀즈수 Re 가 매우 작은 경우는 관성력이 점성력보다 대단히 작다는 것을 뜻하므로, 관성력이 작아서 무시될 경우에는 윗식에서 질량에 관한 밀도 ρ 를 무시할 수 있게 된다. 그러므로 식 (9·11)에서 ρ 의 값을 묶으면,

$$D=k\rho v^2 A\left(\frac{\mu}{\rho vl}\right)^c=k\rho^{1-c}v^2 A\left(\frac{\mu}{vl}\right)^c \tag{9·14}$$

과 같이 되고, 밀도 ρ 를 제거하기 위하여 밀도 ρ 의 지수 $1-c=0$ 으로 두면 된다. 그러므로,

$$D=kv\frac{A}{l}\mu=k\mu lv \tag{9·15}$$

가 된다. 이것을 **스토크의 법칙**(Stoke's law)이라고 한다.

이를테면 레이놀즈수 $Re=\rho Dv/\mu<0.6$ 인 지름 d 의 구에 대한 저항식은

$$D=6\pi\mu\left(\frac{d}{2}\right)v=3\pi\mu dv \tag{9·16}$$

로 표시되고, 이것은 구의 층류저항에 대한 식 (5·20)과 일치한다.

또한, 레이놀즈수 Re 가 매우 클 때에는 점성력이 관성력에 비하여 대단히 작다는 것을 뜻하므로 점성력을 무시할 수 있다. 따라서, 식 (9·11)은

$$D = k\rho v^2 A\left(\frac{\mu}{\rho v l}\right)^c = k\rho v^2 A\frac{\mu^c}{(\rho v l)^c}$$

으로 표시되고, 여기서 점성계수 μ 의 지수를 $c=0$ 으로 둘 수 있다. 따라서,

$$D = k\rho v^2 A \tag{9·17}$$

로 표시된다. 이것을 **뉴턴의 저항법칙**(Newton's resistance low)이라고 한다. 그리고 레이놀즈수가 중간값을 가질 때에는 $c=1\sim0$ 의 값을 갖는다.

9.4 π정리

어떤 물리현상에 있어서 측정량(그 현상에 있어서 변수라고 생각되는 양으로서 차원상수도 포함)이 $x_1, x_2, \cdots, x_m$ 의 m 개가 있다면

$$f(x_1,\ x_2,\ \cdots,\ x_m)=0$$

인 식으로 표시되며, 기본단위의 개수를 n 개라고 한다. 이 때, x_1^α, x_2^β, $\cdots$, x_m^γ 의 곱에 의하여 무차원량 π_1, π_2, $\cdots$ 를 만들면, π 의 개수는 ($m-n$)개이고 $f=0$인 식은

$$F(\pi_1,\ \pi_2,\ \cdots,\ \pi_{m-n})=0$$

이 식으로 둘 수 있다. 이것이 π **정리**(π定理; π theorem)이다. π 정리에 의하여

무차원량 π 의 개수 $(m-n)$는 알지만 각 π 가 어떤 꼴이 되는가는 미정이다. 대체로 경험적 사실을 바탕으로 하여 차원적으로 정해진다. 이것을 구체적으로 설명해 보자.

각 π 를

$$\pi_1 = \frac{x_i}{x_1^{\alpha} x_2^{\beta} x_3^{\gamma}}, \quad \pi_2 = \frac{x_j}{x_1^{a} x_2^{b} x_3^{c}}, \quad \pi_3 = \frac{x_k}{x_1^{X} x_2^{Y} x_3^{Z}} \qquad (9 \cdot 18)$$

로 표시하고, 다음 요령에 의하여 각 π 를 정한다.

(1) 분모의 x_1, x_2, x_3, 분자의 x_i, x_j, …는 측정량으로서 전개수를 m 개로 한다.

(2) 분모의 x_1, x_2, x_3 는 각각 다음과 같은 양을 선택한다.

기하학적 상사를 비교하기 위하여 x_1=길이 l 또는 지름 d,

운동학적 상사를 비교하기 위하여 x_2=속도 v,

역학적 상사를 비교하기 위하여 x_3=유체의 밀도 ρ

(3) 분자의 x_i, x_j, … 는 전 측정량에서 분모의 측정량 x_1, x_2, x_3 를 제외한 것으로 택한다. 따라서, π 의 개수는 $m-n=m-3$ 이 된다.

(4) 각 π 에 대하여 분모, 분자의 차원이 같게 되도록 α, β, γ, a, b, c, … 를 정한다.

예제9.2

원관 속의 유체흐름에서 관의 길이 l 사이의 압력차를 Δp 라고 하면, Δp 는 l 이외에 유체의 평균속도 v, 밀도 ρ, 점성계수 μ, 원관의 지름 d 에 따라 변한다. 이들 사이에 성립하는 실험식을 π 정리에 의하여 구하라.

풀이

측정량은 Δp, l, v, ρ, μ, d 의 6개 ($m=6$), 차원의 기본단위는 M, L, T 의 3개($n=3$)이므로, 무차원량 π 의 개수 $m-n=6-3=3$이며, $\pi=x_i/(x_1^{\alpha}\ x_2^{\beta}\ x_3^{\gamma})$ 에 있어서의 x_1, x_2, x_3 를 각각 $x_1=d$, $x_2=v$, $x_3=\rho$ 로 하고 나머지의 측정량을 각각 π 의 분자로 취하면

$$\pi_1=\frac{\Delta p}{d^{\alpha}v^{\beta}\rho^{\gamma}},\quad \pi_2=\frac{\mu}{d^{A}v^{B}\rho^{C}},\quad \pi_3=\frac{l}{d^{X}v^{Y}\rho^{Z}} \tag{9·19}$$

이 된다. 각 π 가 무차원량이 되도록 지수를 결정한다.

식 (9·19)에서

$$\Delta p=\pi_1 d^{\alpha}v^{\beta}\rho^{\gamma} \tag{9·20}$$

를 먼저 살펴보기로 한다. 이것을 차원 방정식으로 표시하면

$$ML^{-1}T^{-2}=[L]^{\alpha}[LT^{-1}]^{\beta}[ML^{-3}]^{\gamma}=M^{\gamma}L^{\alpha+\beta-3\gamma}T^{-\beta}$$

이 되고, 양변의 M, L, T 의 지수를 각각 같게 놓으면

$$\begin{aligned} M&:\ 1=\gamma \\ L&:\ -1=\alpha+\beta-3\gamma \\ T&:\ -2=-\beta \end{aligned}$$

이것으로부터 α, β, γ 의 값을 구하면

$$\alpha=0,\qquad \beta=2,\qquad \gamma=1$$

이 되고, 이것을 식 (9·20)에 대입하면 식 (9·19)는

$$\pi_1 = \frac{\Delta p}{\rho v^2} \qquad (9 \cdot 21)$$

로 표시된다. 같은 방법으로 식 (9・19)의 무차원수 π_2, π_3 에 대해 각각 구하면

$$\pi_2 = \frac{\mu}{\rho d v}, \qquad \pi_3 = \frac{l}{d} \qquad (9 \cdot 22)$$

이 된다. 따라서, 구하는 관계식은 식 (9・21) 및 식 (9・22)로부터

$$F\left(\frac{\Delta p}{\rho v^2},\ \frac{\mu}{\rho d v},\ \frac{l}{d}\right) = 0$$

이고, 압력강하는

$$\Delta p = k\frac{\mu v l}{d^2} = 32\frac{\mu v l}{d^2}$$

이다.

9.5 상 사 법 칙

비행기, 수차 및 선박 등의 유체 역학적 성능을 모형으로 시험하는 경우, 모형과 원형이 서로 상사가 되어야 할 뿐 아니라 모형에 미치는 유체의 상태, 즉 속도분포나 압력분포의 상태가 원형에 미치는 유체의 상태와 상사가 되도록 하여 실험하지 않는다면, 모형실험의 결과로부터 원형의 성능을 추정하는 것이 불가능하다. 모형실험에서 유체흐름이 실제의 경우와 상사가 되는 조건을 구하는 것이 **상사법칙**(law of similarity)이며, 이와 같이 모형실험이 실제의 현상과 상사가 되기 위한 조건으로서는 i) 기하학적 상사, ii) 운동학적 상사, 그리고 iii) 역학적 상사의 세 가지 조건이 필요하다.

9.5.1 기하학적 상사

모형과 원형과의 사이에 그림 9.2와 같이 "상호대응하는 부분에서의 대표 길이의 비가 전부 동일하다면, 모형과 원형 사이에는 기하학적 상사(geometric similarity) 관계가 성립한다"라고 한다. 기하학적 상사비에는

$$\text{대표 길이의 비 : } l_r = \frac{l_m}{l_p} \tag{9·23}$$

$$\text{면적비 : } A_r = \frac{l_m^2}{l_p^2} = l_r^2 \tag{9·24}$$

$$\text{체적비 : } V_r = \frac{l_m^3}{l_p^3} = l_r^3 \tag{9·25}$$

이 있다. 여기서 아랫첨자 m 은 모형(model), p 는 원형(proto type)을 나타낸다.

9.5.2 운동학적 상사

기하학적 상사인 모형과 원형과의 사이에서 그림 9.2와 같이 "유선이 기하학적 상사관계에 있고 상호 대응하는 속도 또는 가속도 비가 전부 동일하면 모형과 원형은 서로 운동학적 상사(kinematic similarity) 관계가 성립한다"라고 할 수 있다. 운동학적 상사비에는

$$\text{속도비 : } v_r = \frac{v_m}{v_p} = \frac{l_m/t_m}{l_p/t_p} = \frac{l_r}{t_r} \tag{9·26}$$

$$\text{가속도비 : } a_r = \frac{a_m}{a_p} = \frac{l_m/t^2{}_m}{l_p/t_p^2} = \frac{l_r}{t_r^2} \tag{9·27}$$

$$\text{유량비 : } Q_r = \frac{Q_m}{Q_p} = \frac{l_m^3/t_m}{l_p^3/t_p} = \frac{l_r^3}{t_r} \tag{9·28}$$

이 있다. 윗식에서 $t_r = t_m/t_p$ 은 시간비이다.

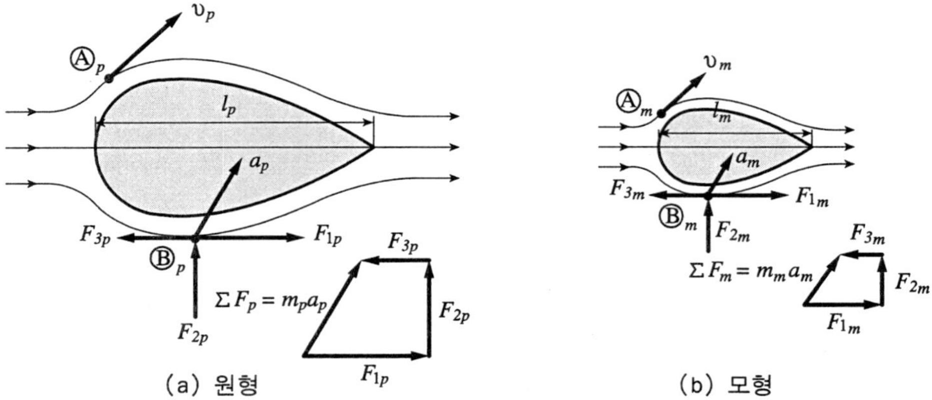

그림 9.2 상사법칙

9.5.3 역학적 상사

기하학적 및 운동학적 상사인 모형과 원형과의 사이에서 그림 9.2와 같이 "상호 대응하는 부분에 작용하는 힘의 비가 전부 동일하다면 역학적 상사(dynamic similarity)가 성립한다"라고 할 수 있다. 따라서, 역학적 상사의 조건은 뉴턴의 운동 제2법칙에 의해 힘의 비

$$F_r = \frac{F_{1m}}{F_{1p}} = \frac{F_{2m}}{F_{2p}} = \frac{F_{3m}}{F_{3p}} = \frac{m_m a_m}{m_p a_p} \qquad (9 \cdot 29)$$

로 나타낼 수 있다. 또한, 그림 9.2의 힘의 다각형에 대해 벡터로 나타내면

$$\Sigma F = F_1 + F_2 + F_3 = ma \qquad (9 \cdot 30)$$

로 된다.

9.5.4 유체의 힘과 무차원 변수

유체흐름의 입자에 작용하는 힘에는 일반적으로 압력에 의한 힘 F_P, 중력 F_G, 점성력 F_V, 탄성력 F_E, 표면장력에 의한 힘 F_T 및 관성력 F_I 등이 있고, 이들

을 각각 대표 길이 l, 속도 v, 밀도 ρ 를 이용하여 나타내면 다음과 같이 된다.

압력에 의한 힘 : $F_p = (\text{압력}) \times (\text{면적}) = p l^2$

중력 : $F_G = (\text{질량}) \times (\text{중력에 의한 가속도}) = mg = \rho l^3 g$

점성력 : $F_V = (\text{점성에 의한 전단응력}) \times (\text{전단면적})$

$$= \tau l^2 = \mu (du/dy) l^2 = \mu (v/l) l^2 = \mu l v \qquad (9 \cdot 31)$$

탄성력 : $F_E = (\text{체적 탄성계수}) \times (\text{면적}) = K l^2$

표면장력에 의한 힘 : $F_T = (\text{표면장력}) \times (\text{길이}) = \sigma l$

관성력 : $F_I = (\text{질량}) \times (\text{가속도}) = (\rho l^3)(l/T^2)$

$$= \rho l^4 T^{-2} = \rho l^2 v^2$$

따라서, 유체역학에 있어서 역학적 상사법칙(相似法則)이 성립하기 위해서는 식 (9・29)로부터

$$F_r = \frac{F_{Pm}}{F_{Pp}} = \frac{F_{Gm}}{F_{Gp}} = \frac{F_{Vm}}{F_{Vp}} = \frac{F_{Em}}{F_{Ep}} = \frac{F_{Tm}}{F_{Tp}} = \frac{F_{Im}}{F_{Ip}} \qquad (9 \cdot 32)$$

가 성립하여야만 한다. 그리고 각각을 변환하여 나타내면

$$\left[\frac{F_I}{F_P}\right]_m = \left[\frac{F_I}{F_P}\right]_P$$

$$\left[\frac{F_I}{F_G}\right]_m = \left[\frac{F_I}{F_G}\right]_P$$

$$\left[\frac{F_I}{F_V}\right]_m = \left[\frac{F_I}{F_V}\right]_P$$

$$\left[\frac{F_I}{F_E}\right]_m = \left[\frac{F_I}{F_E}\right]_P$$

$$\left[\frac{F_I}{F_T}\right]_m = \left[\frac{F_I}{F_T}\right]_P \qquad (9 \cdot 33)$$

[표 9·2] 유체공학에서 사용되는 주요 무차원수

물리적 의미	유도 무차원수	실용 무차원수		
		무차원식	기호	명 칭
$\dfrac{\text{관성력}}{\text{전압력}}$	$\dfrac{F_I}{F_P}=\dfrac{\rho l^2 v^2}{pl^2}=\dfrac{\rho v^2}{p}$	$\dfrac{\rho v^2}{p}$	E	오일러수 (Euler number)
		$\dfrac{\Delta p}{\rho v^2/2}$	C_p	압력계수 (pressure number)
$\dfrac{\text{관성력}}{\text{중력}}$	$\dfrac{F_I}{F_G}=\dfrac{\rho l^2 v^2}{\rho l^3 g}=\dfrac{v^2}{lg}$	$\dfrac{v}{\sqrt{lg}}$	F_r	프루드수 (Froude number)
$\dfrac{\text{관성력}}{\text{점성력}}$	$\dfrac{F_I}{F_V}=\dfrac{\rho l^2 v^2}{\mu l v}=\dfrac{\rho l v}{\mu}$	$\dfrac{\rho l v}{\mu}$	Re	레이놀즈수 (Reynolds number)
$\dfrac{\text{관성력}}{\text{탄성력}}$	$\dfrac{F_I}{F_E}=\dfrac{\rho l^2 v^2}{K l^2}=\dfrac{\rho v^2}{K}$	$\dfrac{\rho v^2}{K}$	C_a	코시수 (Cauchy number)
		$\dfrac{v}{\sqrt{K/\rho}}$	M_a	마하수 (Mach number)
$\dfrac{\text{관성력}}{\text{표면장력}}$	$\dfrac{F_I}{F_T}=\dfrac{\rho l^2 v^2}{\sigma l}=\dfrac{\rho l v^2}{\sigma}$	$\dfrac{\rho l v^2}{\sigma}$	W_e	웨버수 (Weber number)

l : 대표 길이, v : 속도, ρ : 밀도, p : 압력, μ : 점성계수, K : 체적 탄성계수,
σ : 표면장력

의 관계가 얻어진다. 이것들은 모두 유체공학에서 중요한 무차원수로서, 실용의 무차원수와 함께 [표 9.2]에 보여 준다. 덧붙여, 이것들은 차원해석에 의해서도 얻어진다.

또한, 유체흐름에서 유체입자에 작용하는 힘 중에는 어떤 힘은 영향을 미치지 않고 어떤 힘은 영향을 미치더라도 다른 힘에 비해 매우 작을 수 있다. 그러므로, 일반적으로 식 (9·33) 중에서 가장 지배적인 힘의 비만을 만족한다면 역학적 상사가 성립한다고 할 수 있다.

예제9.3

단면이 사각형인 덕트가 있다. 원형의 1/20인 크기의 비를 갖는 모형의 폭이 1m이다. 원형의 높이가 10m일 때 모형의 높이는 몇 m인가?

풀이

기하학적 상사비인 $l_r = 1/20$, $l_r = \dfrac{l_m}{l_p}$ 에서

$$l_m = l_r l_p = 1/20 \times 10 = 0.5\text{mm}$$

예제9.4

밀도 ρ, 중력 가속도 g, 유속 v, 힘 F 에서 얻을 수 있는 무차원수는?

풀이

물리량의 차원은 각각

$$[\rho] = ML^{-3},\ [g] = LT^{-2},\ [v] = LT^{-1},\ [F] = MLT^{-2}$$

이고, 독립 무차원수는

$$\begin{aligned}\pi &= \rho^a g^b v^c F = [ML^{-3}]^a [LT^{-2}]^b [LT^{-1}]^c [MLT^{-2}] \\ &= M^{a+1} L^{-3a+b+c+1} T^{-2b-c-2}\end{aligned}$$

π 는 무차원수이므로 M, L, T 의 지수를 모두 0으로 놓으면

$$\begin{aligned}&M : a+1=0,\ a=-1 \\ &L : -3a+b+c+1=0,\ b=2 \\ &T : -2b-c-2=0,\ c=-6\end{aligned}$$

이므로

$$\therefore \pi = \frac{g^2 F}{\rho v^6}$$

이 된다.

9.5.5 레이놀즈의 상사법칙

관성력, 점성력 및 압력에 영향을 미치는 유체흐름에서 모형과 원형에 대해 점성력에 대한 관성력의 비를 구하면, 식 (9·13)에서도 알 수 있는 바와 같이

$$\left(\frac{\rho l v}{\mu}\right)_m = \left(\frac{\rho l v}{\mu}\right)_p$$

가 되고, 다시 이를 변형시키면

$$\frac{l_m v_m}{\mu_m/\rho_m} = \frac{l_p v_p}{\mu_p/\rho_p}, \quad \frac{\mu_m}{\rho_m} = \nu m, \quad \frac{\mu_p}{\rho_p} = \nu_p$$

에서

$$\frac{l_m v_m}{\nu_m} = \frac{l_p v_p}{\nu_p} = Re \qquad (9\cdot 34)$$

가 된다. 이것을 **레이놀즈의 상사법칙**(Reynolds' similarity law)이라고 한다. 그러므로 모형과 원형에 있어서 레이놀즈수만 같으면 모형과 원형은 역학적 상사관계에 있게 된다.

예제9.5

큰 벤투리 미터의 성능을 크기비가 원형에 대해 1/10인 모형실험으로 알려고 한다. 유량비는 얼마인가?

풀이

벤투리 미터의 유량에 영향을 미치는 힘은 관성력, 점성력 및 압력에 의한 힘이

므로, 모형과 원형에 대해 레이놀즈수를 일치시키면 된다. 유체는 같은 종류를 사용한다고 하면

$$\frac{(Re)_m}{(Re)_p} = \frac{(vd)_m/\nu}{(vd)_p/\nu} = \left(\frac{d_m}{d_p}\right)^2 \cdot \left(\frac{t_p}{t_m}\right) = \frac{1}{100}\left(\frac{t_p}{t_m}\right) = 1 \qquad (9 \cdot 35)$$

여기서 v 는 유속, d 는 벤투리 미터의 안지름, t 는 시간, Re 는 레이놀즈수이다. 식 (9·35)로부터

$$\frac{t_m}{t_p} = \left(\frac{d_m}{d_p}\right)^2 = \frac{1}{100}$$

$$\frac{Q_m}{Q_p} = \frac{v_m d_m^2}{v_p d_p^2} = \left(\frac{d_m}{d_p}\right)^3 \cdot \left(\frac{t_p}{t_m}\right) = \left(\frac{d_m}{d_p}\right) \cdot \left(\frac{d_m}{d_p}\right)^2 \cdot \left(\frac{t_p}{t_m}\right) = \frac{1}{10}$$

따라서, 유량비도 1/10이다.

9.5.6 프루드의 상사법칙

중력, 관성력 및 압력에 영향을 미치는 유체흐름에서 모형과 원형에 대해 중력에 대한 관성력의 비를 구하면

$$\left(\frac{v^2}{lg}\right)_m = \left(\frac{v^2}{lg}\right)_p$$

에서

$$\frac{v_m^2}{v_p^2} = \frac{l_m g_m}{l_p g_p}, \quad \frac{v_m^2}{l_m g_m} = \frac{v_p^2}{l_p g_p} = F_r^2 \qquad (9 \cdot 36)$$

이 된다. 이것을 **프루드의 상사법칙**(Froude's similarity law)이라고 한다.

따라서, 어떤 유체흐름에서 중력, 관성력 및 압력에 영향을 미치는 경우에는 프루드수(Froude number)만 모형과 원형에 대해 같으면 서로 상사관계에 있게 된다.

예제9.6

길이 200m의 선박이 15노트(knot)로 달릴 때의 조파저항(wave making resistance)을 조사하기 위하여 1/100의 모형으로 실험을 하고자 한다. 모형선의 속도를 얼마로 하면 좋은가?

풀이

조파저항에 영향을 미치는 힘은 점성력의 마찰저항을 무시할 때 중력과 관성력을 들 수 있다. 따라서, 프루드수를 모형과 원형에 대해 동일하게 두면 된다. 즉

$$\left(\frac{v}{\sqrt{lg}}\right)_m = \left(\frac{v}{\sqrt{lg}}\right)_p$$

에서

$$\frac{v_m}{v_p} = \sqrt{\frac{l_m}{l_p}} = \sqrt{\frac{1}{100}} = \frac{1}{10}$$

이다. 따라서, 모형의 속도를 1.5노트로 달리게 하면 된다. 또한, 선박의 저항에 마찰저항을 고려하면, 점성력에 대한 관성력의 비인 레이놀즈수가 관계된다. 즉, 레이놀즈수와 프루드수를 동시에 일치시켜야 하며, 그럴 경우 모형과 원형의 크기비가 1이 되어 모형의 개념이 없어지는 모순에 이르게 된다. 그러므로 각종 실용적인 방법이 적용되고 있다.

9.5.7 웨버의 상사법칙

표면장력, 관성력 및 압력이 유체흐름에 영향을 미치는 경우에는 모형과 원형에 대해 표면장력에 대한 관성력의 비,

$$\left(\frac{\rho l v^2}{\sigma}\right)_m = \left(\frac{\rho l v^2}{\sigma}\right)_p$$

에서 변형시키면

$$\frac{\rho_m l_m v_m^2}{\rho_p l_p v_p^2} = \frac{\sigma_m}{\sigma_p}, \quad \frac{\rho_m l_m v_m^2}{\sigma_m} = \frac{\rho_p l_p v_p^2}{\sigma_p} \equiv We \qquad (9 \cdot 37)$$

가 되어 웨버수(Weber number)가 된다. 이것을 **웨버의 상사법칙**(Weber's similarity law)이라고 한다. 따라서, 유체흐름에 영향을 미치는 힘이 표면장력, 관성력 및 압력인 경우 웨버수가 같으면 모형과 원형은 서로 상사이다.

이상의 상사법칙으로부터 점성력, 중력 및 탄성력이 유체흐름에 영향을 미치는 경우,

$$D = \rho l^2 v^2 \cdot f\left[\frac{vl}{\nu}, \ \frac{v}{\sqrt{gl}}, \ \frac{v}{K}\right] \qquad (9 \cdot 38)$$

로 되어, 레이놀즈수 Re, 프루드수 F_r 가 모두 동일한 경우에 모형과 원형은 상사가 성립한다는 것을 알 수 있다.

9.5.8 마하의 상사법칙

관성력, 탄성력 및 압력이 유체흐름에 작용하는 경우, 즉 기체의 고속흐름에 있어서는 모형과 원형에 대해 탄성력에 대한 관성력의 비,

$$\left(\frac{\rho v^2}{K}\right)_m = \left(\frac{\rho v^2}{K}\right)_p$$

에서 변형시키면

$$\frac{v_m}{\sqrt{K_m/\rho_m}} = \frac{v_p}{\sqrt{K_p/\rho_p}}$$

$$\frac{v_m}{C_m} = \frac{v_p}{C_p} = M_a \qquad (9 \cdot 39)$$

로 마하수(Mach number)가 된다. 이것을 **마하의 상사법칙**(Mach's similarity law)이라고 한다. 그러므로, 유체흐름의 관성력, 탄성력 및 압력에 영향을 미치는 유체의 고속흐름의 경우, 모형과 원형에 대해 마하수만 같으면 서로 상사관계에 있다.

9.5.9 부스-베어스토우의 상사법칙

유동장에 미치는 힘 가운데 유체의 압축성에 의한 힘이 지배적인 때에는

$$C_D = \phi(M_a) \qquad (9 \cdot 40)$$

즉, 항력계수는 마하수만의 함수가 된다. 따라서, 원형과 모형 사이에

$$(M_a)_m = (M_a)_p$$

즉,

$$\left(\frac{v}{C}\right)_m = \left(\frac{v}{C}\right)_p \qquad (9 \cdot 41)$$

가 성립하면 상사가 된다. 이것을 **부스-베어스토우의 상사법칙**(Booth-Bairstow's similarity law)이라고 한다.

유체가 고속으로 흐를 때, 또는 정지상태의 유체 속을 고체가 고속으로 움직일 때에는 유체의 압축이 문제되고, 관성력과 탄성력의 비가 중요하게 된다. [표 9.2]에서 이미 나타낸 바와 같이 코시수는 $C_a = \frac{\rho v^2}{K}$ 으로서, 이것은 관성력에 대한

탄성력의 값이다. 이것을 변형하고 음속 $C=\sqrt{\frac{k}{\rho}}$ 또는 마하수 $M_a=\frac{v}{C}$ 를 감안하면

$$C_a=\frac{F_I}{F_E}=\frac{\rho v^2 l^2}{Kl^2}=\frac{\rho v^2}{K}=\frac{v^2}{K/\rho}=\frac{v^2}{C^2}=(Ma)^2 \qquad (9 \cdot 42)$$

으로 된다. 그러므로 코시수는 마하수의 제곱과 같다는 것을 알 수 있다.

9.5.10 선박의 상사법칙

항해 중인 선박에 미치는 바닷물의 전저항은 표면 마찰저항과 조파저항으로 이루어지는데, 전저항에서 전저항의 약 반을 차지하는 마찰저항을 뺀 나머지를 **잉여저항**(residual resistance)이라고 한다. 이것은 조파저항(wave making resistance), 조와저항(造渦抵抗, eddy resistance) 및 공기저항으로 이루어지지만, 조파저항이 이들의 대부분을 차지하므로 전저항을 마찰저항과 조파저항으로 나누어 기술한다.

마찰저항은 레이놀즈수 Re 의 함수이지만 조파저항은 프루드수 F_r 의 함수로서 이 두 가지는 서로 다르다. 지금 레이놀즈와 프루드의 상사법칙에 대한 항력계수를 각각 C_f, C_w 전저항 계수를 C_D 라고 하면

$$C_D=f(Re)+f(Fr)=C_f+C_w$$

로 표시된다. 이것은 다시 선체의 침수면적을 A 라고 할 때

$$D=C_D\frac{\gamma}{2g}v^2A=(C_f+C_w)\frac{\gamma}{2g}v^2A$$

가 되는 것으로 보아 알 수 있다. 원형의 선박과 모형선박의 상사법칙에서

$$(Re)_m=(Re)_p,\ \ (F_r)_m=(F_r)_p$$

는 동시에 성립시킬 수 없다. 만일, 동시에 위의 두 식이 성립한다면

$$\left(\frac{vl}{\nu}\right)_m=\left(\frac{vl}{\nu}\right)_p,\ \left(\frac{v}{\sqrt{lg}}\right)_m=\left(\frac{v}{\sqrt{lg}}\right)_p$$

가 동시에 성립하는 것이다. 실제로 모형과 원형은 다같이 물에 띄워서 실험을 하기 때문에 동점성 계수 ν 와 중력 가속도 g 는 동일하다. 따라서,

$$(vl)_m=(vl)_p,\ \left(\frac{v}{\sqrt{l}}\right)_m=\left(\frac{v}{\sqrt{l}}\right)_p$$

가 동시에 성립해야만 한다. 그러나 이 두 식은 동시에 성립할 수 없다.

즉, 프루드의 상사법칙이 성립하는 경우에는

$$\left(\frac{v^2l^2}{l^3}\right)_m=\left(\frac{v^2l^2}{l^3}\right)_p$$

$$\therefore (v^2l^2)_m=(v^2l^2)_p\left(\frac{l_m}{l_p}\right)^3$$

이 되어 레이놀즈의 상사법칙이 성립하지 않게 된다. 실제 모형실험에서 원형의 저항을 구하자면 조파의 상태를 같게 하고, 즉 조파저항 계수를 같게 $(C_w)_m=(C_w)_p$ 로 한다. 그리고 프루드수가 같게 되도록 $(F_r)_m=(F_r)_p$ 로 하여서 다음과 같은 차례로 실험한다.

1) 모형의 $(C_D)_m$ 을 모형실험에서 구한다. 이와는 별도로 $(C_f)_m$ 을 평판마찰에 관한 식에서 계산으로 구한다.
2) 모형의 $(C_w)_m$ 은 $\{(C_D)_m-(C_f)_m\}$ 에서 구한다.
3) 원형의 v_p에서 원형의 레이놀즈수 $(Re)_p$가 정해지고 이것으로부터 $(C_f)_p$ 가 구해진다.
4) 원형의 $(C_f)_p$ 와 $(C_w)_p\ \{=(C_w)_m\}$ 에서 $\{(C_f)_p+(C_w)_p\}$ 가 정해지고 전저항 $D=\{(C_f)_p+(C_w)_p\}\cdot\dfrac{\gamma}{2g}v^2A$ 가 구해진다.

연 습 문 제

9.1 어느 물리법칙이 $F(a, v, \nu, L)=0$ 과 같은 식으로 주어졌다. 이 식을 무차원수의 함수로 표시하면 무차원군은 몇 개인가? 단, 식 중 a 는 선가속도, v 는 선속도, ν 는 동점성 계수, L 은 길이의 단위이다.

답 2

9.2 물 위를 2m/s의 속력으로 나아가는 길이 2.5m의 모형선에 작용하는 조파저항이 5kg_f이다. 길이 40m인 실물의 배가 이것과 상사인 조파상태로 항진한다면 원형의 속도를 얼마로 해야 하는가?

답 8m/s

9.3 $l_m : l_p = 1:20$ 의 모형 잠수함을 바닷물에서 실험하고자 한다. 만일, 원형 잠수함을 6m/s로 운전하고자 할 때, 모형 잠수함의 속도는 몇 m/s로 실험하여야 하는가?

답 120m/s

9.4 $l_r = \dfrac{l_m}{l_p} = \dfrac{1}{25}$ 은 기하학적으로 상사인 댐으로 되어 있다. 모형댐의 상봉에서의 유속이 1m/s일 때 원형의 대응점에서의 유속은?

답 5m/s

9.5 1 : 100의 모형배를 설계속도에서 실험한 결과 1.25kg의 조파저항이 일어났다. 원형 배의 조파저항은 몇 kg_f인가?

답 1.25×10^6kg

9.6 지름 15cm의 파이프에 40℃의 암모니아가 흐를 때, 역학적 상사가 성립하려면 암모니아의 유속은 몇 m/s로 하면 좋은가? 단, 물의 동점성 계수는 $\nu=1.006\times106\ m^2/s$이고, 암모니아의 동점성 계수 및 비중은 각각 $\nu=0.34\times106\ m^2/s$, $\gamma=581kg/m^3$이다.

답 2.7m/s

9.7 지름 20cm의 파이프에 동점성 계수 $\nu=0.839\times10^4\ m^2/s$인 기름을 수송하는데 20℃의 물로서 1/20의 모형실험을 하였더니 압력손실이 $0.5kg/m^2$이었다. 실험에서의 압력손실은 몇 kg/m^2인가?

단, 물의 동점성 계수는 $\nu=1.006\times10^6 m^2/s$, 기름의 비중량은 $\gamma=581kg/m^3$이다.

답 $30kg/cm^2$

9.8 풍동(wind tunnrl) 실험에 있어 원형과 모형 사이에서 서로 상사를 이루려면 어느 무차원수들이 같아야 하는가?

답 레이놀즈수, 마하수

9.9 기하학적으로 상사인 두 원관 안에 유체가 흐른다. 역학적 상사를 이루려면 어느 무차원수가 같아야 하는가?

답 레이놀즈수

9.10 개수로를 설계함에 있어서 두 모형간에 역학적 상사를 만족시키는데 가장 중요한 무차원수는 어느 것인가?

답 프루드수

10

항력과 양력

지금까지는 주로 주위가 고체의 벽으로 둘러싸인 유체흐름에 대하여 설명하였다. 이것은 경계벽 내부의 흐름, 즉 내부흐름의 경우이다. 그러면 경계벽 외부의 흐름은 어떻게 취급하면 좋은 것일까. 예를 들면, 공기 중에 공이 날아간다든지, 물 속을 물체가 이동하는 경우에는 어떻게 해석하면 좋은 것일까. 본장에서는 이와 같은 물체의 외부흐름에 대하여 기술한다.

10.1 물체 둘레의 유체흐름

속도가 일정한 유체흐름 속에 물체가 있을 때, 물체주위의 유체흐름을 고찰해 보자.

균일한 유체흐름 속에 놓인 물체 둘레의 유체흐름은, 유체의 점성 때문에 물체표면에 접하여 일어나는 속도변화가 현저한 얇은 유체층, 즉 경계층 (boundary layer)과 이 층 밖의 속도변화가 완만한 영역으로 나눌 수 있다.

유체흐름 방향으로 압력 기울기가 어느 정도 이상이 되면, 경계층은 물체표면으로부터 떨어져서 박리가 일어나고, 물체 주위의 유체흐름의 양상은 급변하게 된다. 이와 같은 물체 둘레의 유체흐름을 다소 상세히 검토하기 위하여 균일한 유체흐름 속에 놓인 원주(圓柱) 주위의 유체흐름을 나타내 보자.

10.1.1 완전유체의 흐름

우선, 점성도 압축성도 없는 완전유체의 흐름에 대하여 생각해 보자.

그림 10.1은 원주 주위의 흐름을 보여 준다. 상류 a 로부터의 흐름은 원주표면의 b 에서 정체되고 따라서, 속도는 0이 된다. 다시, 표면 b 에서는 흐름이 상하로 분리되어 c 를 거쳐서 d 에서 합류되고, 하류 e의 방향으로 흘러간다. 이 때, b 및 d 를 **정체점**(stagnation point)이라 하고, 그 곳에서의 압력은 p, 원주의 영향을 받지 않는 상류층 위치에서의 압력을 p_x , 유속을 v 라고 하면

$$p=p_x+(\rho v^2/2)$$

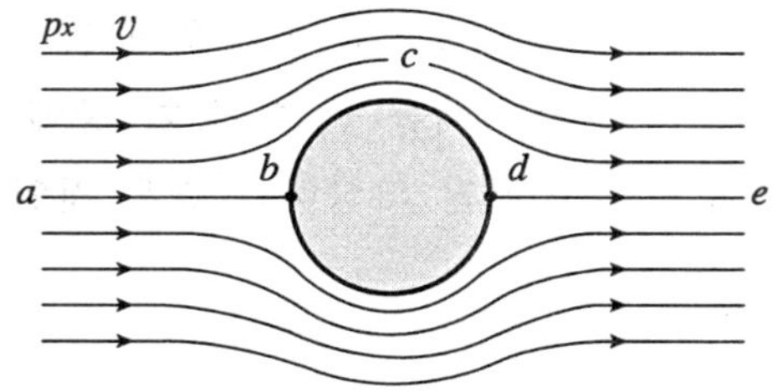

그림 10.1 원주주위의 유체흐름(완전유체)

으로 된다.

10.1.2 점성유체의 흐름

원주 주위로 점성유체가 흐르는 경우 원주표면에 접하여 경계층이 생기고, 더욱이 유체흐름은 후방으로 박리를 일으키기 때문에 그 양상은 완전유체의 경우와는 상당히 다르게 된다. 그림 10.2와 같이 원주 앞면의 b 에서 갈라진 유체흐름은 c 에서 박리를 일으키는 후류(wake flow)로 된다.

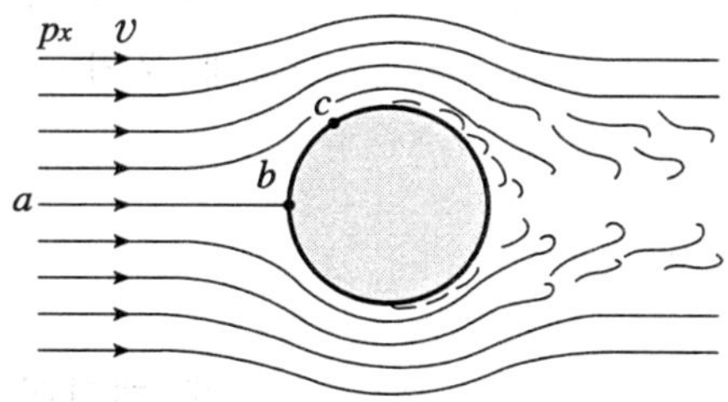

그림 10.2 원주주위의 유체흐름(점성유체)

박리점 c 의 위치는 경계층의 흐름이 층류인가 난류인가에 따라 달라지게 된다. 또한, 박리가 후방에서 일어나는 것은 난류 경계층으로서, 이것은 층류 경계층보다는 난류 경계층의 경우가 난류의 혼합작용으로 벽 가까이에서의 속도 기울기가 크고, 박리가 억제되는 경향이 있다고 보여지기 때문이다,

위에서 언급한 바와 같이 물체표면으로부터 경계층이 박리를 일으키면 하류에는

소용돌이가 생기고, 물체의 후방에 소용돌이의 영역, 즉 후류가 형성된다.

원주인 경우의 후류에 대하여 알아보자. 그림 10.3은 레이놀즈수 $Re=32\sim225$인 범위에서의 후류의 변화를 나타낸 것으로서, 이것보다 레이놀즈수가 작으면 후류는 층류이지만 큰 레이놀즈수에서는 카르만의 와열(渦列)(Karman's vortex trail)이라고 불려지는 규칙성 있는 소용돌이의 열이 관찰된다.

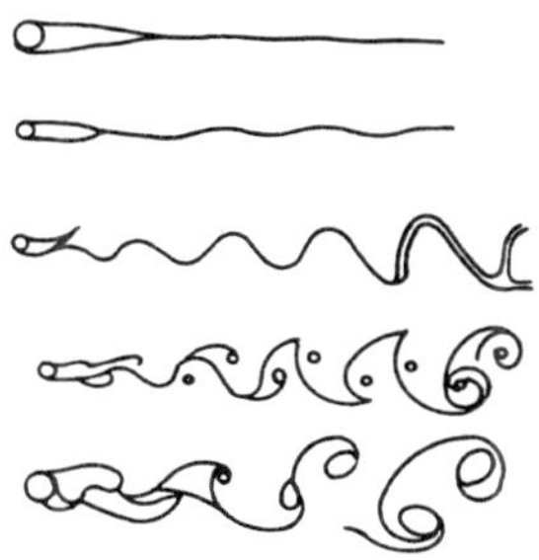

그림 10.3 원주주위의 유체흐름

카르만의 와열이 발생하면 물체는 주기적인 힘을 받고, 그 결과 진동에 의해 음향을 발생하는 경우가 있다. 예를 들면, 전선이 바람에 의하여 소리를 내는 것은 카르만 와열의 주파수가 전선의 고유 진동수와 일치함으로써 생기는 공명의 소리이다.

카르만 와열의 발생에 관련하여 다음의 무차원수가 있으며, 이를 **스트로할수**(Strauhal number)라 하고 다음과 같이 정의된다.

$$S_t=\frac{nd}{v}$$

여기서 S_t : 스트로할수

n : 와열발생의 주파수

v : 균일 유체흐름의 속도, m/s

d : 유체흐름 방향에 대해 직각으로 절단한 물체의 최대치수, m

스트로할수는 일반적으로 레이놀즈수의 함수로서 양자는 밀접한 관계를 가지고 있다. 이것들은 바람에 의해 전선이 소리를 내는 경우의 진동수를 구하는 경우라든가, 선박의 프로펠러의 공진문제 등의 규명에 중요하다.

10.2 물체에 미치는 힘

그림 10.4와 같이 흐르고 있는 유체 중에 물체가 놓일 때(혹은 정지상태의 유체 속을 물체가 움직일 때) 물체에 작용하는 힘 R 를 유체흐름 방향의 성분 D 와 그것에 직각방향의 성분 L 로 분해할 수 있고, 이 때 전자를 **항력**(drag), 후자를 **양력**(lift)이라고 한다. 평판을 유체흐름과 평행으로 놓은 경우, 그 주위의 유체흐름을 그림 10.5(a)에서 보여 주는 바와 같이 항력밖에 작용하지 않는다. 한편, 그림 10.5(b)와 같이 평판을 흐름에 대해 경사지게 놓은 경우, 항력과 함께 양력도 동시에 발생한다.

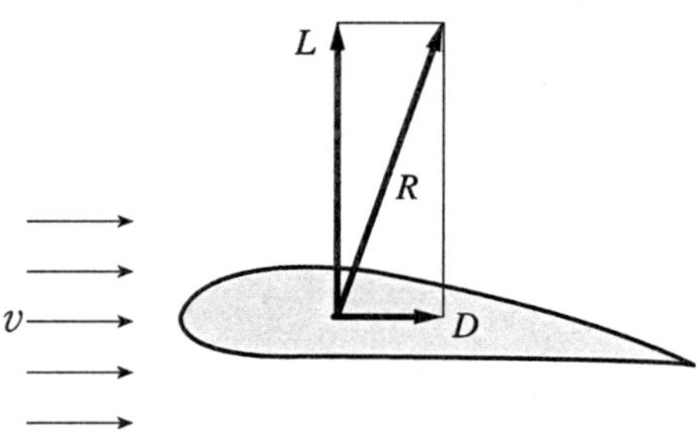

그림 10.4 항력과 양력

유체가 물체에 미치는 힘은 다음과 같이 발생한다. 그림 10.6에서 물체표면의 임의의 미소면적을 dA 라 하고 그 점의 유체압력을 p , 단위 면적당의 마찰력을 τ 라고 하자. 압력 p 에 의한 힘은 pdA 로서 dA 에 수직으로 작용하고, 전단응력 τ

에 의한 힘은 τdA 로서 면적 dA 의 접선방향으로 작용한다. 이들 힘의 유체흐름 방향의 성분 $pdA\cos\theta$ 및 $\tau dA\sin\theta$ 를 물체표면 전체에 대하여 적분하면 다음과 같이 된다.

$$D_p = \int_A pdA\cos\theta \qquad (10 \cdot 1)$$

$$D_f = \int_A \tau dA\sin\theta \qquad (10 \cdot 2)$$

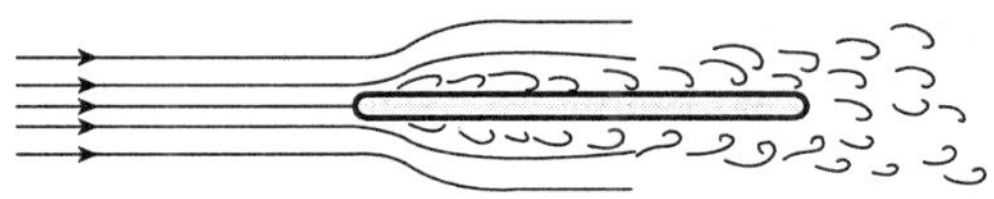

(a)

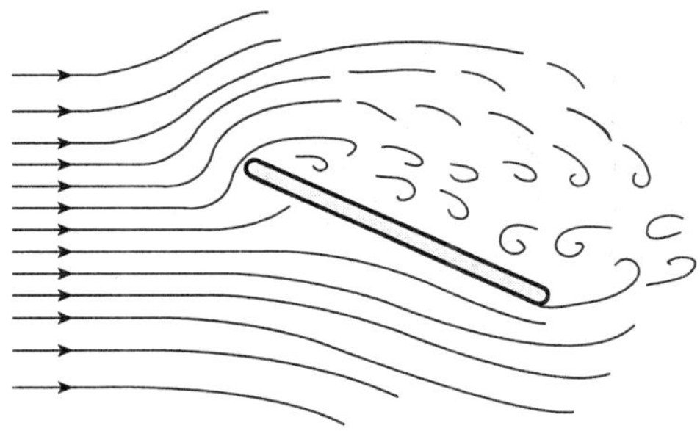

(b)

그림 10.5 평판주위의 흐름(점성유체)

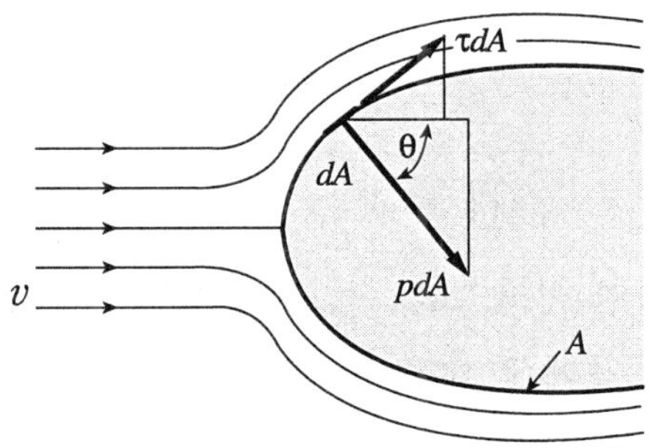

그림 10.6 물체에 작용하는 압력과 전단응력

D_p 는 물체표면의 압력에 의한 항력으로 **압력항력**이라 하고, D_f 는 표면의 마찰에 의한 항력으로 **마찰항력**이라고 한다. 따라서 **전항력**은

$$D = D_p + D_f \qquad (10 \cdot 3)$$

로 된다. 유선형 이외의 일반의 물체에서는 $D_p \gg D_f$ 이다. 또한, 미소면적 dA 에 적용하는 pdA 및 τdA 의 유체흐름 방향의 수직성분을 적분하면 항력 L 이 얻어진다.

그림 10.7과 같이 균일한 유속 v 의 유체흐름 속에 놓여진 물체의 항력 D 는 식 (10 · 4)로 나타내진다.

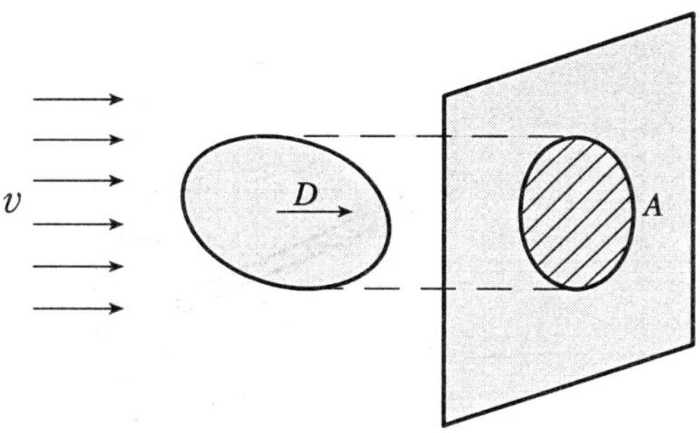

그림 10.7 기준면적

$$D = C_D \frac{\rho v^2}{2} A \qquad (10 \cdot 4)$$

윗식의 A 는 일반적으로 유체흐름에 수직인 평면에 물체를 투영한 때의 면적, ρ 는 유체밀도($\rho v^2/2$ 동압)이고, C_D 는 **항력계수**(drag coefficient)로 불리는 무차원량이다. 여러 형상의 물체에 대한 항력계수 C_D 값을 [표 10.1]에 보여 준다. 덧붙여, 날개형 또는 흐름에 평행으로 놓여진 평판의 경우에는 식 (10 · 4)의 A 로서 그 최대 투영면적을 사용한다.

[표 10·1] 각종 물체의 항력계수 C_D

물　　체	치수의 비율	기준면적 A	항력계수 C_D
원기둥(유체흐름의 방향) 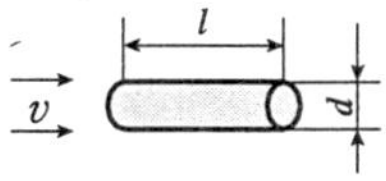 	$l/d=1$ 2 4 7	$\frac{\pi}{4}d^2$	0.91 0.85 0.87 0.99
원기둥(유체흐름과 직각) 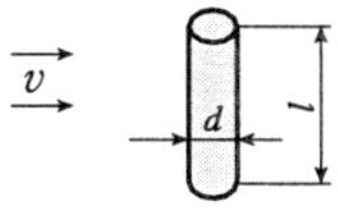 	$l/d=1$ 2 5 10 40 ∞	dl	0.63 0.68 0.74 0.82 0.98 1.20
직각형판(유체흐름과 직각) 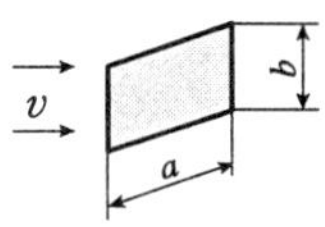 	$a/b=1$ 2 4 10 18 ∞	ab	1.12 1.15 1.19 1.29 1.40 2.01
반구(밑면 없음)  	-	$\frac{\pi}{4}d^2$	0.34 1.33
원　추 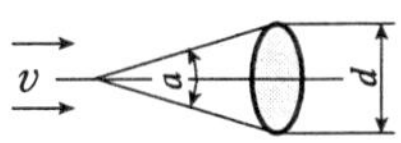 	$\alpha=60°$ $\alpha=30°$	$\frac{\pi}{4}d^2$	0.51 0.34
원　판  	-	$\frac{\pi}{4}d^2$	1.2

예제10.1

지름이 10mm인 구(球)가 30m/s의 속도로 공기 속을 날을 때 항력과 마력은 얼마인가?

단, 공기의 비중량은 $1.23 kg_f/m^3$이고, 항력계수는 $C_D = 0.5$이다.

풀이

항력은

$$D = C_D \frac{\gamma}{2g} v^2 \left(\frac{\pi d^2}{4}\right) = 0.5 \times \frac{1.23}{2 \times 9.8} \times 30^2 \times \left(\frac{\pi}{4} \times 0.01^2\right)$$
$$= 0.222 \times 10^{-2}\ (kg_f)$$

마력은

$$P = \frac{D \cdot v}{75} = \frac{(0.222 \times 10^{-2}) \times 30}{75} = 0.888 \times 10^{-3}\ (PS)$$

이다.

10.3 압 력 항 력

물체표면에 작용하는 압력에 의한 압력항력에 대하여 유체흐름 속에 놓여진 원주를 예로 들어 생각해 보자.

점성이 없는 이상유체의 흐름과 직각으로 놓여진 원주 둘레의 유체흐름은 그림 10.8과 같이 되고, 원주표면의 임의의 점 (각 θ)에서의 유속은

$$v_\theta = 2v \sin\theta \qquad (10 \cdot 5)$$

로 된다. 따라서, $\theta = 0$ 또는 π 의 경우 $v_B = 0$, $\theta = \pi/2$, 또는 $-\pi/2$의 경우 $v_\theta = 2v$ 로 된다.

평행흐름의 압력을 p_0, 원주표면의 임의의 점의 압력을 p 라 하면 다음의 베르누이식이 성립한다.

$$p_0 + \frac{\rho}{2} v^2 = p + \frac{\rho}{2} v_\theta^2$$

$$\therefore \frac{p - p_0}{\rho v^2 / 2} = 1 - 4 \sin^2\theta \qquad (10 \cdot 6)$$

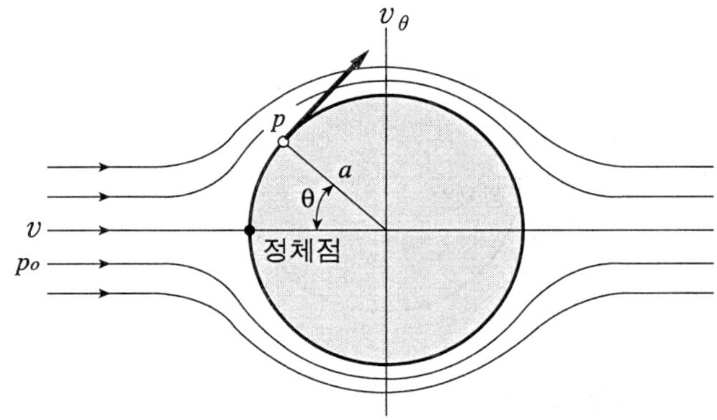

그림 10.8 원주 둘레의 유체흐름(이상유체)

이 압력분포를 그림으로 나타내면 그림 10.9와 같이 되고, 흐름에 직각인 중심선에 대하여 전·후대칭으로 된다. 따라서, 이 압력분포를 적분하여 얻어진 압력저항은 당연히 0으로 된다. 이 현상은 실제와는 모순되므로 **달랑베르의 역설**(D'Alembert's paradox)이라고 한다.

점성이 있는 실제유체에 대하여 원주 둘레의 유체흐름을 조사하면, 그림 10.10과 같이 원주표준을 따르는 유선은 도중에 원주표면으로부터 박리(θ_s)하고 그 배후에는 소용돌이가 생긴다. 그 경우의 원주표면의 압력분포는 그림 10.9의 점성으로 나타나고, 원주 뒷면의 압력이 낮아지기 때문에 원주에는 압력저항이 일어난다.

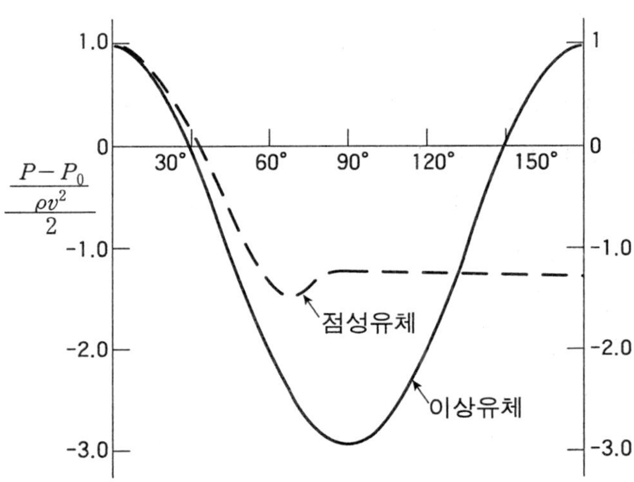

그림 10.9 원주표면의 압력분포

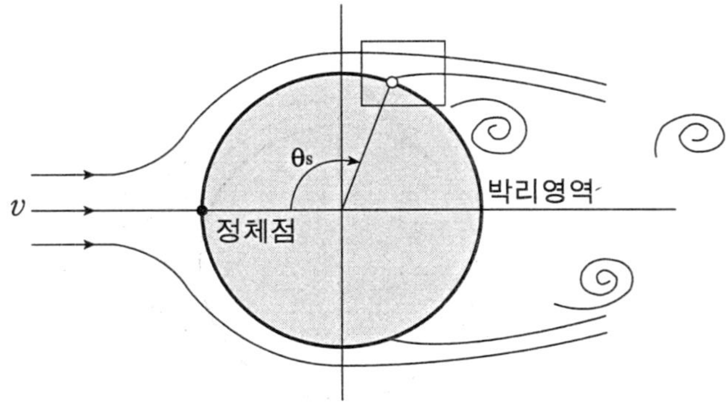

그림 10.10 원주 둘레의 유체흐름(점성유체)

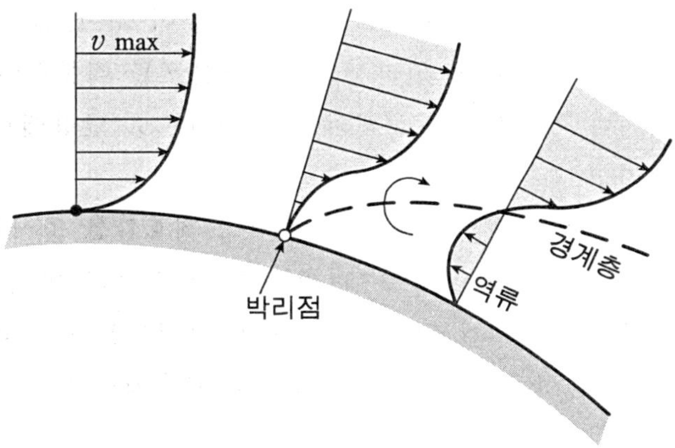

그림 10.11 박리점

이와 같이 유선이 원주표면으로부터 떨어지는 이유는, 그림 10.10의 사각형 안을 확대하여 나타낸 그림 10.11에 의해 이해될 수 있다. 즉, 원주의 후반에서 경계층 내의 흐름이 점차 감속하여 정지하면, 그 점이 박리점(separation point)으로 되어 그것보다 후방에서는 흐름이 역류하여 소용돌이를 일으킨다. 이 박리점은 레이놀즈수 $Re = vd/\nu$ (d 는 원주 지름)가 클 때는 비교적 늦어지게 된다. 그것은 Re 가 크게 됨에 따라 경계층 내의 흐름이 난류로 되어, 그 결과 흐름의 혼합작용에 의해 경계층 내외의 유체 미립자가 상호 혼합한다. 그리고 신진대사가 이루어지는 것에 의해, 경계층 외부로부터의 에너지의 보급이 일어나기 때문이다.

경계층의 박리가 늦어지게 되는 것에 의해 역류가 일어나는 소용돌이의 발생영역이 좁아지게 되기 때문에, 그림 10.12에서 보여 주는 바와 같이 원주의 항력계수는 경계층이 난류로 됨으로써 상당히 작아지게 된다. 경계층이 난류로 되는 때의 Re를 **임계 레이놀즈수**라고 하고 그 값은 $(1.5\sim4)\times10^5$ 정도이다.

원주의 후부에 일어나는 소용돌이는 그림 10.10과 같이 좌우 교대로 발생하는 배열을 보여 주는데 이것을 **카르만의 와열**이라고 한다. 이들 와열이 원주로부터 떨어질 때마다 원주에는 교대로 +, -값의 양력이 생기고, 진동의 원인이 된다. 전선이 바람에 의해 소리를 내는 현상도 이 와열의 원인으로 되는 경우가 많은데, 이는 앞 절에서 언급한 바가 있다.

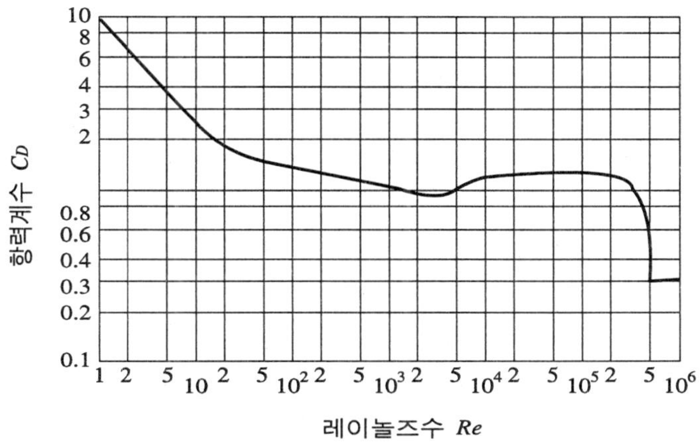

그림 10.12 원주의 항력계수

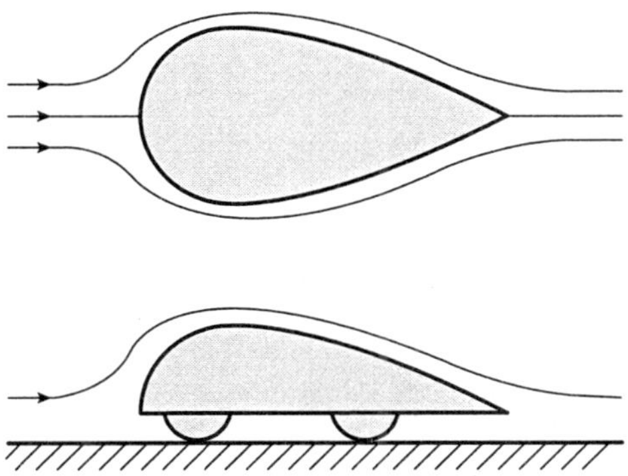

그림 10.13 유선형의 물체

일반적으로 항력의 대부분은 물체 후부의 유체흐름이 물체표면으로부터 박리를 일으키고 소용돌이가 발생하여 압력이 저하되기 때문에 일어나므로, 항력을 작게 하기 위해서는 박리를 방지해야만 한다. 그 때문에 그림 10.13(a)와 같이 물체의 후반부에서 유선이 급히 확대되지 않도록 하면 좋다. 또한, 자동차 등의 경우에는 그림 10.13(b)와 같이 그림 10.13(a)의 유선형의 1/2의 형성으로 하면 좋다.

구의 항력계수는 그림 10.14와 같이 되고 레이놀즈수 Re가 $(1.5\sim4)\times10^5$ 정도로 되면 경계층이 층류에서 난류로 되어 박리가 늦어지게 되므로, 항력계수가 급격히 작아지게 된다([표 10.2] 참조).

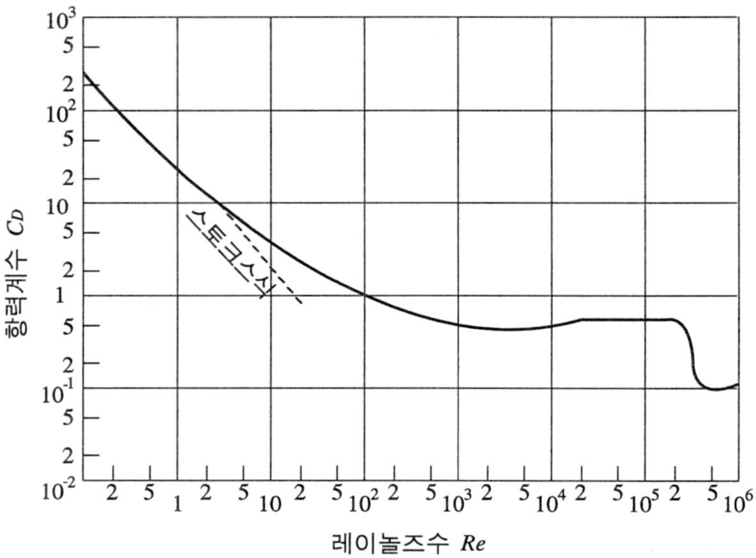

그림 10.14 구의 항력계수

[표 10·2] 구의 표면의 박리

$Re = vd/\nu$	경 계 층	θ_s	C_D
1.57×10^5	층 류	85°	0.471
2.51×10^5	층류+난류	96°	0.313
4.25×10^5	난 류	110°	0.143

또한, 레이놀즈수 $Re < 0.5$에서의 항력은

$$D = 3\pi\mu v d \tag{10·7}$$

로 되고, 따라서 항력계수는

$$C_D = \frac{24}{Re}$$

로 된다. 이것을 **스토크스의 식**(Stokes' formula)이라고 한다.

예제 10.2

시속 90km로 달리고 있는 자동차의 투영면적이 1.8m²일 때 항력을 구하라. 단, 항력계수를 0.3, 공기의 비중량을 $1.25 kg_f/m^3$로 한다.

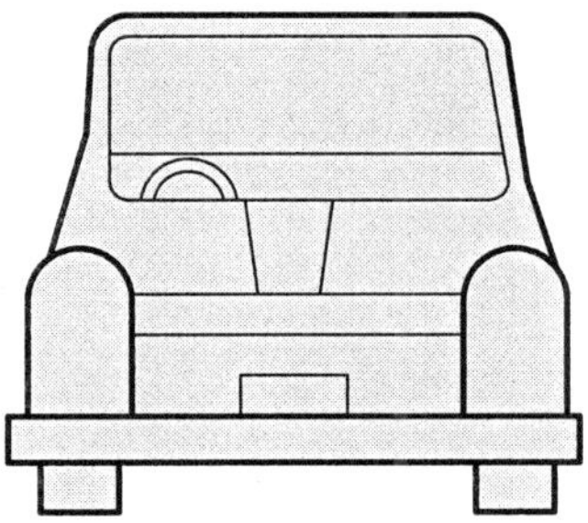

그림 10.15 자동차 항력

풀이

$$D = C_D \frac{\gamma}{2g} v^2 A = 0.3 \times \frac{1.25}{2 \times 9.8} \times 25^2 \times 1.8$$
$$= 21.6 (kg_f)$$

예제 10.3

정지상태의 공기 속을 지름 10cm의 구가 시속 100km로 날아갈 때의 항력을 구하라.

풀이

공기의 물리적 성질, 비중량 $\gamma=1.205\text{kg/m}^3$, 동점성 계수 $\nu=15.01\times10^{-6}\text{m}^2/\text{s}$를 이용하여 구에 대한 레이놀즈수를 계산하고, 이어서 항력계수를 그림 10.14로부터 구한다.

$$v=\frac{100\times10^3}{3600}=27.78(\text{m/s}),\ Re=\frac{vd}{\nu}=\frac{27.78\times0.1}{15.01\times0^6}=1.85\times10^5$$

그러므로 항력계수는 그림 10.14로부터 $C_D \fallingdotseq 0.4$ 이므로 항력은

$$D=C_D\cdot\frac{\rho}{2g}\cdot v^2\cdot A\fallingdotseq0.4\times\frac{1.205}{2\times9.8}\times27.78^2\times\frac{\pi}{4}(0.1)^2=0.15(\text{kg}_f)$$

이다.

10.4 마찰항력

물체표면을 따라 유체가 흐르는 경우, 유체의 점성작용에 의해 물체표면을 유체 흐름의 방향으로 인장하려는 힘이 **마찰저항**이며, 이것을 평판을 따라 흐르는 유체 흐름을 예로 들어 설명해 보자. 그림 10.16과 같이 평판(길이 l, 폭 b)을 따라 균일한 속도 v 의 유체가 흐를 때, 유체의 점성에 의해 평판표면에 경계층 δ 가 형성된다. 경계층 내의 임의의 점 y 에서의 단위시간에 통과하는 유체의 질량은 $\rho ubdy$ 이며 운동량은 $\rho ubdyv$ 이므로, 이 운동량 변화에 필요한 힘은 운동량의 법칙에 의해

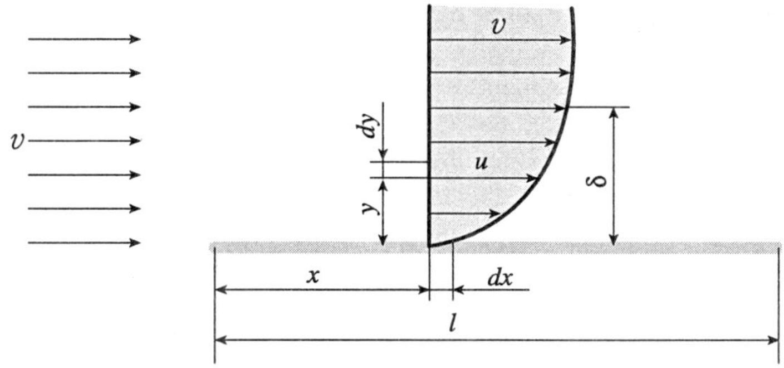

그림 10.16 평판을 따르는 유체흐름

$$dF = \rho ubdy(v - u)$$

로 된다. 경계층 두께 δ 전체에 대하여 윗식을 적분하면

$$F = b\int_{\delta}^{0} \rho u(v - u)dy \qquad (10 \cdot 8)$$

로 표시되고, 이것이 유체와 평판 사이에 작용하는 마찰력 $(x = 0 \sim x)$ 이다.

미소 길이 dx 부분의 마찰력을 dF, 그 점의 평판표면에서의 전단응력을 τ_0 라고 하면,

$$dF = \tau_0 bdx$$

$$\therefore \tau_0 = \frac{dF}{bdx}$$

로 된다. 윗식에 식 (10 · 8)을 대입하면 다음 식이 얻어진다.

$$\tau_0 = \frac{d}{dx}\left[\int_{\delta}^{0} \rho u(v - u)dy\right] \qquad (10 \cdot 9)$$

경계층 내부의 속도분포는 일반적으로

$$\frac{u}{v}=f\left(\frac{y}{\delta}\right)=f(\eta) \qquad (10 \cdot 10)$$

의 형으로 나타나지만 ($y/\delta=\eta$), 층류 경계층의 경우는 원관 내의 층류와 마찬가지로 속도분포가 다음 식으로 주어진다.

$$\frac{u}{v}=2\eta-\eta^2 \qquad (10 \cdot 11)$$

이것을 식 (10・9)에 대입하여 적분하면

$$\begin{aligned}\tau_0 &= \rho v^2\frac{d\delta}{dx}\int_0^1\frac{u}{v}\left(1-\frac{u}{v}\right)d\left(\frac{y}{\delta}\right)\\ &=\rho v^2\frac{d\delta}{dx}\int_0^1(2\eta-\eta^2)(1-2\eta-\eta^2)d\eta\\ &=0.133\rho v^2\frac{d\delta}{dx} \qquad (10 \cdot 12)\end{aligned}$$

로 된다. 그런데 유체의 점성계수를 μ 라고 할 때 식 (10・11)로부터

$$\tau_0=\mu\left|\frac{du}{dy}\right|_{y=0}=\mu\frac{v}{\delta}\left|\frac{df(\eta)}{d\eta}\right|_{y=0}=2\frac{\mu v}{\delta} \qquad (10 \cdot 13)$$

로도 된다. 그러므로 식 (10・12) 및 식 (10・13)으로부터

$$\tau_0=2\frac{\mu v}{\delta}=0.133\rho v^2\frac{d\delta}{dx}$$

$$\delta d\delta=15.04\frac{\mu}{\rho v}dx$$

$$\therefore \frac{\delta^2}{2}=15.04\frac{\nu}{v}x+C$$

로 된다. 그런데 $x=0$의 경우에 $\delta=0$ 이므로 윗식의 c 는 0이다. 따라서 윗식은

$$\delta=5.48\sqrt{\frac{\nu x}{v}}=\frac{5.48}{\sqrt{Re_x}}x \qquad (10 \cdot 14)$$

로 되고 단, $Re_x=vx/\nu$이다. 윗식을 식 (10 · 13)에 대입하여 정리하면

$$\tau_0=0.365\sqrt{\frac{\mu\rho v^3}{x}} \qquad (10 \cdot 15)$$

으로 된다. 따라서, 그림 10.17과 같이 경계층 δ 는 $\sqrt{x}$ 에 비례하여 두껍게 되고, 전단응력 τ_0 는 $\sqrt{x}$ 에 역비례하여 작게 된다.

평판 전체의 마찰저항(한쪽면)은 윗식을 적분하여

$$D_f=b\int_0^l \tau_0 dx=0.365b\sqrt{\mu\rho v^3}\int_0^l \frac{dx}{\sqrt{x}} \qquad (10 \cdot 16)$$

로 된다. 마찰저항을

$$D_f=C_f lb\frac{\rho v^2}{2} \qquad (10 \cdot 17)$$

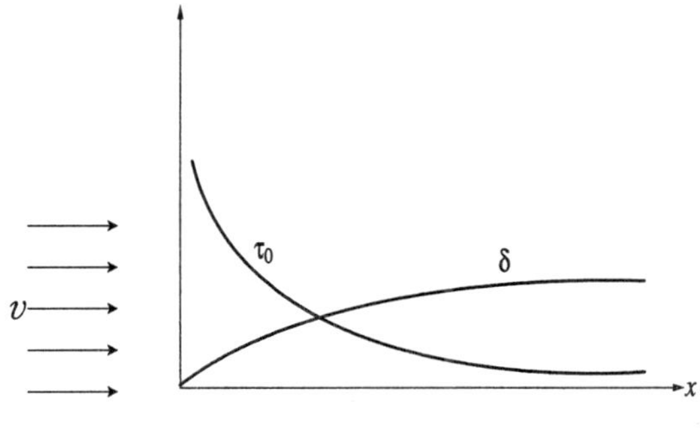

그림 10.17 경계층과 전단응력

로 나타내면, 식 (10 · 16) 및 식 (10 · 17)로부터

$$C_f = \frac{1.46}{\sqrt{Re_l}} \tag{10 · 18}$$

로 된다. 단, $Re_l = vl/\nu$ 이고, $Re_l < 5\times10^5$ 의 범위에서 윗식은 실측값과도 대체적으로 일치하고 있다.

난류 경계층의 경우는 원관 내의 난류와 마찬가지로, 속도분포를

$$\frac{u}{v} = \left(\frac{y}{\delta}\right)^{1/7} = \eta^{1/7} \tag{10 · 19}$$

로 두고, 그 밖에도 경계층 내의 난류를 원관 내의 난류와 같다고 생각하여(원관의 반지름 대신에 경계층 두께를, 원관중심에서의 최대속도 대신에 경계층 외부의 속도를 사용) 브러듀스의 식을 응용하면

$$\tau_0 = 0.228\rho v^2\left(\frac{\nu}{v\delta}\right)^{1/4} \tag{10 · 20}$$

으로 된다. 이후부터는 층류 경계층의 경우와 동일하게 함으로써 다음의 여러식이 얻어진다.

$$\delta = \frac{0.37}{Re_l^{1/5}}x \tag{10 · 21}$$

$$\tau_0 = 0.029\rho v^2\left(\frac{\nu}{v\delta}\right)^{1/5} \tag{10 · 22}$$

$$D_f = \frac{0.036}{Re_l^{1/5}}\rho v^2 bl \tag{10 · 23}$$

$$C_f = 0.072 Re_l^{-1/5} \tag{10·24}$$

실험결과에 의하면 $Re_l > 5\times10^6$ 의 범위에서

$$C_f = 0.074 Re_l^{-1/5} \tag{10·25}$$

으로 식 (10·24)와 비교적 잘 일치한다. 또한, 경계층이 평판의 도중에서 층류로부터 난류로 천이되는 $Re_l = 5\times10^5 \sim 10^7$ 의 사이에서

$$C_f = \frac{0.074}{Re_l^{1/5}} - \frac{1700}{Re_l} \tag{10·26}$$

으로 되어, 이것들의 식은 그림 10.18에서 보여 주는 실측값과도 잘 일치한다.

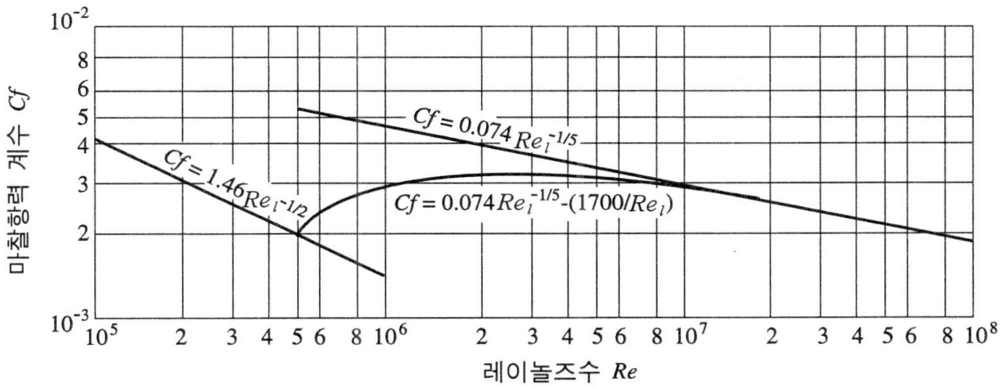

그림 10.18 평판의 마찰항력 계수

예제 10.4

길이 3cm, 폭 2cm의 얇은 평면판이 유속 10m/s인 물의 흐름과 평행으로 놓여 있다. 평면판이 받는 마찰저항은 얼마로 되는가? 단, 수온은 20℃로 한다.

풀이

우선, 레이놀즈수를 계산하면

$$Re_l = \frac{vl}{\nu} = \frac{0.1\times10^3 \cdot 3}{0.01} = 3\times10^5$$

이 되고, 평판의 경계층의 임계 레이놀즈수는 5×10^5이므로, 이 경우에는 층류 경계층이 일어난다. 즉, 블라시우스의 식에 의해

$$C_f = \frac{1.328}{\sqrt{Re_l}} = \frac{1.328}{\sqrt{3\times10^5}} = 0.242\times10^{-2}$$

이므로, 평면의 저항력은

$$\begin{aligned} D &= \frac{1}{2}\rho v^2 lb\times C_f \\ &= \frac{1}{2}(1.02\times10^{-6})(1.0\times10^3)^2(3)(2)\times(0.242\times10^{-2}) \\ &= 7.40\times10^{-3}\,(\mathrm{kg_f}) \end{aligned}$$

이다. 그러므로 평판이 받는 전저항은 앞면, 뒷면을 합쳐서 $14.8\times10^{-3}\mathrm{kg_f}$이다.

예제 10.5

지름 5cm의 구가 정지상태의 물 속을 2m/s의 속도로 날아갈 때의 저항을 구하라. 단, 물의 동점성 계수는 $1.01\mathrm{mm^2/s}$로 한다.

풀이

먼저, 레이놀즈수 Re 를 구하면 $Re = vd/\nu = 2\times0.05/1.01\times10^{-6} \fallingdotseq 9.9\times10^4$ 이므로, 그림 10.14로부터 $Re = 9.9\times10^4$에서 항력계수 $C_D = 0.45$임을 알 수 있다. 따라서, 항력 D 는 식 (10・4)에 의해

$$D = C_D A \frac{\rho v^2}{2} = 0.45 \frac{\pi}{4}(0.05)^2 \times \frac{(10^3 \times 2^2)}{2} = 1.77(\mathrm{N})$$

$$= 0.180(\mathrm{kg_f})$$

임을 알 수 있다.

10.5 회 전 원 판

그림 10.19와 같이 유체 중에서 원판이 가속도 ω로 회전하고 있다면, 유체의 점성에 의해 원판표면에는 유체가 원판에 부착되어 원판과 함께 회전하여 경계층이 생긴다.

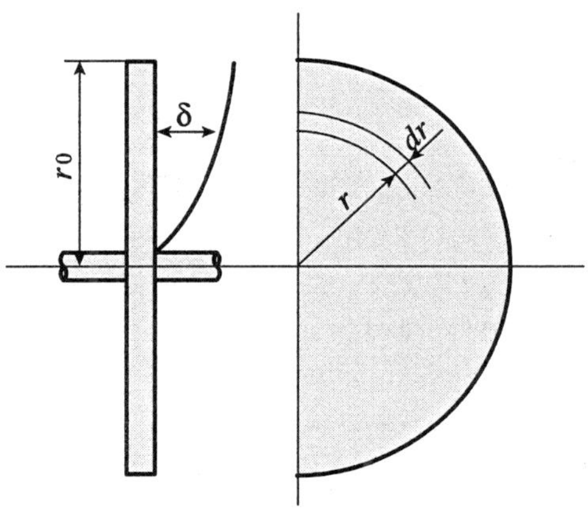

그림 10.19 회전원판

임의의 반지름 r 점의 미소폭 dr 에 대하여 그 표면마찰에 의한 토크를 생각하자. 그 점의 원주속도는 $u = r\omega$ 이므로 마찰토크는 평면에서

$$dT = f 2\pi r dr \frac{\rho u^2}{2} r$$

이고, 원판 전체에서는

$$T=\int_{r=0}^{r} dT=\frac{\pi f}{5}\rho\omega^2 r_0^5=C_f\frac{1}{2}\rho\omega^2 r_0^5 \qquad (10 \cdot 27)$$

으로 된다. 여기서 f 는 마찰계수이고 $C_f=2\pi f/5$ 이다.

또한, 그 경우의 동력은

$$L=T\omega=C_f\frac{1}{2}\rho\omega^3 r_0^5 \qquad (10 \cdot 28)$$

으로 된다. 이들 식으로부터 각속도 및 원판 반지름의 크기가 마찰토크 또는 그 것에 의한 손실동력에 미치는 영향을 알 수 있다. 원판표면 경계층에서의 계산에 의하면

층류 경계층 ($Re=\omega r_0^5/\nu < 10^5$)의 경우

$$C_f=1.935Re^{1/2} \qquad (10 \cdot 29)$$

로 되고,

난류 경계층 ($Re=10^5 \sim 10^6$) 에서는

$$C_f=0.728Re^{1/5} \qquad (10 \cdot 30)$$

로 된다.

이들의 계산은 유체 중에서 회전하는 회전차의 측면마찰에 의한 손실동력을 계산하는 데도 사용된다. 또한, 원판의 단면에서의 마찰손실도 동일하게 계산된다.

10.6 양 력

그림 10.20과 같이 회전하고 있는 원주 둘레의 유체흐름을 예로 들어 양력 L 의 발생기구를 설명해 보자. 그림 10.20(a)와 같이 속도 v 의 평행흐름 중에서 반지름 a 인 원주가 놓여진 경우, 그 표면의 임의의 점(각 θ)의 유속은 식 (10・5)와 마찬가지로

$$v_\theta = 2v\sin\theta$$

이다. 다음에 그림 10.20(b)와 같이 그 원주를 축의 둘레로 각속도 ω 로 회전시키면, 원주표면의 유체는 점성 때문에 원주에 부착하여 주속도 $u = a\omega$ 로 운동한다(혹은 원주 둘레로 유체의 순환흐름이 있는 것으로 생각해도 좋다). 따라서, 평행흐름 속에서 회전하고 있는 원주가 놓여진 때의 유체흐름은 그림 10.20(c)와 같이 되며 원주표면의 유체속도는 ($v_\theta + u$)로 된다.

평행흐름의 압력을 p_0, 원주표면의 임의의 점의 압력을 p 로 하고 베르누이의 정리를 적용하면

$$p_0 + \frac{\rho}{2}v^2 = p + \frac{\rho}{2}(v_\theta + u)^2$$

$$p - p_0 = \frac{\rho}{2}v^2\left\{1 - \left(\frac{v_\theta + u}{v}\right)^2\right\}$$

$$\therefore \frac{p - p_0}{\rho v^2/2} = 1 - \left(\frac{2v\sin\theta + a\omega}{v}\right)^2 \qquad (10 \cdot 31)$$

이 된다.

따라서, 원주표면의 미소면적 $ad\theta$ (단위쪽)에 작용하는 압력($p - p_0$)에 의한 힘 ($p - p_0$) $ad\theta$ 의 y 방향 성분 $\{-(p - p_0)ad\theta\sin\theta\}$ 를 원주표면 전체에 대하여 적분하면, 원주(단위 길이)에 작용하는 양력이 다음과 같이 된다.

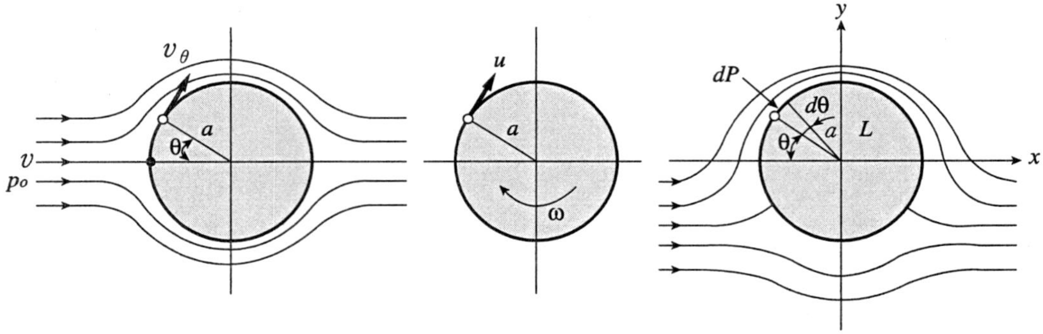

그림 10.20 회전원주에 작용하는 양력

$$
\begin{aligned}
L &= 2\int_{-\pi/2}^{\pi/2}\{-(p-p_0)ad\theta\sin\theta\} \\
&= -a\rho v^2\int_{-\pi/2}^{\pi/2}\left\{1-\left(\frac{2v\sin\theta+a\omega}{v}\right)^2\right\}\sin\theta d\theta \\
&= -a\rho v^2\int_{-\pi/2}^{\pi/2}\left\{1-\left(\frac{a\omega}{v}\right)^2-\frac{4a\omega}{v}\sin\theta-4\sin^2\theta\right\}\sin\theta d\theta \\
&= 2\pi a^2\omega\rho v \\
&= 2\pi au\rho v
\end{aligned}
\qquad (10 \cdot 32)
$$

그런데, 그림 10.21과 같이 임의의 폐곡선 S 상의 임의의 점에서의 유속을 v 라 하고, 그 점에 있어서의 폐곡선의 방향과 속도 v 사이의 각을 θ 로 한 경우

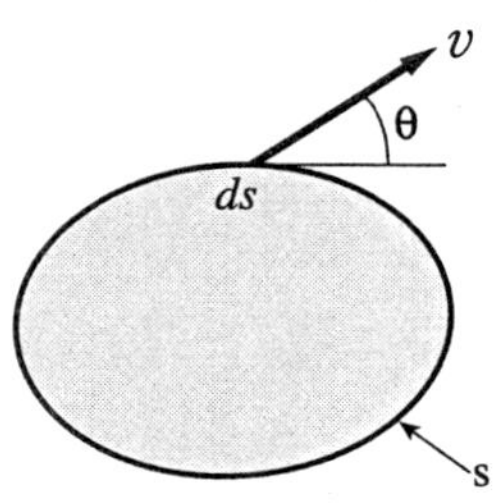

그림 10.21 순환

$$\Gamma = 2\pi r_0 u \tag{10·33}$$

에 의해 정의되는 Γ 를 그 폐곡선 둘레의 **순환**(circulation)이라고 한다. 따라서, 그림 10.20(b)의 원주표면을 따른 순환은

$$\Gamma = 2\pi a u$$

로 되고, 이것을 식 (10·32)에 대입하면

$$L = \rho v \Gamma \tag{10·34}$$

로 된다.

윗식은 회전원주를 예로서 설명하였지만, 일반적으로 평행흐름의 유체속에 놓여진 임의의 물체 둘레의 순환이 Γ 인 경우(그림 10.22 참조), 그 물체에 작용하는 양력은 항상 식 (10·34)로 표시된다. 이것을 **쿠타-주코우스키의 식**(Kutta-Joukowski's formula)이라고 한다. 야구, 테니스 등 공에 회전운동을 주어서 던지는 경우에 공이 휘는 현상은 앞서 설명한 양력에 의한 것이다.

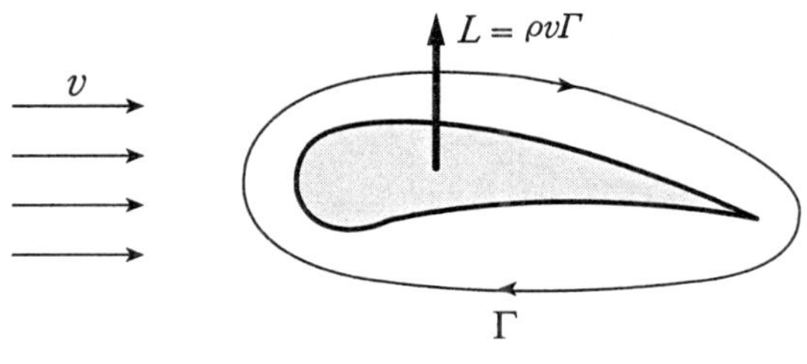

그림 10.22 순환과 양력

예제 10.6

비중이 0.98인 액체가 2m/s의 속도로 흐르는 평행 유속에 지름이 20cm인 원주가 120rpm의 속도로 회전한다. 길이 1m의 원주가 받는 양력은 얼마인가?

풀이

$$\rho = \frac{\gamma}{g} = \frac{1000\times0.98}{9.8} = 100(\text{kg}\cdot\text{s}^2/\text{m}^4)$$

$$\omega = \frac{2\pi n}{60} = \frac{2\pi\times120}{60} = 4\pi(\text{rad/s})$$

$$L = 2\pi a^2\omega\rho v\cdot l = 2\times3.14\times0.1^2\times4\times3.14\times100\times2\times1$$

$$= 157.9(\text{kg}_\text{f})$$

10.7 익 형

큰 양력이 발생하도록 물체의 형을 만들고 그 양력을 이용하는 것이 **날개**(airfoil)이다. 비행기의 날개 또는 프로펠러, 헬리콥터의 회전날개, 풍차의 날개, 선박의 스크류 프로펠러, 축류형 펌프 또는 송풍기의 회전차, 수차의 회전차 등은 모두 날개에 발생하는 양력을 응용한 것이다.

그림 10.23과 같이 익형의 전연(前緣)과 후연(後緣)을 잇는 선을 **익현**(chord), 익현과 유체흐름의 방향과의 사이가 α 를 **영각**(attack angle), 익형과 상연과 하연의 중앙선을 잇는 선을 **골격선**(camber line)이라고 한다.

또한, 익폭을 b, 익형의 최대 투영면적을 A 로 할 때의 b^2/A 을 **종횡비**(aspect ratio)라고 한다. 익현의 길이를 l 로 하면 직사각형의 날개에서는 $A=bl$ 이므로 종횡비는 $b^2/A=b/l$ 로 된다.

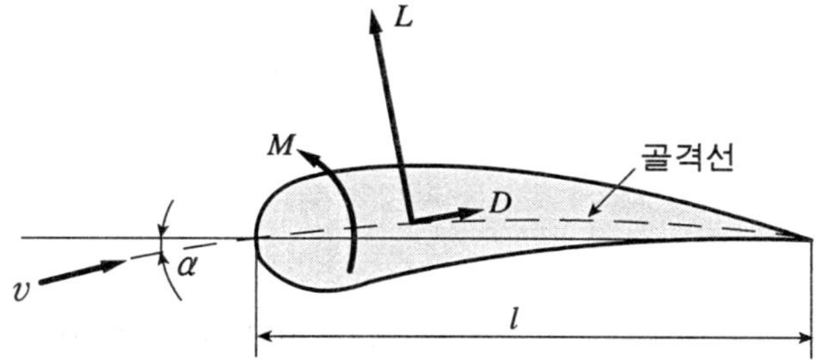

그림 10.23 익형

날개에 작용하는 양력 L, 항력 D 및 모멘트 M (날개 전연의 둘레에 대한 모멘트)은 단위폭에 대하여 각각 다음 식으로 나타난다.

$$L = C_L \frac{\rho v^2}{2} l \qquad (10 \cdot 35)$$

$$D = C_D \frac{\rho v^2}{2} l \qquad (10 \cdot 36)$$

$$M = C_M \frac{\rho v^2}{2} l \qquad (10 \cdot 37)$$

여기서 C_L, C_D, C_M 은 각각 양력계수, 항력계수, 모멘트 계수라 부르는데, 날개의 성능은 이들 값의 크기에 의해 결정된다. 일반적으로 그림 10.24와 같이 영각 α 를 횡축으로 취하고, 양력계수 C_L, 항력계수 C_D 등을 종축에 표시한다.

그림에 의하면, 영각 α 가 크게 됨에 따라 양력계수 C_L 은 대략 직선적으로 증가하지만, 영각 α 가 어느 값을 넘으면 C_L 은 급히 감소한다. 이것을 **실속**(失速;

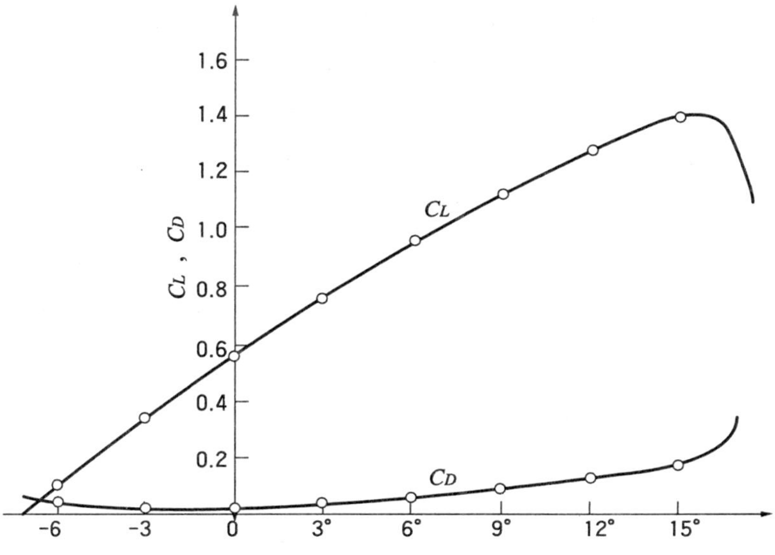

그림 10.24 날개의 성능곡선

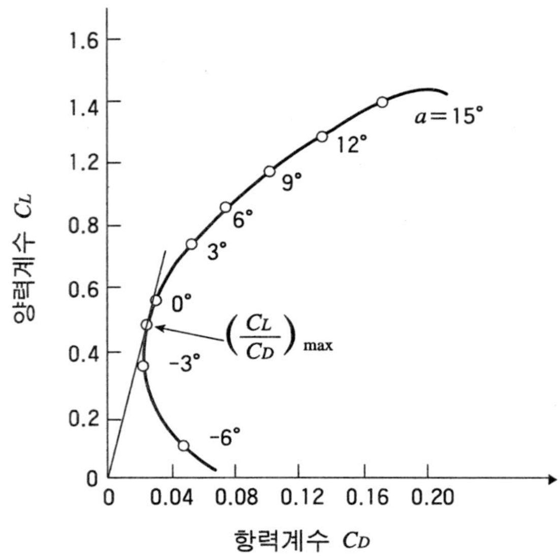

그림 10.25 날개의 성능곡선

stall)이라고 하는데, 그 원인은 영각 α 가 너무 크게 되면 날개의 상연에서의 유체흐름이 익형으로부터 박리하기 때문이고, 이는 확대관 또는 원주후방에서 일어나는 박리와 동일하다. 날개의 성능은 또한, 그림 10.25와 같이 항력계수 C_D 를 횡축, 양력계수 C_L 을 종축으로 하여 나타낼 수도 있다.

그 경우는 양력과 항력의 비 $L/D = C_L/C_D$ 을 최대로 하는 영각을 아는 것이 용이하다.

날개에 양력이 발생하는 것은 그림 10.26에서 보여 주는 바와 같이, 날개가 평행유체흐름 속에 놓여짐으로써 날개 둘레로 순환 Γ 가 일어나기 때문이다. 날개의 상연에서는 평행흐름과 순환흐름의 속도가 가해져서 속도가 크게 되므로, 베르누이의 정리에 의해 압력이 낮게 된다. 또한, 날개의 하연에서는 평행흐름의 속도와 순환흐름 속도의 방향이 반대로 되어 있기 때문에 유속이 작게 되어 압력이 높아진다. 또, 날개의 상하의 그 압력차가 양력의 원인이 된다. 날개표면의 압력 p와 평행흐름의 정압 p_0 의 차를 동압 $\rho v^2/2$ 으로 나눈 무차원 압력$(p-p_0)/(\rho v^2/2)$을 종축에 나타낸다.

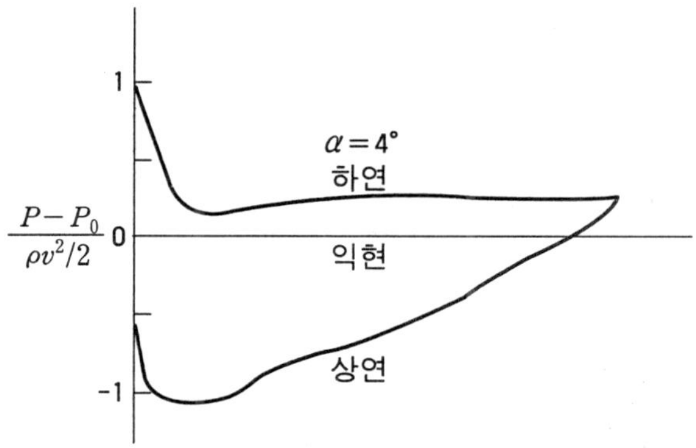

그림 10.26 날개 표면의 압력분포

그림으로부터도 알 수 있는 바와 같이, 일반적으로 날개의 양력은 밑면의 양(+)압력에 의해 밀어올리는 작용보다도, 상부의 음(-)압력에 의해 흡상(吸上)되는 작용의 효과가 더 크다.

그림 10.27과 같이 날개의 휨각을 β 라고 하면, 날개로부터 떨어져 가는 흐름의 속도 v' 는 날개 후연(後緣)의 방향과 일치하므로, 흐름은 날개에 의해 각 ($\alpha+\beta$)만큼 방향이 휘는 것으로 된다. 따라서, 유체는 날개표면을 통과함으로써 하향의 속도를 주는

$$u \fallingdotseq v(\alpha+\beta) \tag{10·38}$$

것으로 된다. 단위시간에 날개표면을 통과하여 흐름의 방향이 휘는 유체의 질량은 $\rho l v$ 에 비례한다고 생각되므로, 운동량의 법칙에 의해 날개에 생기는 양력은

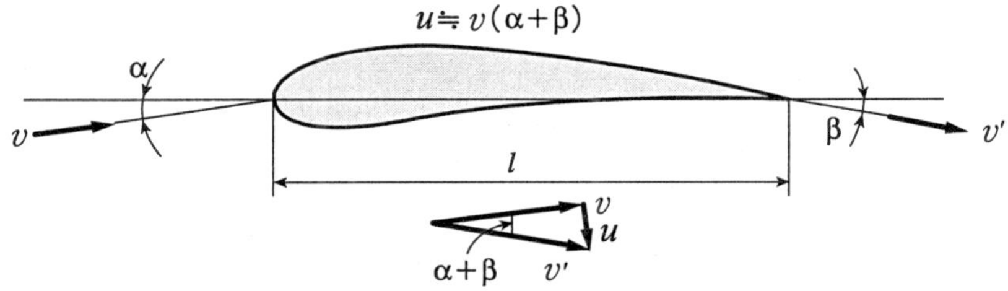

그림 10.27 익형

$$L = k\rho l v u = k\rho l v^2(\alpha + \beta) \qquad (10 \cdot 39)$$

로 된다. k 는 상수이지만 이론계산에 의하면 $k=\pi$ 로 되고, 실험에 의하면 $k=$ 2.7~2.9이다. 식 (10・39)를 식 (10・35)와 비교하면

$$C_L = 2\pi(\alpha + \beta) \qquad (10 \cdot 40)$$

로 된다. 따라서, 양력계수 C_L 은 그림 10.24에서 보여 주는 바와 같이, 영각 α 와 함께 직선적으로 증가한다.

축류형의 펌프 및 송풍기, 프로펠러 수차, 증기 또는 가스 터빈 등의 내부흐름을 생각하면, 그림 10.28과 같이 날개가 줄지은 상태로 되어 있다. 이것을 **익렬**(翼列)이라고 한다. 각각의 날개 둘레의 흐름상태는 이웃날개에 의해 영향을 받으므로, 단독날개의 경우에 비해 양력이 변화한다. 같은 익형에 있어서 단독익형의 양력을 L_0, 익렬로 된 때의 양력을 L 이라고 하면

$$L = kL_0 \qquad (10 \cdot 41)$$

로 된다. k 는 **익렬의 간섭계수**이고, 절현비(節鉉比) l/t 및 휨각 β 의 함수이다.

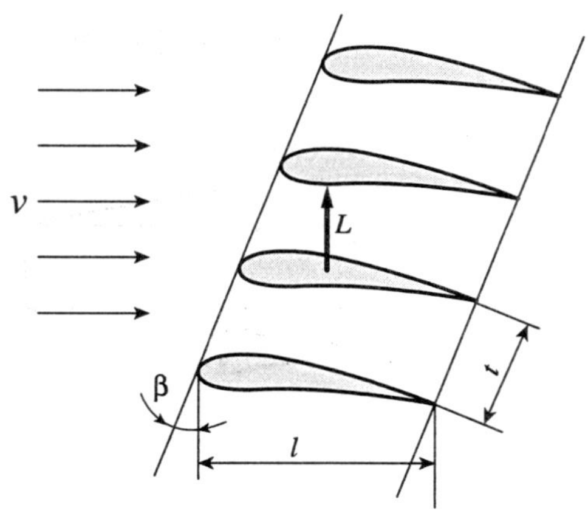

그림 10.28 익렬

l/t 이 0.5 이하의 경우에는 간섭계수는 1에 가깝게 된다.

예제 10.7

익현 길이 2.4m, 날개폭 18m의 날개가 영각 1°에서 양력계수는 0.64이고, 항력계수는 0.05이다. 이 날개를 가진 항공기가 공기 중을 360km/h의 속도로 비행하는 경우의 양력은 얼마인가? 또한, 비행에 필요한 동력은 얼마인가? 단, 공기의 밀도는 0.8kg/m^{3}라고 한다.

풀이

식 (10·35) 및 식 (3·36)에 속도 v=360×103/(60×60)=100(m/s), 양력계수 C_L=0.64, 항력계수 C_D=0.05, 면적 $A=bl=18\times 2.4=43.2(\text{m}^2)$, 밀도 $\rho=$ 0.8kg/m^{3}를 대입하면

$$L=C_L A\frac{\rho v^2}{2}=0.64\times 43.2\times\frac{0.8\times 100^2}{2}=110.6(\text{kN})$$
$$=11.28\times 10^3(\text{kg}_f)$$
$$D=C_D A\frac{\rho v^2}{2}=0.05\times 43.2\times\frac{0.8\times 100^2}{2}=8.64(\text{kN})$$
$$=881(\text{kg}_f)$$

이고, 따라서 동력 P 는

$$P=Dv=8.64\times 100=864(\text{kW})=1175(\text{PS})$$

이 된다.

연 습 문 제

10.1 지름 10mm인 구가 30m/s의 속도로 공기 속을 날 때 항력과 마력은 얼마인가? 단, 공기의 비중량은 1.23kgf/m^{3}이고 항력계수는 $C_D=0.5$이다.

답 0.222×10^{-2}kgf, 0.888×10^{-3}PS

10.2 레이놀즈수가 0.5보다 작을 때의 구의 항력은 얼마인가?

답 $3\pi d\mu v$

10.3 비중량이 980kgf/m^{3}인 정지된 액체 속에서 한 변이 10cm인 정사각형 평판을 이동방향에 수직으로 세워 10m/s의 속도로 이동하려고 한다. 출력은 얼마이어야 하는가? 단, 항력계수는 1.12이다.

답 7.47PS

10.4 익현 길이가 1.2m인 익형이 15m/s의 속도로 공기 속을 움직인다. 양력계수는 0.35이고 공기의 비중량은 1.1kgf/m^{3}이다. 단위폭당 받는 양력은 얼마인가?

답 5.3kgf

10.5 침수면적이 $500m^2$인 배가 24km/hr의 속도로 항진할 때 소비동력은 얼마인가? 단, 항력저항은 0.03이고 물의 비중은 1.1이다.

답 3.3×10^3PS

10.6 높이 8m, 지름이 80cm인 굴뚝이 2m/s의 속도로 부는 바람을 축심과 수직으로 받을 때 저항은 얼마인가? 단, 항력계수는 0.6이고 공기의 비중량은 $1.23kg_f/m^3$

답 $0.96kg_f$

10.7 비중이 0.98인 액체가 2m/s의 속도로 흐르는 평행유속에 반지름 20cm인 원주가 120rpm의 속도로 회전한다. 길이 1m의 원주가 받는 양력은 얼마인가?

답 $157.9kg_f$

10.8 지름 5cm의 구가 40cm/s의 속도로 공기 속을 날 때 항력은 얼마인가? 단, 항력계수는 0.6, 공기의 비중량은 $1.2kg_f/m^3$이다.

답 $0.115kg_f$

10.9 지름이 10mm인 구가 밀도 $0.1kg_f\cdot s^2/m^4$인 공기 속을 25m/s의 속도로 움직인다. 레이놀즈수가 0.1일 때 항력을 구하라.

답 $0.59kg_f$

10.10 비행기 중량이 1800kg_f이고 날개면적이 28m^2이다. 180km/hr의 속도로 날기 위한 영각은 몇 도인가? 단, 양력계수는 영각의 변화에 따라 0.26(영각 0°)에서 0.75(영각 8°)까지 직선적으로 변한다. 공기의 비중량은 1.2kg_f/m^3이고 본체(本體)의 영향은 무시한다.

답 2.6°

11

유 량 측 정

유체에 관한 여러 현상을 규명하는 방법에는 크게 실험적 방법과 수치적 방법으로 나누어지고, 수치적 방법은 다시 해석적 방법과 컴퓨터 시뮬레이션에 의한 방법으로 구분할 수 있다. 그 중 실험적 방법에 의한 유체흐름의 현상을 규명 내지는 해석하기 위해서는 유체의 물성값과 유량 등을 측정할 필요가 있다. 이것을 **유체계측**(fluid measurement)이라 하고, 여기에는 직접법, 간접법, 중력계법, 체적계법, 전기, 전자기 및 광학적 방법 등이 있다.

이 장에서는 그 동안 많은 실험을 통해 정확한 값이 주어져 있는 유체의 특성값은 제외하고 유량계측(flow measurement)에 대하여 측정계측의 원리 및 측정법, 그리고 사용법 중심으로 언급하고자 한다. 바꾸어 말해, 유량측정 장치를 선정할 때, 고려되어야 할 계수와 벤투리 미터, 유량노즐, 오리피스, 유량관의 가변 수두계를 설명하고, 가변 수두계에 의한 유속 및 유량계산, 로터미터 가변 면적계, 터빈 유량계, 전자 유량계, 와류 유량계에 대해 언급한다. 또, 질량유량 측정의 두 가지 방법, 피토 정압관과 그와 같은 장치로부터 얻어진 측정값을 사용하는 유속의 계산에 대해 언급하고, 끝으로 풍속계에 대해 알아보기로 한다.

11.1 최소 자승법

유체역학의 기본이론을 활용한 장치를 사용하여 얻어진 측정값을, 변수사이의 함수관계를 나타내는 방법으로는 도표(table), 선도(graph), 그리고 수식(formular)이 있다. 그러나 함수관계의 특성상 도식을 요하는 경우와 그것이 보다 더 효과적인 방법이기 위해 실험식을 유도하는 것이 보통이다.

실험식을 유도하여 도식적(圖式的)으로 나타내는 방법은 손계산에 의한 것과 컴퓨터에 의한 두 가지가 있지만, 모두 최소 자승법에 의한다. 즉, 그림 11.1에서처럼 실험에 의한 측정값(실험값)을 변수로 하고 x, y 축을 기준축으로 하는 선도상에 나타내었다고 하자. 측정값을 통하는 어떤 공통의 점근직선을 그어서 기울기 A와 절편 B를 구해 $y=Ax+B$의 실험식을 얻을 수 있으나, 측정값과 오차를 최소로 하는 정확한 수식을 찾기란 매우 어렵다. 이와 같은 경우 **최소 자승법**(least square method)을 적용하도록 한다. 식,

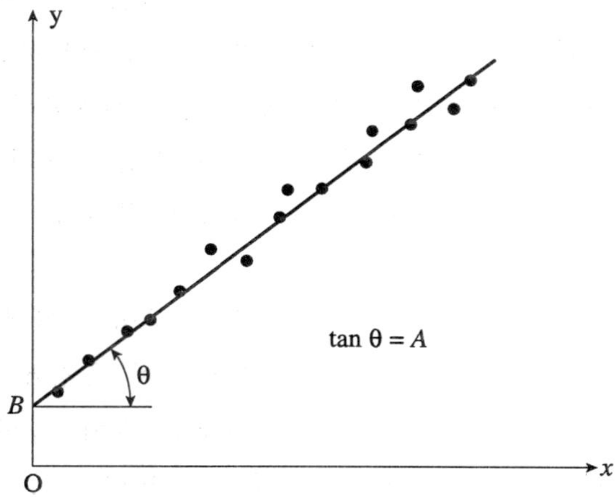

그림 11.1 최소 자승법

$$y = Ax + B \tag{11·1}$$

에서 x, y 는 2개의 변수로 측정값의 종류에 해당하고, A 와 B 는 각각

$$A = \frac{1}{D}(n\sum x_i y_i - \sum x_i \sum y_i)$$

$$B = \frac{1}{D}(\sum y_i \sum x_i^2 - \sum x_i y_i \sum x_i)$$

이다. 여기서

$$D = n\Sigma x_i^2 - (\Sigma x_i)^2$$

으로 표시된다. 또한, x_i 및 y_i 는 측정값들이고 n 은 측정횟수이다.

11.2 유량계의 선정을 위한 변수들

유량을 측정하는데는 많은 기구들이 있다. 어떤 것은 체적유량을 직접 측정하고, 나머지는 유속을 측정한 뒤 $Q = Av$ 를 사용해서 체적유량을 구한다. 또한, 어떤 것은 직접 주요 측정을 하는가 하면, 반면에 다른 것은 유량계수를 관측된 기구의 출력에 적용하게 한다. 유량계 출력의 형태는 또한 하나의 종류에서 다른 것으로 상당히 변한다. 표시는 압력, 액수위, 기계적 카운터 유선상의 지시계의 위치, 연속적인 전기신호 혹은 일련의 전기펄스일 수 있다. 기본적인 유체 측정기와 그 표시계를 어떤 것을 선택하느냐 하는 것은 다음의 여러 가지 변수들에 달려 있다.

11.2.1 범위

상업적으로 유용한 측정기는 정밀한 실험실에서의 실험의 경우, 얼마의 ml/s 에서 관개수 혹은 시수와 하수계의 몇 천 m^3/s까지의 유량을 측정할 수 있다. 그 때 특정 측정기가 설치되는 경우 일반적인 유량의 크기 정도는 기대되는 변화의 범위와 함께 주어져야 한다.

11.2.2 요구 정확도

실질적으로 잘 설치되어 작동되는 어떤 유량측정 장치는, 실제유량의 5% 이내의 정확도를 가져야 한다. 대부분의 상업용 측정기는 2% 내의 정확도가 있고 0.5% 이상의 별도요구가 가능하다. 양호한 정확도가 필요한 경우에는 보통 비용이 중요한 변수가 된다.

11.2.3 압력손실

여러 가지 측정기의 제작부품들은 매우 다르기 때문에 유체가 통과할 때 생기는 에너지 손실이나 압력손실이 달라진다. 한두 종류를 제외하고는 유체 측정기는 저항체나 기계적 기구를 유선 속에 설치함으로써 측정이 가능하고, 따라서 에너지 손실을 일으킨다.

11.2.4 표시의 종류

어떤 종류의 유량표시를 할 것인가를 선정할 때 고려할 변수는, 원격감지나 기록이 필요한지, 자동조절이 출력으로 작동되는지, 운전자가 출력을 모니터할 필요가 있는지, 그리고 심각한 환경조건이 있는지의 여부를 고려해야 한다.

11.2.5 유체의 종류

어떤 유체 측정기의 성능은 유체의 물성값과 상태의 영향을 받는다. 기본적으로 고려할 사항은 유체가 액체인지 기체인지이다. 중요한 다른 변수로는 점성, 온도, 부식, 전기 전도도, 광학적 투명, 윤활성 그리고 균질성이다.

11.2.6 보정

보정(calibration)은 어떤 종류의 유량계에 대해서는 필요하다. 어떤 제조업계는 보정을 지시눈금에 대해 실제 유량을 그래프나 선도로 나타낸다. 어떤 계기는 원하는 유량의 단위에 의한 보정된 눈금으로 직접 읽을 수 있도록 되어 있다. 좀더 기본적인 형태의 측정기의 경우 경험적인 자료가 유용한 가변 수두형, 표준 기하학적인 형태 또는 크기와 같은 것이 정해져야 한다. 이들 자료는 압력차나 역수위와 같은 그렇게 쉽게 측정된 변수에 유량을 관련시킨다.

기구를 사용하는 사람이 보정할 필요를 느끼면 시험기구의 눈금이 비교되는 표준기구로서, 다른 정밀 측정기를 사용해도 좋다. 대신에 원시적 보정은 유량을 측정기를 통한 일정률로 조정하고, 정해진 시간간격 동안 유출량을 모음으로써 가능하다. 그렇게 하여 모은 유체는 단위 시간당 중량, 중량유량 보정용으로 무게를 달거나 체적은 체적유량 보정용으로 측정될 수 있다.

11.2.7 기타

대부분의 경우에 측정기의 물리적 크기, 비용, 시스템 압력 및 운전자의 숙련도가 또한 고려되어야 한다.

11.3 가변수두 측정기

가변수두 측정기(variable head meter)가 바탕이 되는 기본원리는, 유선이 저항을 받을 때 저항으로 달라지는 유량의 크기로 유체의 압력이 감소하는 것이다. 그러므로 저항체의 전・후에서의 압력차는 유량을 나타내는 데 사용된다. 일반적으로 대부분 사용하는 가변수두 미터로는 벤투리 미터, 유량노즐, 오리피스, 그리고 유동관을 들 수 있다. 압력차와 체적유량 사이의 관계 유도는 어떤 종류의 기구가 사용되는가에 관계없이 똑같다.

11.3.1 벤투리미터

그림 11.2의 **벤투리미터**의 경우 단면 ①의 주관에서의 유량은 목부라 부르는 좁은 단면에서 가속되고, 그 때 압력은 감소한다. 그 다음 유량은 주관과 같은 지름의 확대부를 통해 팽창한다. 압력탭은 단면 ①의 관벽과 단면 ②라 부르는 목부의 벽에 위치하고, 이들 압력탭은 압력차($p_1 - p_2$)의 표시인 편차 h 가 되도록 시차 마노미터의 양쪽에 연결된다. 물론, 다른 종류의 시차 압력계가 사용되어도 좋다.

유량을 측정할 수 있는 관계를 유도하기 위해 그림 11.2(b)의 단면 ①, ②에 대해 에너지 방정식과 연속 방정식을 적용하면 다음과 같다.

$$\frac{p_1}{\gamma} + \frac{v_1^2}{2g} + z_1 = \frac{p_2}{\gamma} + \frac{v_2^2}{2g} + z_2 + h_L \qquad (11 \cdot 2)$$

$$Q = A_1 v_1 = A_2 v_2 \qquad (11 \cdot 3)$$

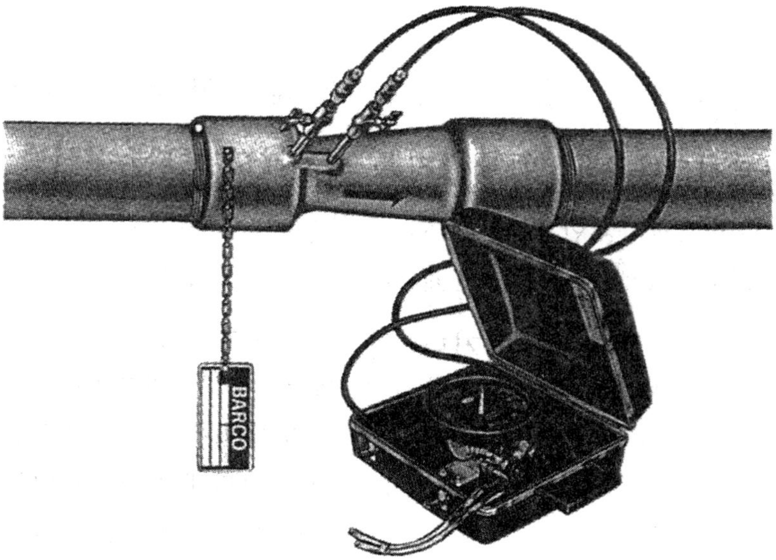

(a)외형도

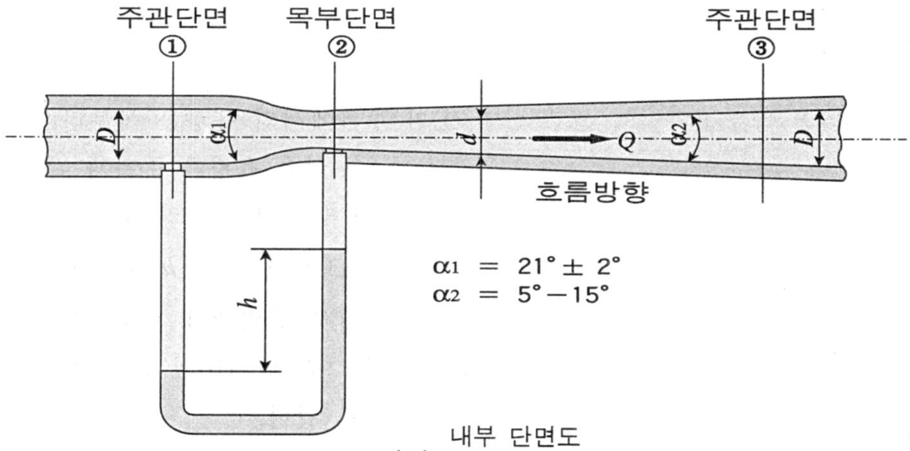

(b)

그림 11.2 벤투리미터

이들 방정식은 비압축성 유체, 즉 액체에 대해서만 유효한다. 기체흐름 경우, 압력에 따른 비중량 γ의 변화에 특별히 고려하여야 한다. 식 (11·2)와 식 (11·3)으

로부터

$$v_2=\sqrt{\frac{2g\left[\left\{\frac{p_1-p_2}{\gamma}+(z_1-z_2)-h_L\right\}\right]}{1-(A_2/A_1)^2}} \tag{11·4}$$

로 나타낼 수 있다. 또한, 여기서 벤투리미터가 수직으로 설치되더라도 수두차 (z_1-z_2) 는 매우 작고, 단면 ①과 단면 ② 사이의 에너지 손실인 h_L 은 실험적으로 구할 수 있으므로, h_L 을 빼고 유량계수 C 를 도입하면

$$v_2=C\sqrt{\frac{2g\left(\frac{p_1-p_2}{\gamma}\right)}{1-(A_2/A_1)^2}} \tag{11·5}$$

로 간단해져 더욱 편리하다.

식 (11·5)는 벤투리미터의 목부에서의 유속을 계산하는 데 사용되나, 통상은 체적유량을 필요로 한다. 그러므로,

$$Q=A_2v_2=CA_2\sqrt{\frac{2g(\frac{p_1-p_2}{\gamma})}{1-(\frac{A_2}{A_1})^2}} \tag{11·6}$$

과 같이 바꾸어 나타낼 수도 있다.

유량계수 C 의 값은 유체흐름의 레이놀즈수와 벤투리미터의 실제 기하학에 따라 달라진다. 그림 11.3은 주관에서의 레이놀즈수에 대한 유량계수 C 의 대표적 곡선을 보여 주고 있다.

다음 조건의 거친 주철이나 조립된 벤투리미터의 경우에 유량계수는 $C=0.984$ 가 바람직하다.

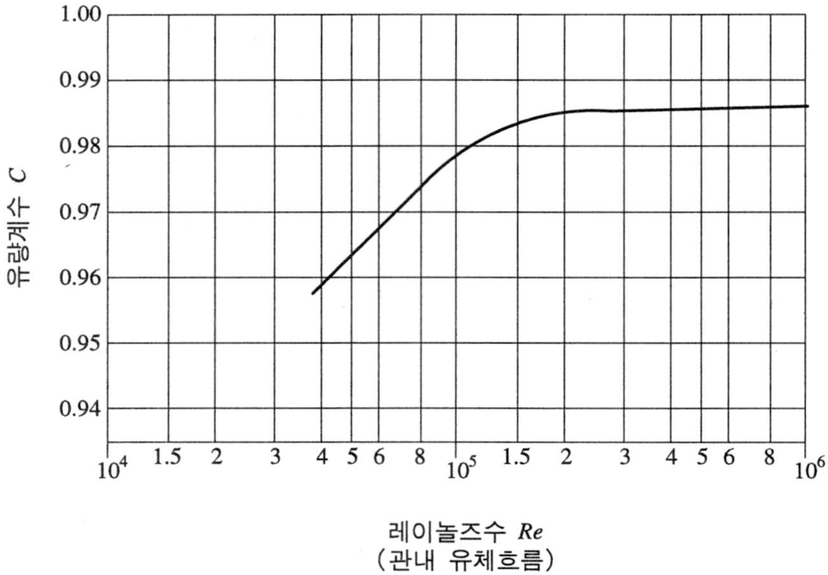

그림 11.3 벤투리미터의 유량계수

$$100\text{mm} \le D \le 1200\text{mm}$$
$$0.30 \le \beta \le 0.75$$
$$2\times10^{5} \le Re \le 6\times10^{6}\text{(주관에서)}$$

여기서 β는 주관단면의 지름에 대한 목부지름의 비 $\beta = d/D$로 정의된다. 그리고 가공된 벤투리미터의 경우, 다음 조건에서 유량계수가 $C = 0.995$가 권장된다.

$$50\text{mm} \le D \le 250\text{mm}$$
$$0.30 \le \beta \le 0.75$$
$$2\times10^{5} \le Re \le 6\times10^{6}\text{(주관에서)}$$

식 (11 · 6)은 벤투리미터와 마찬가지로 유동노즐과 오리피스에도 사용이 가능하다. 벤투리미터의 적절한 선정과 응용에 관한 정보가 필요하면 다른 참고자료를 활용하기를 바란다.

11.3.2 유동노즐

유동노즐(flow nozzle)이란 그림 11.4에서 볼 수 있는 바와 같이 짧고 곧은 원추형 단면에 의한 유선의 점차적 수축이다. 유동노즐에 대한 표준 기하학 형상은 ASME(The American Society of Mechanical Engineers)와 ISO(The International Organization for Standardization)와 같은 기구가 제시하여 채택해 왔다. 유동노즐의 경우 매근하고 점차 축소되기 때문에 두 점 ①과 ② 상이에는 에너지 손실이 거의 없다.

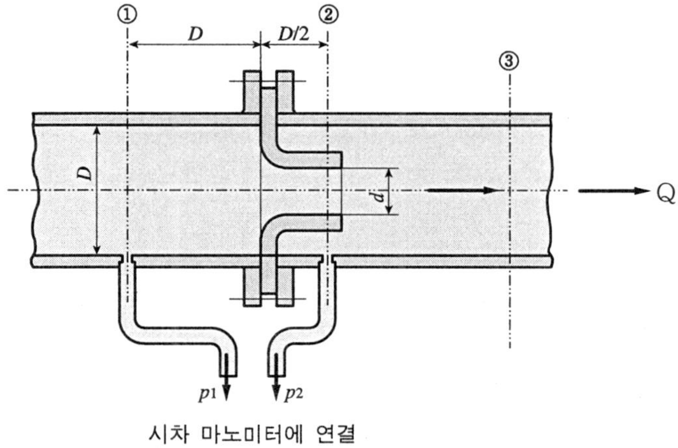

그림 11.4 유동노즐

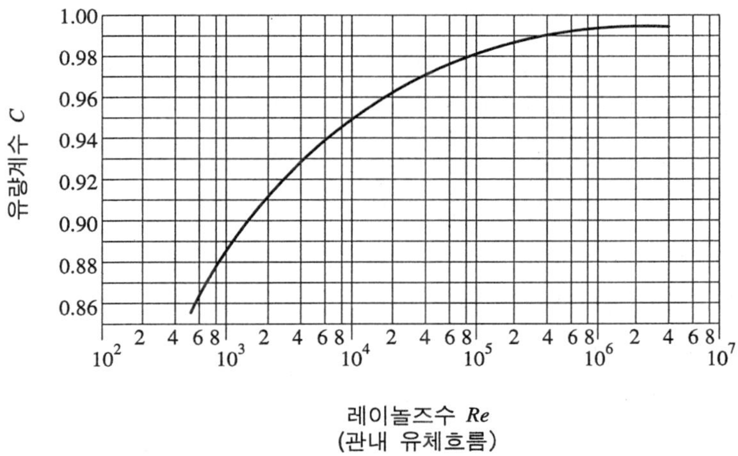

그림 11.5 유동노즐의 유량계수

그림 11.5에는 레이놀즈수에 대한 유량계수 C 의 대표적 곡선을 보여주고 있다. 레이놀즈수가 큰 경우에는 유량계수가 $C=0.99$ 이상이다. 레이놀즈수가 작은 경우에는 노즐 밖에서 급팽창을 하므로 에너지 손실이 크게 되고 유량계수 C 는 낮은 값이 된다.

유량계수 C 에 대한 식은

$$C=0.9975-0.00653(10^6/Re)^a \qquad (11 \cdot 7)$$

이 사용되고, 여기서 레이놀즈수가 $Re \le 10^6$인 경우에는 $a=0.5$를, $Re>10^6$인 경우에는 $a=0.2$의 값을 사용한다. 또한, 레이놀즈수는 식 (11 · 7)에서 노즐의 목부 지름에 기초를 둔다. 유동노즐의 적절한 선정과 응용에 관한 광범위한 정보는 참고문헌을 통해 얻을 수 있다.

11.3.3 오리피스

정확히 가공되어 날카로운 날의 구멍이 있는 평판을 **오리피스**(orifice)라고 한다. 그림 11.6(b)와 같이 관속 한가운데에 설치하는 경우는, 유체흐름이 오리피스 가까이에서 갑작스레 수축한 뒤 관 지름만큼의 뒤에서 급격히 팽창하도록 만든다. 오리피스를 흐르는 유선은 베나 수축부(Vena contracta)를 만들고, 빠른 유속은 오리피스의 하류쪽으로 압력을 감소시킨다. 오리피스의 전 · 후, 즉 단면 ①과 단면 ②의 압력탭은 식 (11 · 6)의 체적유량과 관계 있는 오리피스에서의 차압을 측정한다.

그림 11.6(a)는 유량을 측정하는 데 필요한 모든 주요장치를 결합한 상업용 기구를 보여 주고 있다. 즉, 오리피스판은 오리피스판의 양쪽에 정확히 설치되어 있는 압력탭, 차동셀(d/p cell) 설치를 위한 매니폴드, 신호를 먼 곳까지 전송하는 차동셀과 전송기, 유체를 차동셀로 바이패스하게 하는 밸브 세트, 오리피스에서 예측가능한 유동조건을 확실히 하기 위해 오리피스의 입구와 출구측 직관의 길이, 오리피스를 공정배관에 연결하는 데 사용하는 플랜지, 유체흐름에 직접 비례하는 신호를 내는 측정기의 전범위에 걸쳐 출력신호를 선형화하는, 차동셀내에 조립된 마이크로 프로세서를 포함한 적산유량 오리피스 어셈블리의 부품이다.

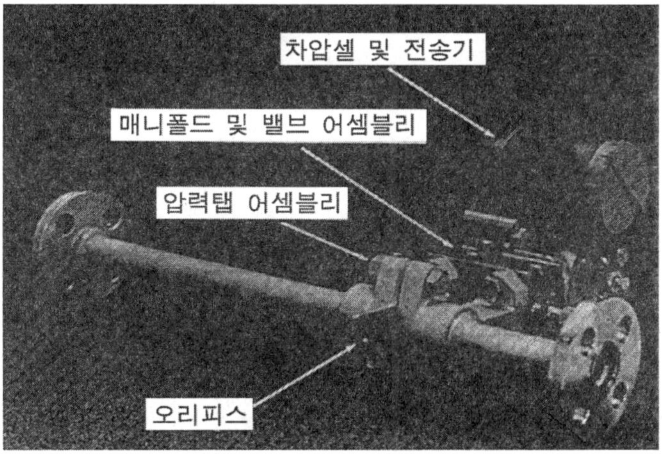

(a) 외형도

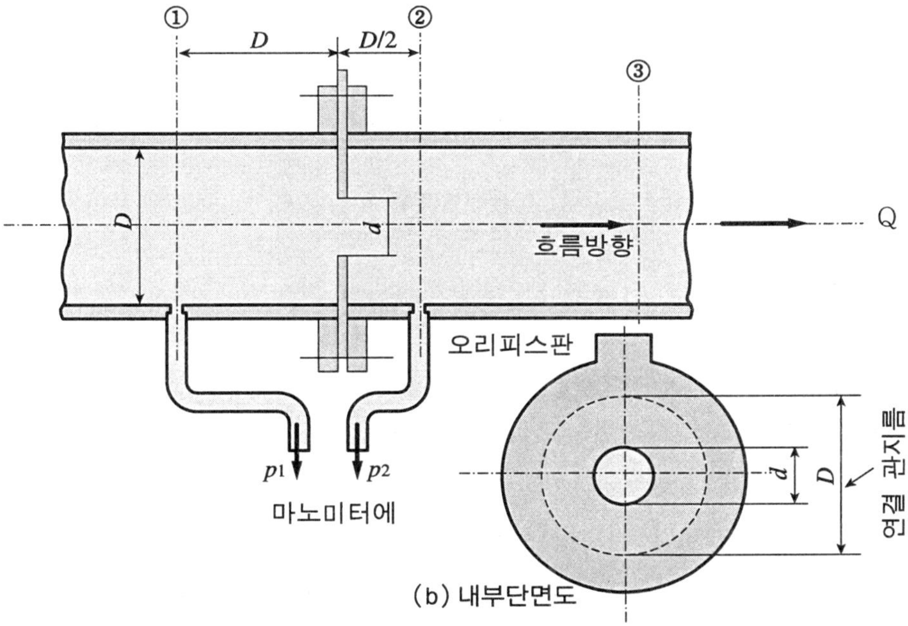

(b) 내부단면도

그림 11.6 사각날 오리피스(D와 D/2압력탭)

[표 11·1] 오리피스계의 압력탭 위치

입구 압력탭 p_1	출구 압력탭 p_2
1. 오리피스판의 상류쪽으로 D	오리피스판의 입구면에서 하류쪽으로 1/2 D
2. 오리피스판의 상류쪽으로 D	베나 수축부에
3. 플랜지상에, 오리피스판의 상류쪽으로 25.4mm	플랜지상에, 오리피스판의 출구면에서 하류쪽으로 25.4mm

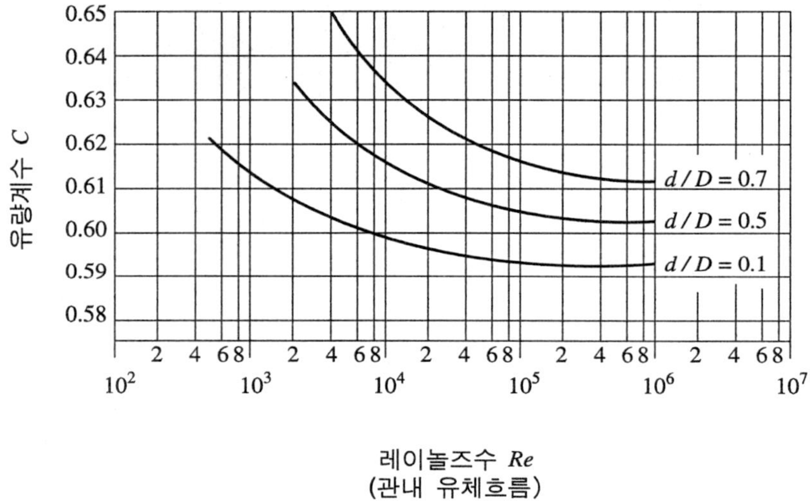

그림 11.7 오리피스 유량계수

유량계수 C 의 실제값은 압력탭의 위치에 따라 달라지고, 설치가능한 위치 세 가지가 [표 11.1]에 실려 있다. 또한, 유량계수 C 는 오리피스날의 형상에 작은 영향을 받는다.

시각날 오리피스에 대한 대표적인 곡선을 그림 11.7에서 볼 수 있고, 여기서 D는 관 지름이며 d 는 오리피스 지름이다. 오리피스의 C 값은 오리피스에서 유체가 급수축되게 하였다가 곧이어 급팽창하게 되므로, 벤투리미터나 유동노즐의 C 값보다 훨씬 작다. 또한, 측정원리는 오리피스의 지름에 바탕을 두기 때문에 베나 수축부에서 유선의 지름감소는 C 의 값을 감하기 쉽다.

그림 11.8은 유동관(flow tube)을 나타내고, 벤투리, 노즐 또는 오리피스 측정기가 사용되는 것과 비슷한 응용으로 사용되지만, 유동관이 다소 압력손실이 낮다(압력회수가 높다.)

그림 11.8 유동관

11.3.4 압력회수

지금까지 언급된 4종류의 각 가변수두 측정기에서 유선은 그림 11.2 및 11.4, 그림 11.6(b)에서의 단면 ③으로 장애물을 지난 뒤 주관 지름만큼 뒤쪽에서 팽창한다. 그 때 압력 p_1 과 p_3 의 차는 측정기 때문에 생기며, 이는 에너지 방정식으로부터 구해진다. 즉,

$$\frac{p_1}{\gamma}+\frac{v_1^2}{2g}+z_1=\frac{p_3}{\gamma}+\frac{v_3^2}{2g}+z_3+h_L$$

이다. 관 크기는 양단면에서 똑같으므로 $v_1=v_3$ 이고, 또한 $z_1=z_3$ 라고 가정하면

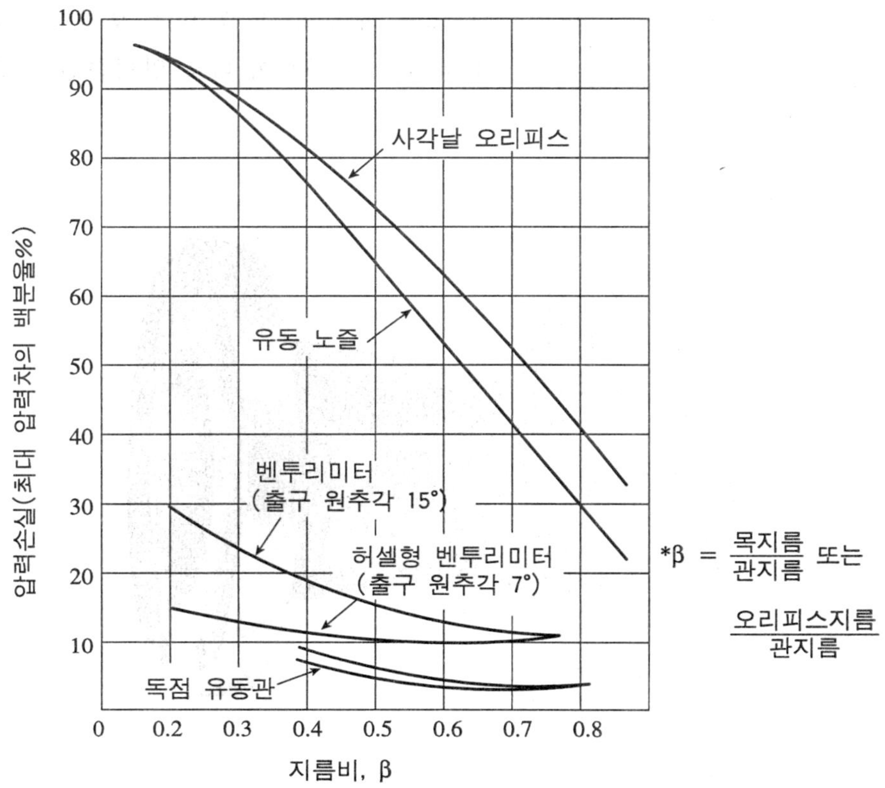

그림 11.9 여러 가지 가변수두 측정기에 대한 압력손실의 비교

$$p_1 - p_3 = \gamma h_L$$

이 된다. 따라서, 압력강하는 에너지 손실에 비례한다. 목부위의 벤투리미터의 섬세한 유선형화와 긴 점진적인 팽창으로 유선에서 난류를 전혀 일으키지 않는다. 그러므로 에너지 손실은 작고 압력회수는 높다. 점진적 팽창이 안 되는 노즐의 경우 압력회수가 낮고, 게다가 오리피스의 경우 더욱 낮다. 압력회수가 가장 좋은 것은 그림 11.8의 유동관이다. 그림 11.9는 여러 종류의 가변수두 측정기 사이의 비교를 압력회수에 관해 나타낸 것이다.

11.4 로터미터

로터미터(rotameter)는 가변면적 측정기의 일반형으로 그림 11.10에 로터미터의 대표적인 모양을 보여 주고 있다. 유체는 안쪽으로 정확히 테이퍼진 깨끗한 관을 통해 위쪽으로 흐른다. 부체(float)는 유량에 비례하는 위치에서 흐르는 유체 속에 매달려 있다. 부체에 작용하는 유체항력과 부력에 의해 위로 작용하는 힘은 부체의 무게와 정확히 평행상태에 있게 된다.

유량이 달라지면 부체는 평행이 이루어질 때까지 부체와 관 사이의 틈새 면적을 바꾸면서 새로운 위치로 움직이게 된다. 부체의 위치는 체적유량이나 중량유량의 편리한 단위로 눈금이 매겨진 보정된 눈금을 알려 준다.

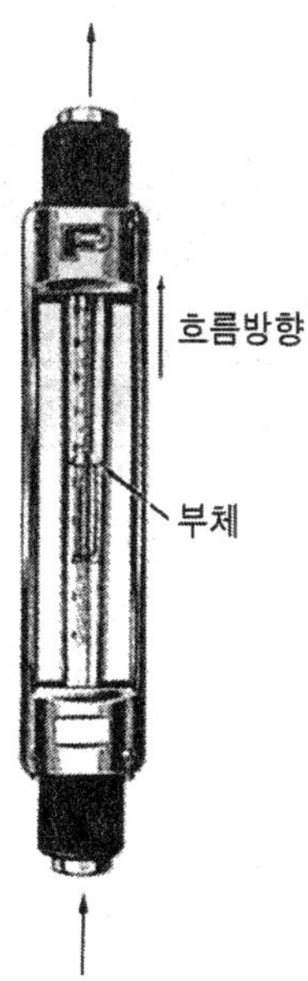

그림 11.10 로터 미터

11.5 터빈 유량계

그림 11.11은 유체가 터빈 회전자를 유량에 따른 속도로 회전하게 하는 **터빈 유량계**(turbine flowmeter)를 보여 주고 있다. 회전자의 각 날개는 전자코일을 통과하므로 눈금이 유량으로 바꾸어지는 주파수 측정기, 전자 카운터 혹은 비슷한 기구로 입력될 수 있는 전압파동이 생긴다. 유량은 0.02 l /min의 작은 유량에서 여러 수천 l /min에 이르기까지 여러 크기의 터빈 유량계로 측정된다.

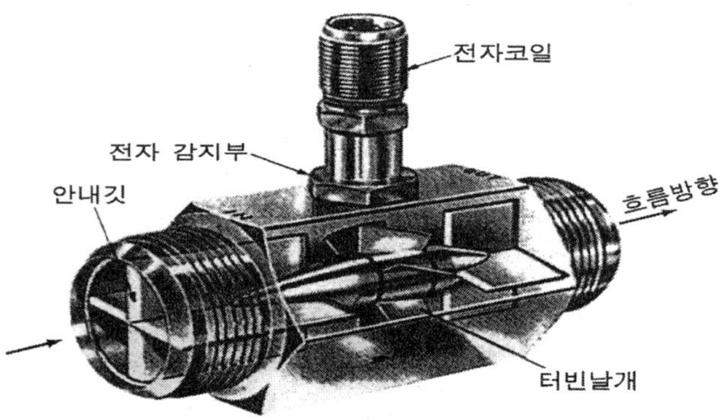

그림 11.11 터빈 유량계

11.6 와류 유량계

그림 11.12는 **와류 유량계**(vortex flowmeter)로, 유선상에 설치된 무단 장애물이 와류를 일으켜서 유속에 비례하는 주파수로 물체에서 발산하게 한다.

또, 유량계의 감지부는 와류를 감지하여 측정기 정보취득 기구에서 값이 나타나게 한다.

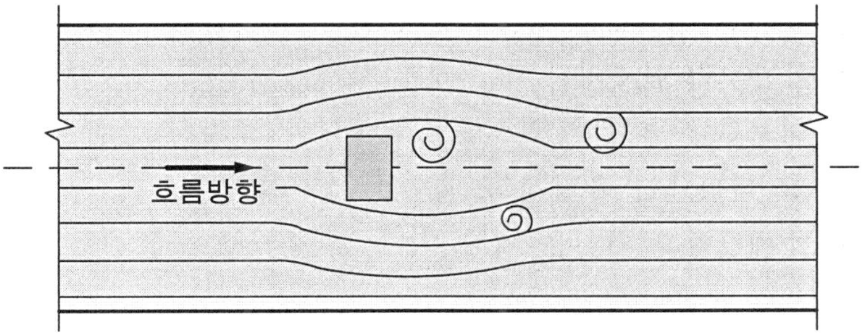

(b) 무딘 물체에서 발산하고 있는 와류

(a) 와류 유량계의 사진

그림 11.12 와류 유량계

그림 11.12(b)는 와류발산 현상을 나타내는 개략도로, 무딘 물체, 즉 와류발산 요소의 형상은 제조업체에 따라 다르다. 유체가 와류발산 요소의 앞면에 이르면 두 유선으로 나누어져 물체 가까이의 주유선에 비해 낮은 속도가 된다. 그 속도차가 전단층으로 하여금 결국 와류발산 요소의 양면에서 교대로 와류로 무너지게 된다. 그 때 생긴 와류의 주파수는 유속에 직접 비례하고, 그러므로 체적유량에 비례한다. 측정기의 감지부는 와류주위의 압력변화를 감지하고 와류발산 주파수와 똑같

은 주파수에서 교대로 생기는 전압신호를 발생시킨다. 출력신호는 전압 펄스의 유출이거나 직류 아날로그 신호이다. 표준계기 장치는 종종 4 내지 20mA DC까지 변하는 아날로그 신호를 사용한다. 펄스출력을 위해 제조업체는 측정기를 통하는 단위 체적당 펄스를 나타내는 유량계 k 계수를 제시한다.

와류 측정기는 깨끗하고 더러운 액체, 기체 및 증기를 포함하는 넓은 범위의 유체에 사용된다.

11.7 전자 유량계

그림 11.13 전자 유량계

장애물이 전혀 없는 유체흐름은 그림 11.13의 전자 유량계의 장점 중의 하나이다. 측정기는 움직이는 전도체가 자장(magnetic field)을 가로질러 끊기 때문에 전압이 유도된다. 전자유량의 주요요소는 비전도 물질로 안을 바른 관, 2개의 전자코일 그리고, 관벽에 서로 180° 떨어져 설치된 2개의 전극봉으로 구성된다. 전극은 유체 속에 발생된 전압을 감지한다. 발생된 전압은 유속에 직접 비례하므로 유량이 클수록 더 큰 전압을 발생시킨다.

이런 종류의 측정기의 주요특징은 출력이 온도, 점성, 비중 혹은 난류와 완전한 관계가 없다는 것이다. 관의 크기는 지름이 5mm에서 몇 m까지 있다.

11.8 뉴테이팅 디스크 유량계

많은 경우에 순간적 유량보다는 일정시간 동안에 관을 지나는 유체의 양(질량이나 체적)을 알 필요가 있다. 예를 들면, 기름이 탱크 속에 흘러 들어가는 유량보다는 오히려 펌프에 의해 얼마나 많은 리터(liter)의 가솔린이 저장탱크에서 우리의 승용차로 들어가는가에 관심을 가지고 있다.

그림 11.14의 **뉴테이팅 디스크 미터**(nutating disk meter)는 가스 탱크에 이송되는 가솔린의 양은 물론이고, 가정용과 상업용 물배관에서 사용된 순수물의 양을 측정하는데 널리 사용되고 있다. 이 측정기는 단지 하나의 꼭 필요한 구동부를 가지며 상대적으로 값싸고 정확하다.

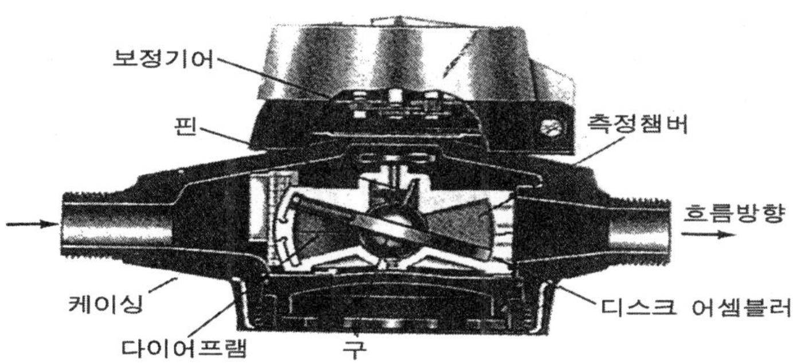

그림 11.14 뮤테이팅 디스크 유량계

작동원리는 매우 간단하지만 실제로 기구를 직접 검사를 하지 않고 작동을 이해한다는 것은 어렵다. 기구는 구면의 옆면을 갖는 측정챔버(metering chamber)와 원추의 꼭대기와 바닥으로 이루어진다. 디스크는 중앙의 구를 통과하여 챔버를 두 부분으로 나눈다. 디스크는 챔버의 대칭축에 수직이 아닌 각도에 있게 된다. 방사형 판(다이어프램)은 들어가는 유체가 디스크의 위와 아래로 교대로 흐르게 함으로써 디스크를 기울어지게 하도록 챔버를 나눈다. 유체는 디스크가 한쪽으로 완전히 기울어지면 챔버를 나오고, 그 때 기울어짐은 챔버를 통과하는 유체의 비체적에 상응한다. 디스크가 한 번 기울어지는 동안, 가운데 구의 끝에 디스크에 수직으로 붙어 있는 핀은 하나의 원을 그린다. 측정기를 통과한 유체의 체적은 완전한 회전수의 측정으로 얻어진다.

11.9 벨로스형 유량계

가스유량을 측정하는데 사용되는 또 다른 유량측정 기구는 그림 11.15에서 보는 **벨로스 유량계**이다. 벨로스 유량계에는 가스의 압력과 한 세트의 입출구 밸브의 운동의 결과로 번갈아가며 채우고 비는 벨로스가 있다. 일반가정의 천연가스 측정기는 이와 같은 종류이다. 그림 11.15의 (a)에서 (d)에 이르는 한 사이클 동안에 측정기를 통과하는 가스의 체적은 이미 알고 있는 양이다.

물량의 측정용인 뉴테이팅 디스크 유량계는 하나의 잘 설계된 구동부로 굉장히 간단한 것 중의 하나이다. 반면에 가스량 측정기인 벨로스형 유량계는, 움직여 교차되는 부분이 많아 상대적으로 복잡하다. 어떤 유량계는 보통의 취급이 안전한, 비교적 고압인 액체를 측정하고, 거기에 비해 어떤 유량계는 비교적 위험한 저압가스를 측정한다.

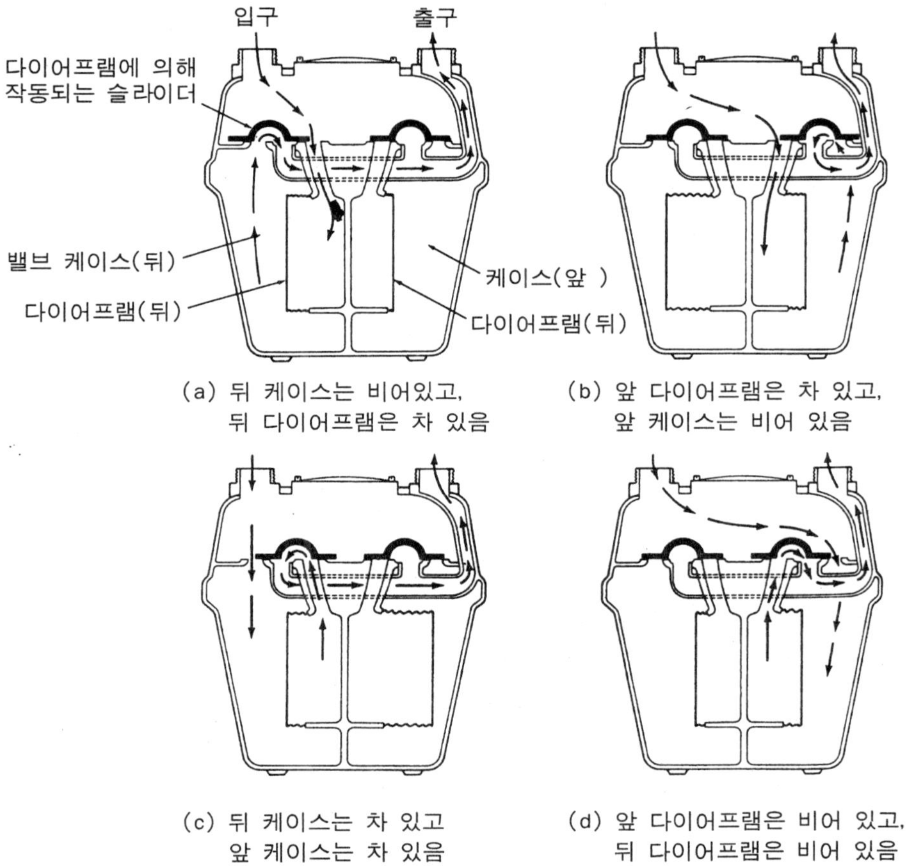

그림 11.15 벨로스형 유량계

11.10 질량유량 측정

지금까지 이 장에서 언급된 유량계는 평균유속이나 체적유량이 비례하는 출력신호를 내도록 설계되어 있다. 이것은 단지 측정기를 통해 이송된 체적이 필요한 때에 만족스럽다. 그러나, 어떤 경우에는 이송된 유체의 질량이 필요한 경우가 있다.

예를 들면, 식품공정 공장에서 생산품은 종종 kg으로 이송된 양을 나타낸다. 어떤 화학공정에서는 뒤섞이거나 반응 속으로 들어가는 여러 가지 성분의 질량에 민감하다. 증기와 같은 이상유체(two phase fluid)는 압력과 온도가 증기 속의 액체와 기체의 양을 많이 변화시킬 만큼 상당히 변한다면, 정확히 측정하기가 어려울는지도 모른다.

질량유량 측정을 하는 한 방법은 지금까지 언급한 체적유량을 측정하는 종류의 유량계를 사용하고, 동시에 유체의 밀도를 측정하는 것이다. 그러면, 질량유량은

$$M = \rho Q \qquad (11 \cdot 8)$$

에서 구해진다. 즉, 질량유량은 밀도에 체적유량을 곱한 것과 같다. 만약, 유체의 밀도를 이미 알고 있거나 쉽게 측정하면, 이 방법은 간단히 계산된다.

어떤 유체의 경우 유체온도를 알고 있으면 밀도가 계산된다. 때때로, 특히 가스와 함께 압력이 또한 필요하다. 이 경우 온도 프로브와 압력 트랜스듀서(transducer)가 필요한 자료를 얻는 데 쉽게 이용될 수 있다.

비중은 **비중계**(gravitometer)라는 기구로 측정이 가능하고, 밀도는 어떤 유체에 대해 밀도계(densitometer)로 직접 측정이 가능하다. 체적유량, 온도, 압력, 비중 혹은 밀도와 관계 있는 신호는 $M = \rho Q$ 의 계산을 효과적으로 수행하는 특별 전자기

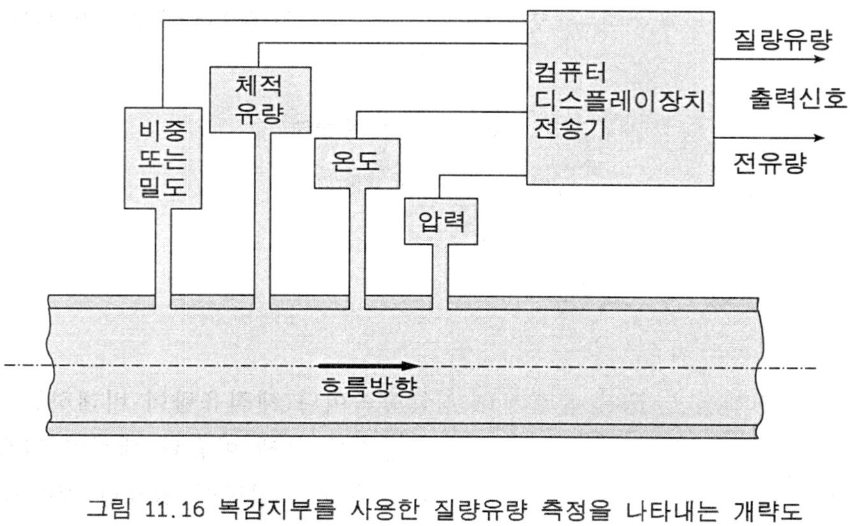

그림 11.16 복감지부를 사용한 질량유량 측정을 나타내는 개략도

구로 모두 입력된다. 이것을 그림 11.16에 개략적으로 나타내고 있다. 이 과정이 똑바로 진행하는 동안 몇 가지의 분리된 측정이 이루어지게 되고, 각 측정은 작은 오차가 예측된다. 그리고 오차는 마지막 계산에서 합해진다.

(a) 프로그래머와 표시기가 있는 외부도

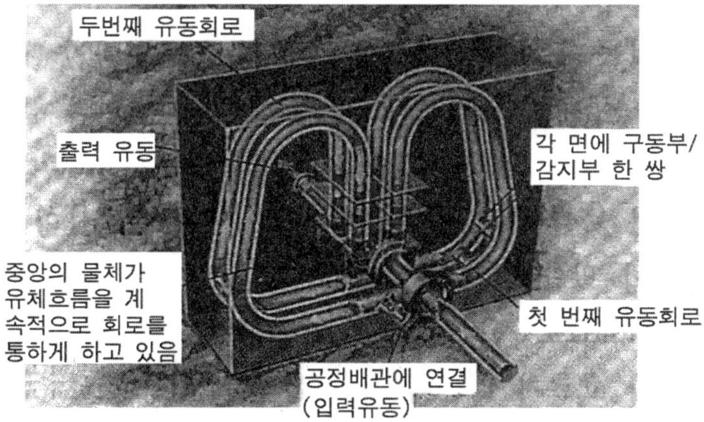

(b) 내부도

그림 11.17 코리올리스 질량 유량관

질량 유량계는 질량유량에 비례하는 신호를 직접 생기게 함으로써 앞서 언급한 문제들을 피할 수 있다. 그와 같은 한 질량 유량계를 **코리올리스 질량 유량관**(Coriolis mass flowtube)이라 하고 그림 11.17에서 볼 수 있다.

유체가 공정배관에서 유량계로 들어가고, 유체가 처음 한 회로를 통하고, 가운데 물체를 통해 그 다음 두 번째 회로를 통하며, 그런 다음에 출구관으로 나가는 같은 크기의 연속관로를 통하도록 되어 있다.

2개의 전자 구동부는 중심에서 같은 거리의 반대편 끝에 있는 두 회로를 잇는 역할을 한다. 발생된 진동운동은 두 병렬회로를 교대로 서로 마주보고 그리고 별도로 움직이게 한다. 관 속의 유체는 동시에 회로의 길을 따르고 구동부의 작동 때문에에 그 길에 수직으로 움직인다. 코리올리스 힘에 해당하는 코리올리스 가속도는 관을 통해 흐르는 질량유량에 비례하여 생긴다. 구동부 가까이에 설치된 감지부는 코리올리스힘을 감지하여 측정기를 통과하는 실제 질량유량에 관련된 신호를 전송한다. 정밀도는 도시율의 0.2% 또는 눈금용량의 0.02%로 보고되어 있어 어느 쪽이나 더욱 좋다.

11.11 유속측정

평균속도가 아니라 어떤 지점에서의 유속을 측정하는데는 여러 가지 기구가 유용한데, 이를 **속도 프로브**(velocity probe)라고 한다. 여기에서는 좀더 일반적인 기구들이 언급된다.

11.11.1 피토관

움직이고 있는 유체가 갑자기 고정된 물체를 만나기 때문에 정지하게 되면, 압력은 유선 내의 압력보다 더 커지게 된다. 이와 같은 원리를 이용하여 속도를 측정하는 데 사용되는 기구를 **피토관**(Pitot tube)이라 하고 그림 11.18에서 보여 주고 있다. 피토관을 열린 끝부분이 유선 속으로 직접 향하도록 되어 있는 구멍이 뚫린 관이다. 피토관 끝에서의 압력은 액주(column of fluid)로 측정된다. 피토관의 끝 혹은 바로 안쪽에서의 유체는 정체해 있거나 흐르지 않는데 이 점을 **정체점**

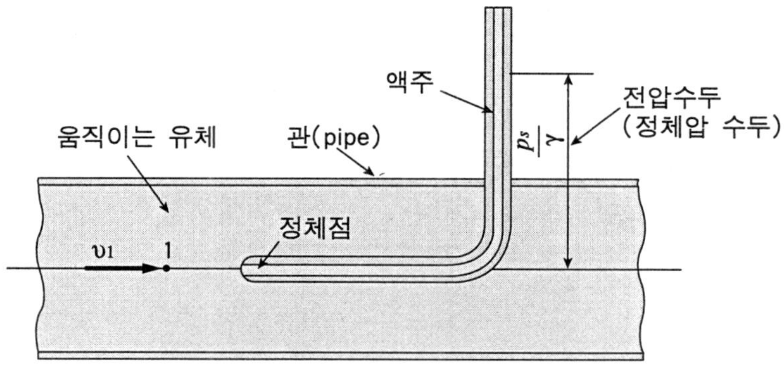

그림 11.18 피토관

(stagnation point)이라고 한다.

이제 정체점에서의 압력, 즉 **정체압**(stagnation pressure)과 유속과의 관계를 알기 위해 피토관의 앞, 교란되지 않은 유선상의 한 점 1과 정체점에서의 점 s에 대해 에너지 방정식을 적용하면

$$\frac{p_1}{\gamma}+\frac{v_1^2}{2g}+z_1=\frac{p_s}{\gamma}+\frac{v_s^2}{2g}+z_s+h_L \qquad (11 \cdot 9)$$

로 나타낼 수 있다. 여기서 $v_s=0$ ($\because$정체점)이고 $z_1=z_s$이다. 그리고 점 1과 점 s 사이의 거리는 그리 멀지 않으므로 손실수두는 $h_L=0$ 이 된다.

그러면 식 (11 · 7)은

$$\frac{v_1^2}{2g}=\frac{p_s-p_1}{\gamma}$$

$$v_1=\sqrt{2g(p_s-p_1)/\gamma} \qquad (11 \cdot 10)$$

으로 간단화된다. 여기서 p_1 은 주유선에서의 정압, p_s 는 정체압 또는 전압이며, 전압수두는 정압수두와 속도압 수두의 합과 같다. 또한, 압력 p_s 와 p_1 의 차만이 속도를 계산하는 데 필요한다는 것을 알게 된다. 이런 이유로 대부분의 피토관은 두 압력 p_s 와 p_1 을 동시에 감지하여 그 차압을 측정할 수 있도록

그림 11.19와 같이 만들어지는데, 이것을 피토관과 구분하여 **피토 정압관**(Pitot-static tube)이라고 한다.

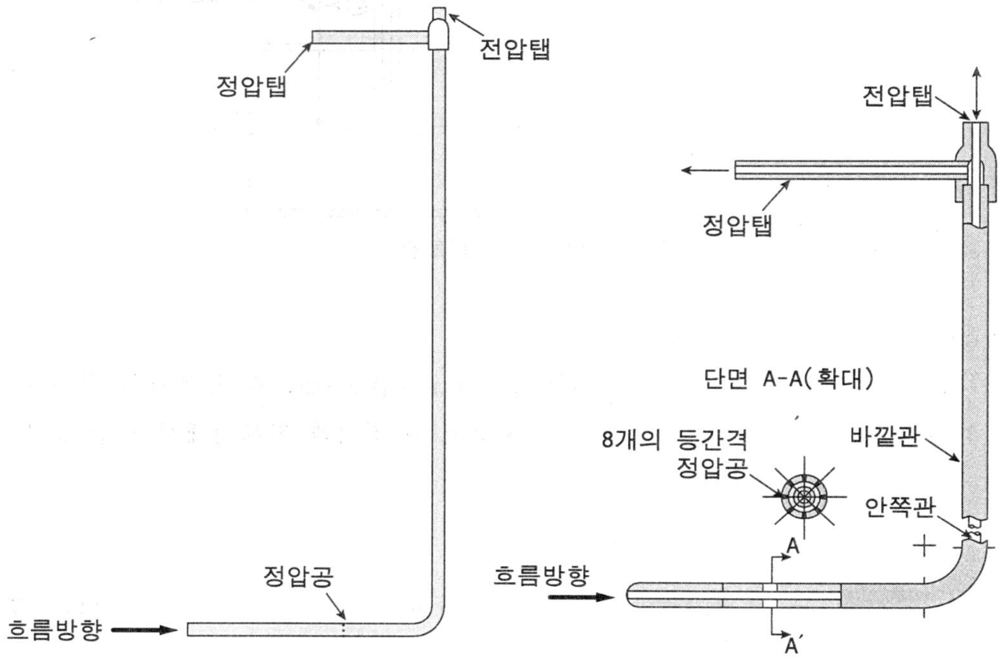

(a) 상업용 피로 정압관의 사진

(b) 피토 정압관의 제작도면

그림 11.19 피토 정압관

그림 11.19(b)에서의 구조를 보면 실제로 관 내에 관이 있음을 볼 수 있고, 관 끝에 있는 가운데의 작은 구멍은 그림 11.18의 피토관과 같은 방식으로 그 기능을 한다. 따라서 정체압, 즉 전압은 이 관을 통해 감지되어, 관 끝의 전압탭이 압력측정 기구에 연결되도록 되어 있다.

바깥의 좀더 큰 관은 관 끝에서 안쪽관 주위로 밀봉되어 있어서 가운데의 관과 바깥관 사이에는 밀폐된 고리형 공간을 만든다. 단면 $A-A'$를 보면 일련의 작은 방사형 구멍이 바깥관을 통해 관통되어 있지만 가운데의 관을 관통하지는 않는다. 관이 유체의 흐름방향과 일렬로 위치하면 이들 방사형 구멍은 흐름에 수직이 되어서 p_1 의 국부정압을 감지한다. 정압탭은 압력측정 계기에 연결되도록 관 끝에 붙어 있다.

관 내의 유체(流體)의 유속을 계산하기 위해서는 식 (11・10)로부터 압력차(p_s-p_1)가 필요하기 때문에, 압력측정 계기는 p_s 나 p_1 의 압력을 측정할 필요가 없이 압력차(p_s-p_1)가 구해지도록 만들어진다. 그리하여 그와 같은 응용을 위해 여러 제조업체들은 차압측정 기구를 만들고 있다.

그림 11.20과 같은 시차 마노미터가 차압(p_s-p_1)을 측정하는 데 사용되면, 마노미터액의 눈금차 h는 유속과 직접 관계가 있다. 압력차(p_s-p_1)를 마노미터로부터 구하기 위해서 마노미터액의 낮은 액면을 수평 기준면으로 잡고, 각 액면에 작용하는 압력을 그림 11.20에서와 같이 각각 p_a, p_b 라고 하면

$$p_a = p_1 + \gamma_s h$$
$$p_b = p_s + \gamma h$$

로 나타낼 수 있다. 또한 $p_a = p_b$ 이므로

$$p_s - p_1 = (\gamma_s - \gamma)h \tag{11・11}$$

로 표시된다. 식 (11・11)를 식 (11・10)에 대입할 때 식 (11・10)은

$$v_1 = \sqrt{2gh\left(\frac{\gamma_s}{\gamma} - 1\right)} \tag{11・12}$$

로 바꾸어진다.

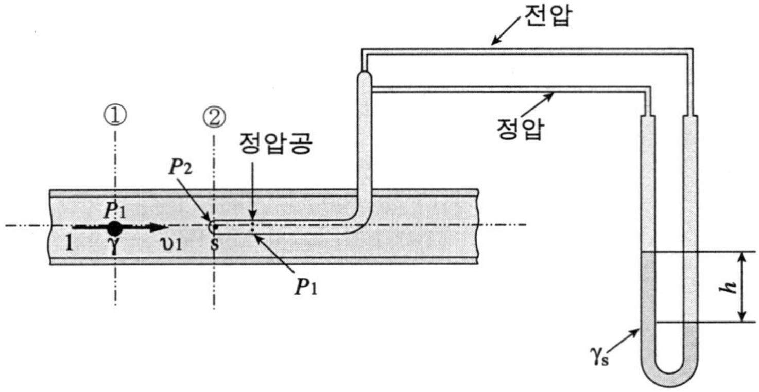

그림 11.20 피토 정압관과 사용되는 시차 마노미터

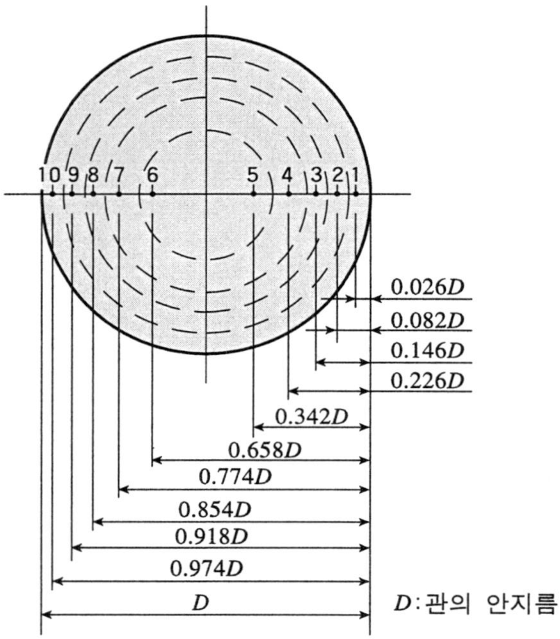

그림 11.21 평균속도를 계산하기 위한 관 내의 속도 측정점

따라서, 피토 정압관(靜壓管)의 끝에 해당하는 특정지점에서의 국부유속은 식 (11·12)를 사용함으로써 가능하고, 그러기 위해서는 마노미터액의 눈금차 h, 마노

미터액의 비중량 γ_s, 관 속을 흐르는 유체의 비중량 γ 를 알기만 하면 된다.

우리는 제5장에서 관내 각 점에서의 유속이 변한다는 것을 알고 있다. 그러므로 평균유속이 필요한 경우에는 그림 11.21에서 표시하고 있는 10개의 각 점에 피토정압관의 끝을 관을 가로질러 이송시킨다. 각 점에서의 유속은 시차 마노미터를 사용하여 압력차($p_s - p_n$; $n = 1, 2, \cdots 10$)를 측정하고 식 (11 · 12)를 사용함으로써 계산이 가능하다. 평균유속은 이들 10개의 유속의 평균값으로 구할 수 있다. 또한, 평균속도를 사용하여 $Q = Av$ 에서 체적유량도 얻을 수 있다. 그림 11.21의 점선의 원은 등면적을 갖는 동심원의 고리형이다.

예제11.1

60℃ 물이 관 속을 흐를 때 그림 11.20의 피토 정압관을 사용하여 물의 유속을 구하라. 단, 마노미터액은 수은으로 그 비중은 13.54이고, 마노미터의 눈금차는 $h = 264$mm 이다.

풀이

식 (11 · 12)를 사용함으로써 가능하므로

$$v_1 = \sqrt{2gh\left(\frac{\gamma_s}{\gamma} - 1\right)} = \sqrt{2 \times 9.8 \times 0.264\left(\frac{13.54 \times 9.8}{9.65} - 1\right)}$$
$$= 8.12(\text{m/s})$$

이다.

유속을 구하기 위해서는 압력차를 측정해야 하고, 이를 위해 그림 11.20과 같은 장치를 사용한다. 그림 11.22는 이 압력차를 편하고 쉽게 측정하는 데 사용되는 전자기구를 보여 주고 있다. 관이나 덕트를 가로질러 이송시키면서 구해진 각 값은 휴대용 프린터에 기록된다. 그리고는 평균값이 자동적으로 계산되어 프린터된다.

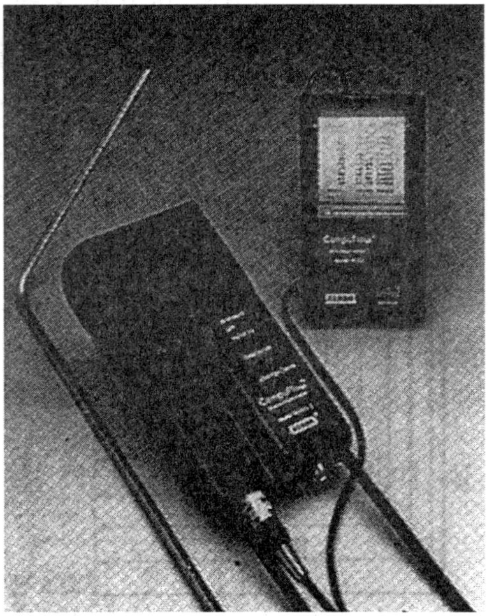

그림 11.22 피토관용 전자표시 기구와 프린터

11.11.2 풍속계

풍속을 측정하는데는 종종 그림 11.23의 (a), (b)와 같이 1~3m/s 풍속 측정용인 **컵형 풍속계**(cup anemometer)와 0.5~12m/s의 풍속측정에 사용되는 **베인형 풍속계**(vane anemometer)가 있다. 이 컵형을 **로빈슨형**(Robinson tybe), 베인형을 **프로펠러형**(propeller type)이라고도 한다. 기류가 컵이나 베인을 때려 그것에 연결되어 있는 축을 회전시킨다. 이 때 축의 회전속도는 기류속도에 비례하며, 그 속도는 측정기에 나타나거나 전기적으로 전송된다. 이것이 풍속계의 원리이다.

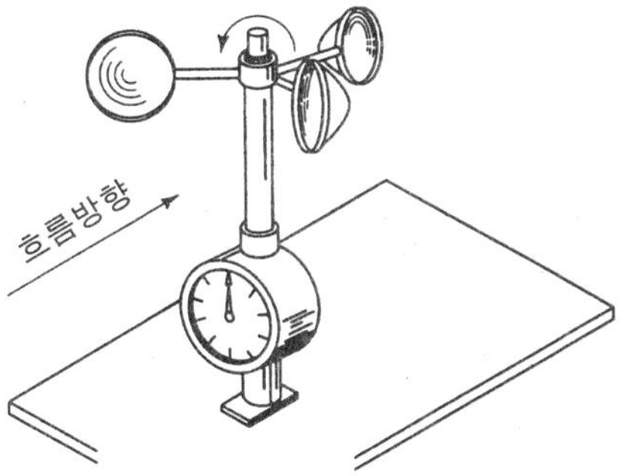

(a) 컵형 풍속계

(b) 베인형 풍속계

그림 11.23 풍속계

11.11.3 열선 풍속계

지금까지의 속도측정 장치는 정상류이거나 시간에 따른 속도변화가 작은 경우의 측정에 적합하다. 그러나 난류에서 와류에 의한 속도변동을 측정하거나 국부속도의 측정, 그리고 경계층에서의 속도측정은 앞에서 언급된 계기들로는 반응이 너무 늦어 빠른 속도변화를 측정할 수가 없다. 이와 같은 경우에 빠른 속도변동에 민감하고, 감지부의 크기가 매우 작아 기류를 전혀 방해하지 않는 **열선 풍속계**(hot wire anemometer)를 사용한다. 열선 풍속계는 피토관으로서는 측정이 어려운 저속흐름도 측정이 가능한 장점이 있는 반면에, 감지부가 너무 섬세해서 쉽게 부러지므로 상대적으로 비용이 비싼 단점이 있다.

그림 11.24에서 볼 수 있는 바와 같이, 프로브에는 지름 약 12 μm인 매우 가는 선이 전류가 통하기 때문에 가열되지만 움직이는 유선에 의해 대류 열전달로 냉각된다. 이 때 냉각의 양은 유속에 따라 달라진다. 열선 풍속계의 한 종류로 선에 정전류가 가해지는 **정전류형**(constant-current tybe)이 있다. 유속의 변동이 열선온도를 변화시키고 그 결과 저항이 변한다.

저항변화의 전자측정은 유속과 관계가 있다. 또 다른 한 종류는 **정온형**(constant temperature type)으로 열선의 저항변화를 감지하지만, 그 때 유속에 관계없이 열선온도를 유지하기 위해 전류량을 변화시킨다. 또한, 전류량의 크기는 유속과 관계가 있다.

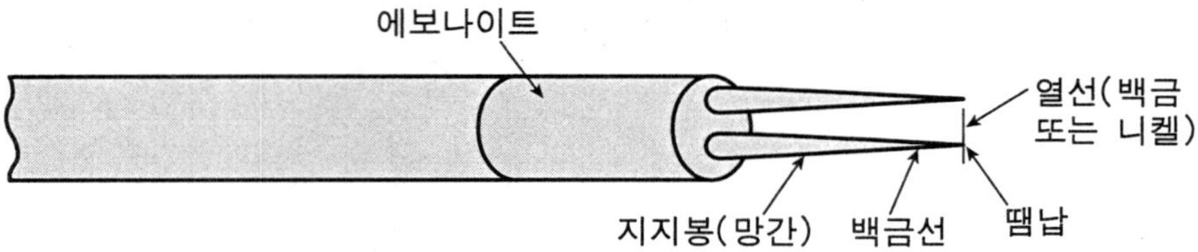

그림 11.24 열선 풍속계의 프로브

11.12 컴퓨터에 의한 자료취득과 처리

마이크로컴퓨터, 프로그램이 가능한 제어기, 그리고 다른 마이크로프로세서(microprocessor)에 의한 전자계측을 하면, 유량측정 자료의 취득, 처리 및 기록을 크게 간단하게 할 수가 있다. 많은 유량계는 유속에 비례하는 전기신호를 만들고, 이 신호는 속도에 따라 변하는 아날로그 전압이나 전자적으로 헤아려지는 펄스 주파수이다. 아날로그 신호는 $A \cdot D$ 변환기(analog-to-digital converter)에 의해 디지털 컴퓨터의 입력용으로 디지털 신호로 바뀌어진다.

컴퓨터는 주어진 위치에 전달되는 유체의 전체량을 정하기 위해 전시간에 걸쳐 유체유량의 총계를 낸다. 그림 11.25는 원격 조작용 베터리 전원이 공급되는 **인디케이팅 토털라이저**(indicating totalizer)를 나타내고 있다.

광범위한 계측과 제어계는 압력, 온도 그리고 유량측정 기구와 자동처리 제어기, 인터페이스 장치, 조작자 제어실, 그리고 대형 호스트로 이루어진다. 그림 11.26은 그림 11.27에 있는 것과 같은 운영자실로 전송할 자료를 결합하고, 재구성하는 제어기 32개까지 교신할 수 있는 인터페이서 기구를 보여주고 있다. 비디오 터미널은 규정선을 벗어나는 값을 찾기 위해 측정자료를 모니터하는 동안 운영자를 위해 여러 계측상태를 동시에 영상처리할 수 있다. 호스트 컴퓨터는 공장내 여러 곳으로부

그림 11.25 유량 토털라이저

그림 11.26 유량계 자료 취득계용 전자 인터페이스 기구

터 자료를 받을 수 있고, 그리고 품질관리, 생산자료, 목록 제어용 중앙 데이터 베이스(data base)를 유지 · 관리한다.

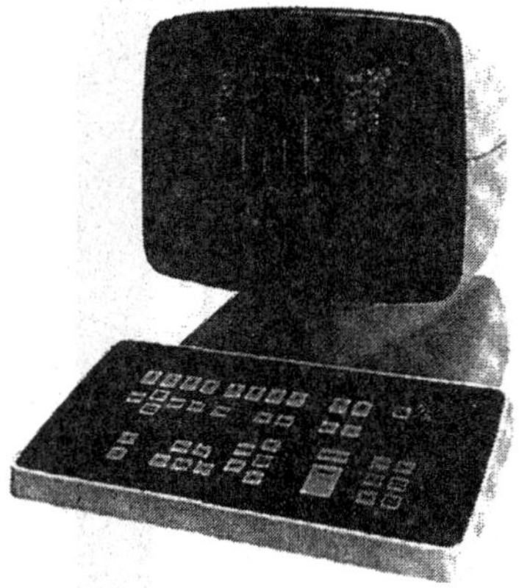

그림 11.27 컴퓨터에 의한 자료 제어계용 운영자실

연 습 문 제

11.1 그림 11.2와 비슷한 벤투리 미터는 관 지름이 100mm이고 목 지름은 50mm이다. 80℃ 물을 이송하는 동안 단면 ①과 단면 ②사이의 압력차는 55kPa이었다. 체적유량을 계산하라.

답 2.12×10^{-2} m^3/s

11.2 25℃ 메틸 알코올을 이송하는 관 속에 피토 정압관이 삽입되어 있다. 마노미터액으로 수은을 사용하는 시차 마노미터는 관에 연결되어 있고, 마노미터액의 눈금값이 h=225mm였다. 알코올의 유속을 계산하라.

답 8.45m/s

11.3 10℃ 물을 이송하는 관에 피토 정압관이 삽입되어 있다. 마노미터액으로 수은을 사용하는 시차 마노미터가 눈금차 h=106mm를 나타내고 있다. 유속을 계산하라.

답 5.11m/s

부 록

1. 물의 성질

(101kPa, abs.)

온도 (℃)	비중량 γ (kN/m^3)	밀도 ρ (kg/m^3)	점성 μ ($Pa \cdot s$) 또는 ($N \cdot s/m^3$)	동점성 ν (m^2/s)
0	9.81	1000	1.75×10^{-3}	1.75×10^{-6}
5	9.81	1000	1.52×10^{-3}	1.52×10^{-6}
10	9.81	1000	1.30×10^{-3}	1.30×10^{-6}
15	9.81	1000	1.15×10^{-3}	1.15×10^{-6}
20	9.79	998	1.02×10^{-3}	1.02×10^{-6}
25	9.78	997	8.91×10^{-4}	8.94×10^{-7}
30	9.77	996	8.00×10^{-4}	8.03×10^{-7}
35	9.75	994	7.18×10^{-4}	7.22×10^{-7}
40	9.73	992	6.51×10^{-4}	6.56×10^{-7}
45	9.71	990	5.94×10^{-4}	6.00×10^{-7}
50	9.69	988	5.41×10^{-4}	5.48×10^{-7}
55	9.67	986	4.98×10^{-4}	5.05×10^{-7}
60	9.65	984	4.60×10^{-4}	4.67×10^{-7}
65	9.62	981	4.31×10^{-4}	4.39×10^{-7}
70	9.59	978	4.02×10^{-4}	4.11×10^{-7}
75	9.56	975	3.73×10^{-4}	3.83×10^{-7}
80	9.53	971	3.50×10^{-4}	3.60×10^{-7}
85	9.50	968	3.30×10^{-4}	3.41×10^{-7}
90	9.47	965	3.11×10^{-4}	3.22×10^{-7}
95	9.44	962	2.92×10^{-4}	3.04×10^{-7}
100	9.40	958	2.82×10^{-4}	2.94×10^{-7}

2. 일반 액체의 성질

(101kPa, abs. & 25℃)

액체의 종류	비중 (s)	비중량 γ (kN/m^3)	밀도 ρ (kg/m^3)	점성 μ (Pa · s) 또는 (N · s/m^2)
아 세 톤	0.787	7.72	787	3.16×10^{-4}
에틸 알코올	0.787	7.72	787	1.00×10^{-3}
메틸 알코올	0.789	7.74	789	5.60×10^{-4}
프로필 알코올	0.802	7.87	802	1.92×10^{-3}
암 모 니 아	0.826	8.10	826	-
벤 젠	0.876	8.59	876	6.03×10^{-4}
사염화탄소	1.590	15.60	1590	9.10×10^{-4}
피마자 기름	0.960	9.42	960	6.51×10^{-1}
에틸렌 글리콜	1.100	10.79	1100	1.62×10^{-2}
가 솔 린	0.68	6.67	680	2.87×10^{-4}
글 리 세 린	1.258	12.34	1258	9.60×10^{-1}
석 유	0.823	8.07	823	1.64×10^{-3}
아마인 기름	0.930	9.12	930	3.31×10^{-2}
수 은	13.54	132.8	13,540	1.53×10^{-3}
프 로 판	0.495	4.86	495	1.10×10^{-4}
바 닷 물	1.030	10.10	1030	1.03×10^{-3}
테레빈 기름	0.870	8.53	870	1.37×10^{-3}
연료기름(中油)	0.852	8.36	852	2.99×10^{-3}
연료기름(重油)	0.906	8.89	906	1.07×10^{-1}

3. 석유 윤활유의 대표적 성질

종 류	비중 (s)	동점성, $\nu(m^2/s)$		점도지수
		40℃	100℃	
자동유압 장치	0.887	3.99×10^{-5}	7.29×10^{-6}	141
공작계 유압장치				
경(輕)	0.887	3.20×10^{-5}	4.79×10^{-6}	64
중(中)	0.895	6.70×10^{-5}	7.29×10^{-6}	66
중(重)	0.901	1.96×10^{-4}	1.40×10^{-5}	70
저온	0.844	1.40×10^{-5}	5.20×10^{-6}	226
공작기계 윤활기름				
경(輕)	0.881	2.20×10^{-5}	3.90×10^{-6}	80
중(中)	0.915	6.60×10^{-5}	7.00×10^{-6}	83
중(重)	0.890	0.890×10^{-4}	1.55×10^{-5}	80

4. 온도에 따른 점성의 변화

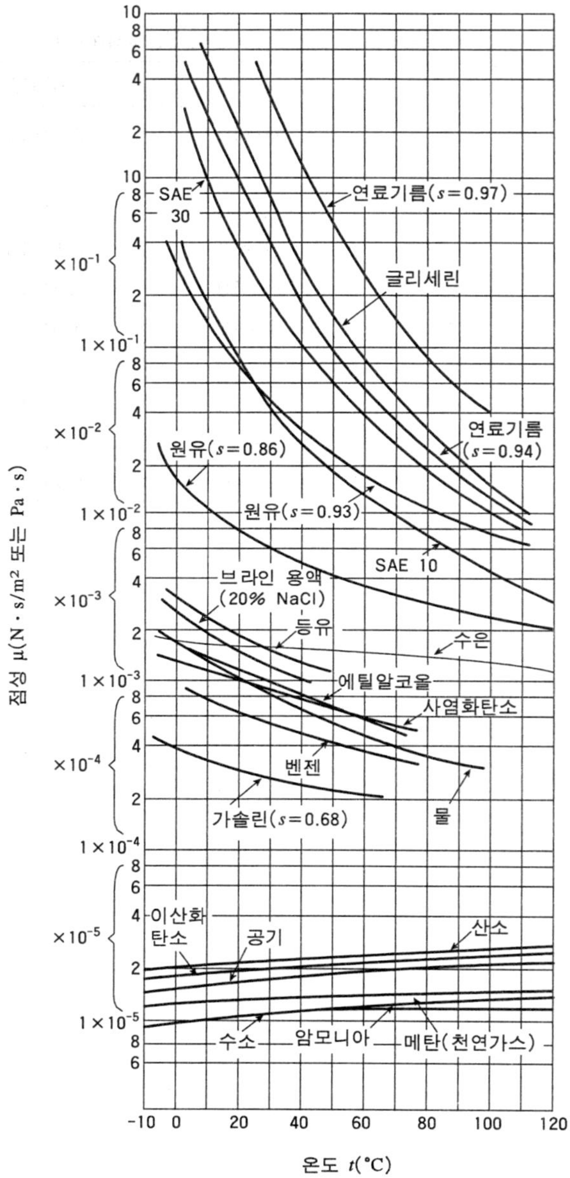

5. 공기의 성질(표준 대기압)

온도 t (℃)	밀도 ρ (kg/m^3)	비중량 γ (kN/m^3)	점성 μ (Pa · s)	동점성 ν (m^2/s)
-40	1.514	14.85	1.51×10^{-5}	9.98×10^{-6}
-30	1.452	14.24	1.56×10^{-5}	1.08×10^{-5}
-20	1.394	13.67	1.62×10^{-5}	1.16×10^{-5}
-10	1.6341	13.15	1.67×10^{-5}	1.24×10^{-5}
0	1.292	12.67	1.72×10^{-5}	1.33×10^{-5}
10	1.247	12.23	1.77×10^{-5}	1.42×10^{-5}
20	1.204	11.81	1.81×10^{-5}	1.51×10^{-5}
30	1.164	11.42	1.86×10^{-5}	1.60×10^{-5}
40	1.127	11.05	1.91×10^{-5}	1.69×10^{-5}
50	1.092	10.71	1.95×10^{-5}	1.79×10^{-5}
60	1.060	10.39	1.99×10^{-5}	1.89×10^{-5}
70	1.029	10.09	2.04×10^{-5}	1.99×10^{-5}
80	0.9995	9.802	2.09×10^{-5}	2.09×10^{-5}
90	0.9720	9.532	2.13×10^{-5}	2.19×10^{-5}
100	0.9459	9.277	2.17×10^{-5}	2.30×10^{-5}
110	0.9213	9.034	2.22×10^{-5}	2.40×10^{-5}
120	0.8978	8.805	2.26×10^{-5}	2.51×10^{-5}

(주) 해면에서의 표준조건에 대한 공기의 성질

온도	15℃
압력	101.325kPa
밀도	1.225kg/m^3
비중량	12.01N/m^3
점성	1.789×10^{-5}Pa · s
동점성	1.46×10^{-5}m^2/s

5.1 대기의 성질(도표)

고도 (m)	온도 (℃)	압력 (kPa)	밀도 (kg/m^3)
0	15.00	101.3	1.225
200	13.70	98.9	1.202
400	12.40	96.6	1.179
600	11.10	94.3	1.156
800	9.80	92.1	1.134
1000	8.50	89.9	1.112
2000	2.00	79.5	1.007
3000	-4.49	70.1	0.9093
4000	-10.98	61.7	0.8194
5000	-17.47	54.0	1.7364
10,000	-49.90	26.5	0.4135
15,000	-56.50	12.11	0.1948
20,000	-56.50	5.53	0.0889
25,000	-51.60	2.55	0.0401
30,000	-46.64	1.20	0.0184

5.2 대기의 성질(그래프)

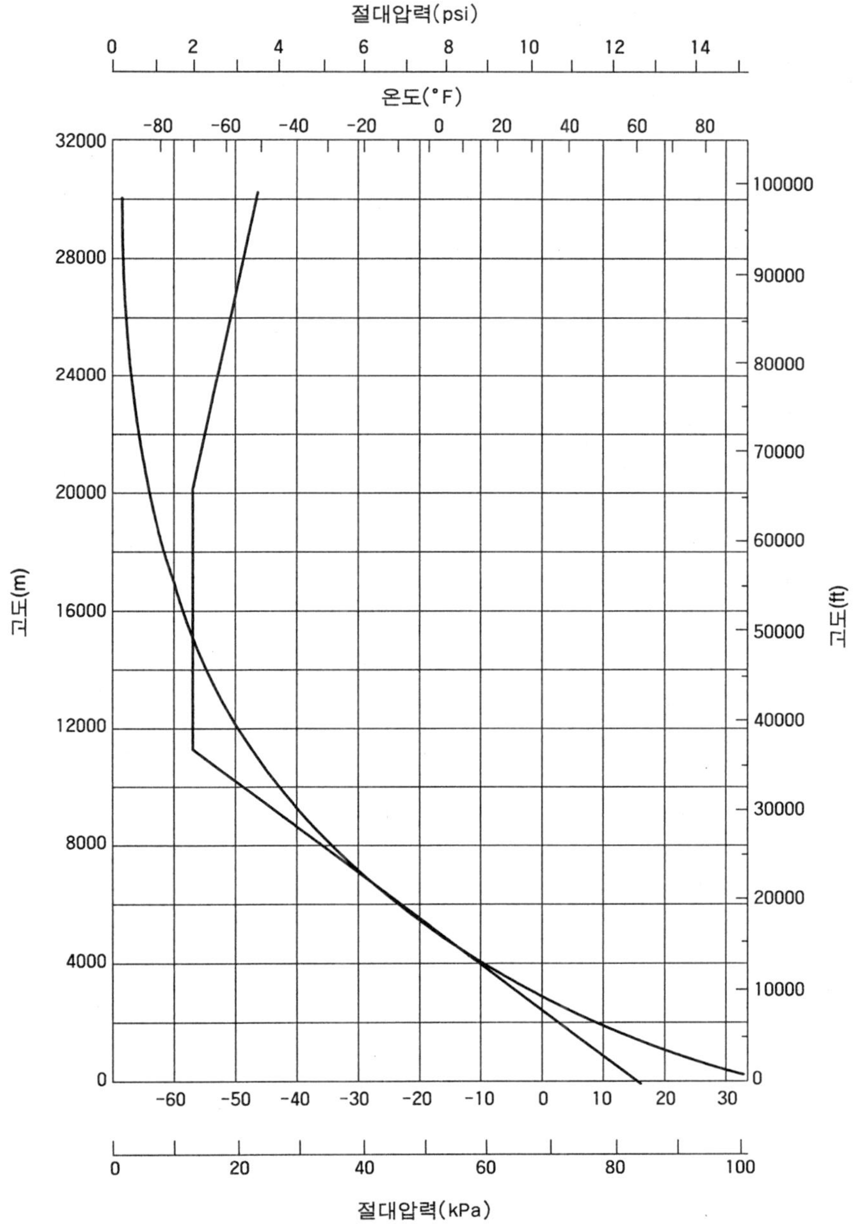
절대압력(psi)
0 2 4 6 8 10 12 14
온도(°F)
-80 -60 -40 -20 0 20 40 60 80
고도(m)
32000 28000 24000 20000 16000 12000 8000 4000 0
고도(ft)
100000 90000 80000 70000 60000 50000 40000 30000 20000 10000 0
-60 -50 -40 -30 -20 -10 0 10 20 30
0 20 40 60 80 100
절대압력(kPa)

6. 강관(steel pipe)의 치수

sch.40

호칭 관치수 (in)(mm)	바깥 지름 (mm)	벽 두께 (mm)	안지름 (mm)	단면적 (m^2)
1/8(6)	10.3	1.73	6.8	3.66×10^{-5}
1/4(8)	13.7	2.24	9.2	6.717×10^{-5}
3/8(10)	17.1	2.31	12.5	1.236×10^{-4}
1/2(15)	21.3	2.77	15.8	1.960×10^{-4}
3/4(20)	26.7	2.87	20.9	3.437×10^{-4}
1(25)	33.4	3.38	26.6	5.574×10^{-4}
1 1/4(32)	42.2	3.56	35.1	9.653×10^{-4}
1 1/2(40)	48.3	3.68	40.9	1.314×10^{-3}
2(50)	60.3	3.91	52.5	2.168×10^{-3}
2 1/2(65)	73.0	5.16	62.7	3.090×10^{-3}
3(80)	88.9	5.49	77.9	4.768×10^{-3}
3 1/2(90)	101.6	5.74	90.1	6.381×10^{-3}
4(100)	114.3	6.02	102.3	8.213×10^{-3}
5(125)	141.3	6.55	128.2	1.291×10^{-2}
6(150)	168.3	7.11	154.1	1.864×10^{-2}
8(200)	219.1	8.18	202.7	3.226×10^{-2}
10(250)	273.1	9.27	254.5	5.090×10^{-2}
12(300)	323.9	10.31	303.2	7.219×10^{-2}
14(350)	355.6	11.10	333.4	8.279×10^{-2}
16(400)	406.4	12.70	381.0	0.1140
18(450)	457.2	14.27	128.7	0.1443
20(500)	508.0	15.06	477.9	0.1794
24(600)	609.6	17.45	574.7	0.2594

sch. 80

호칭 관치수 (in)(mm)	바깥 지름 (mm)	벽 두께 (mm)	안지름 (mm)	단면적 (m^2)
1/8(6)	10.3	2.41	5.5	2.350×10^{-5}
1/4(8)	13.7	3.02	7.7	4.617×10^{-5}
3/8(10)	17.1	3.20	10.7	9.067×10^{-5}
1/2(15)	21.3	3.73	13.9	1.510×10^{-4}
3/4(20)	26.7	3.91	18.8	2.787×10^{-4}
1(25)	33.4	4.55	24.3	4.636×10^{-4}
1 1/4(32)	42.2	4.85	32.5	8.278×10^{-4}
1 1/2(40)	48.3	5.08	38.1	1.140×10^{-3}
2(50)	60.3	5.54	49.3	1.905×10^{-3}
2 1/2(65)	73.0	7.01	59.0	2.735×10^{-3}
3(80)	88.9	7.62	73.7	4.264×10^{-3}
3 1/2(90)	101.6	8.08	85.4	5.736×10^{-3}
4(100)	114.3	8.56	97.2	7.419×10^{-3}
5(125)	141.3	9.53	122.3	1.173×10^{-2}
6(150)	168.3	10.97	146.3	1.682×10^{-2}
8(200)	219.1	12.70	193.7	2.949×10^{-2}
10(250)	273.1	15.06	242.9	4.632×10^{-2}
12(300)	323.9	17.45	289.0	6.555×10^{-2}
14(350)	355.6	19.05	317.5	7.916×10^{-2}
16(400)	406.4	21.39	363.6	0.1038
18(450)	457.2	23.80	409.6	0.1317
20(500)	508.0	26.19	455.6	0.1630
24(600)	609.6	30.94	547.7	0.2344

7. 강관(steel tubing)의 치수

바깥 지름		벽 두께	안지름	단면적
(in)	(mm)	(mm)	(mm)	(m^2)
1/8	3.18	0.813	1.549	1.885×10^{-6}
		0.889	1.397	1.533×10^{-6}
3/16	4.76	0.813	3.137	7.728×10^{-6}
		0.889	2.985	6.996×10^{-6}
1/4	6.35	0.889	4.572	1.642×10^{-5}
		1.24	3.861	1.171×10^{-5}
5/16	7.94	0.889	6.160	2.980×10^{-5}
		1.24	5.448	2.331×10^{-5}
3/8	9.53	0.889	7.747	4.714×10^{-5}
		1.24	7.036	3.888×10^{-5}
1/2	12.70	1.24	10.21	8.189×10^{-5}
		1.65	9.40	6.937×10^{-5}
5/8	15.88	1.24	13.39	1.407×10^{-4}
		1.65	12.57	1.242×10^{-4}
3/4	19.05	1.24	16.56	2.154×10^{-4}
		1.65	15.75	1.948×10^{-4}
7/8	22.23	1.24	19.74	3.059×10^{-4}
		1.65	18.92	2.812×10^{-4}
1	25.40	1.65	22.10	3.835×10^{-4}
		2.11	21.18	3.524×10^{-4}
1 1/4	31.75	1.65	28.45	6.356×10^{-4}
		2.11	27.53	5.954×10^{-4}
1 1/2	38.10	1.65	34.80	9.510×10^{-4}
		2.11	33.88	9.017×10^{-4}
1 3/4	44.45	1.65	41.15	1.330×10^{-3}
		2.11	40.23	1.271×10^{-3}
2	50.80	1.65	47.50	1.722×10^{-3}
		2.11	46.58	1.704×10^{-3}

8. 동관(k 형)의 치수

호칭치수 (mm)	바깥 지름 (mm)	벽 두께 (mm)	안지름 (mm)	단면적 (m^2)
1/8(6)	6.35	0.889	4.572	1.642×10^{-5}
1/4(8)	9.53	1.245	7.036	3.888×10^{-5}
3/8(10)	12.70	1.245	10.21	8.189×10^{-5}
1/2(15)	15.88	1.245	13.39	1.407×10^{-4}
5/8(16)	19.05	1.245	16.56	2.154×10^{-4}
3/4(20)	22.23	1.651	18.92	2.812×10^{-4}
1(25)	28.58	1.651	25.27	5.017×10^{-4}
1 1/4(32)	34.93	1.651	31.62	7.854×10^{-4}
1 1/2(40)	41.28	1.829	37.62	1.111×10^{-3}
2(50)	53.98	2.108	49.76	1.945×10^{-3}
2 1/2(65)	66.68	2.413	61.85	3.004×10^{-3}
3(80)	79.38	2.769	73.84	4.282×10^{-3}
3 1/2(90)	92.08	3.048	85.98	5.806×10^{-3}
4(100)	104.8	3.404	97.97	7.538×10^{-3}
5(125)	130.2	4.064	122.0	1.170×10^{-2}
6(150)	155.6	4.877	145.8	1.670×10^{-2}
8(200)	206.4	6.883	192.6	2.914×10^{-2}
10(250)	257.2	8.585	240.0	4.524×10^{-2}
12(300)	308.0	10.287	287.4	6.487×10^{-2}

9. 각 기체에 대한 기체상수, 단열지수 및 임계 압력비

기체의 종류	기체상수 $\frac{N \cdot m}{N \cdot K}$	단열지수 k	임계 압력비
공 기	29.2	1.40	0.528
암 모 니 아	49.9	1.32	0.542
이산화탄소	19.3	1.30	0.546
천 연 가 스 (대표적 : 기체의 종류에 따라 다름)	43.4	1.27	0.551
질 소	30.3	1.41	0.527
산 소	26.5	1.40	0.528
프 로 판	19.2	1.15	0.574
냉매 (R-12)	6.91	1.13	0.578

10. 면적의 성질

단면의 종류	단면적 A	중심축(重心軸)까지의 거리 $\bar{y}$	중심축(重心軸)에 관한 관성 모멘트 I_c
정사각형 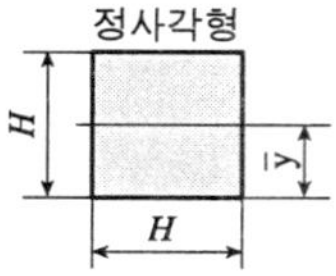	H^2	$H/2$	$H^4/12$
직사각형 정사각형 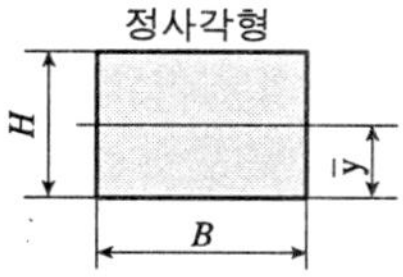	BH	$H/2$	$BH^3/12$

삼각형 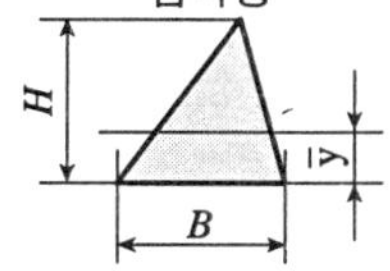	$BH/2$	$H/3$	$BH^3/36$
원형 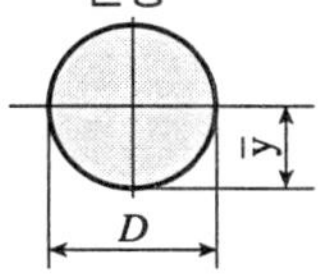	$\pi D^2/4$	$D/2$	$\pi D^4/64$
고리형 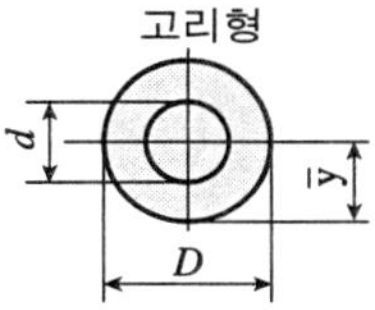	$\dfrac{\pi(D^2-d^2)}{4}$	$D/2$	$\dfrac{\pi(D^4-d^4)}{64}$
반원형 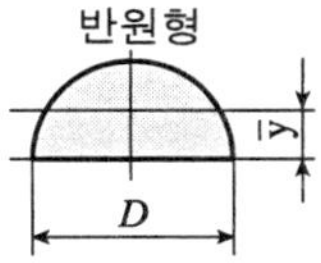	$\pi D^2/8$	$0.212D$	$(6.86\times10^{-3})D^4$
1/4원형 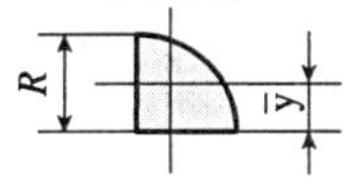	$\pi D^2/16$ $\pi R^2/4$	$0.212D$ $0.424R$	$(3.43\times10^{-3})D^4$ $(5.49\times10^{-2})R^4$
사다리꼴형 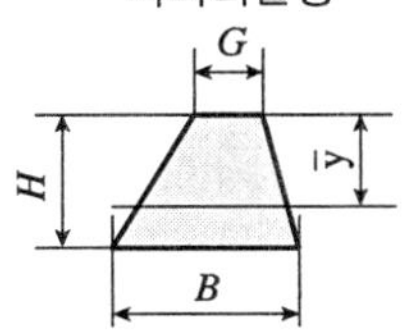	$\dfrac{H(G+B)}{2}$	$\dfrac{H(G+2B)}{3(G+B)}$	$\dfrac{H^3(G^2+4GB+B^2)}{36(G+B)}$

찾아보기

ㅇ

ㅍ

ㅎ

유체 역학

2018년 02월 20일 발행

저 자 / 김영득, 김성도, 이재우, 조일영
발행인 / 민선옥
발행처 / 대영사

주 소 / 경기도 파주시 광인사길 115
등 록 / 제2021-000099호
전 화 / 031-942-8091
F A X / 031-942-9213
E-mail / daeyoungsa_21@naver.com

정가 22,000 원

ISBN 978-89-7163-258-1 93560